Unsere Landwirtschaft besser verstehen

Was wir alle wissen sollten

HERMANN ONKO AEIKENS

Unsere Landwirtschaft besser verstehen

Was wir alle wissen sollten

mitteldeutscher verlag

Covergestaltung unter Verwendung der Grafiken von
© iStock – VICTOR

Redaktionsschluss: August 2023

Bibliografische Information der Deutschen Nationalbibliothek
Die Deutsche Nationalbibliothek verzeichnet diese Publikation in der Deutschen Nationalbibliografie; detaillierte bibliografische Daten sind im Internet über http://dnb.dnb.de abrufbar.

3., unveränderte Auflage 2024

www.mitteldeutscherverlag.de

Gesamtherstellung: Mitteldeutscher Verlag, Halle (Saale)

ISBN 978-3-96311-813-5

Printed in the EU

Inhalt

Vorwort

Wütende Bauern demonstrieren von Zeit zu Zeit mit ihren Traktoren auf den Straßen, bei uns und in verschiedenen Nachbarstaaten. Sie behindern den Straßenverkehr, blockieren Auslieferungslager des Handels und machen ihrem Ärger in den sozialen Medien lautstark Luft. Was ist los mit unserer Landwirtschaft?

Ich bin mit der Landwirtschaft aufgewachsen und habe Prägungen durch viele Bauerngenerationen erfahren. Der Beruf des Landwirts ist eigentlich ein schöner Beruf mit vielen Vorteilen: Die Vorzüge der Selbständigkeit, die selbstbestimmte Arbeit und das Leben mit der Natur. Das Leben auf dem Land hat gegenüber der Enge der Städte viele Vorzüge, vor allem ist der landwirtschaftliche Beruf familienfreundlich. Fast immer bilden Wohn- und Arbeitsort eine Einheit.

Und dennoch: Die Landwirtschaft ist in den zurückliegenden Jahren ein schwierigeres Gewerbe geworden, die gesellschaftliche Kritik an der Branche hat zugenommen. Das macht den in der Landwirtschaft tätigen Familien zu schaffen. Bei der Kritik geht es vor allem um den Umgang der Landwirte mit den Tieren und der Umwelt. Immer höhere Anforderungen an Fachkenntnis und Flexibilität werden gestellt, Bürokratie und auch die Folgen des Klimawandels tun ihr Übriges. Die bäuerliche Welt ist in Mitteleuropa ein Stück weit aus den Fugen geraten.

Warum ist das so? Viele Landwirte sind unzufrieden- trotz erheblicher staatlicher Unterstützung! Geklagt hat die Branche schon immer gerne, aber was hat zu der wachsenden Entfremdung zwischen Landwirtschaft und Gesellschaft geführt? Und was bedeuten der Klimawandel und der Ukraine-Krieg sowie weltweite Pandemien für die Branche und unser tägliches Brot?

Landwirtschaft findet in den Medien zunehmend Beachtung. Vielfach sind die Beiträge aber interessengeleitet oder ideologiebefrachtet. Dieses Buch soll einen Überblick über das System Landwirtschaft aus einer ausgewogenen und faktenbasierten Sicht geben. Wie hat es sich entwickelt, wo steht die Landwirtschaft jetzt und was muss sich ändern? Das Buch ist trotz manch kritischer Betrachtung ein Bekenntnis zur Landwirtschaft und zum Beruf des Landwirts und der Landwirtin. Selten wurden junge und kreative Menschen so auf den Höfen gebraucht wie jetzt. Und es gibt sie schon in großer Zahl, die unternehmerischen jungen Menschen, die nicht einfach den Hof übernehmen und weiterführen möchten, sondern ihn neu ausrichten und an veränderte Erfordernisse anpassen wollen. Wer mit ihnen spricht, spürt neben der Unsicherheit, wie's denn gehen könnte, viel Aufbruchstimmung. Allein deshalb ist mir um die Zukunft der heimischen Landwirtschaft nicht bange.

Rainer Münch, ein langjähriger und kundiger Agrarjournalist, gab die Anregung, ein Buch für Interessierte aus Stadt und Land zu schreiben, die Landwirtschaft und Agrarpolitik besser verstehen wollen. Ich danke ihm sehr für diese Anregung und noch mehr für sein aktives Mitwirken.

Hermann Onko Aeikens

Im Sommer 2023

1 Die Agrarbranche ist systemrelevant

DIE VERSORGUNG MIT NAHRUNGSMITTELN

Krieg verschärft das Hungerproblem

Wenige Tage nach Beginn des Angriffskrieges der russischen Armee auf die Ukraine am 24. Februar 2022 hat Bundeskanzler Olaf Scholz in einer historischen Rede im Deutschen Bundestag eine „Zeitenwende" ausgerufen. Gemeint hat er die mit dem Krieg einhergehende grundlegende Veränderung der geopolitischen Lage, der verteidigungspolitischen Situation, der Energiepolitik, aber auch der weltweiten Ernährungssituation. Der Krieg hat unmittelbare Auswirkungen auf die globale Nahrungsmittelversorgung. Er verschärft das Hungerproblem in ohnehin von Unterernährung betroffenen Ländern. Beide kriegführenden Staaten gelten als „Kornkammern" der Welt. Sowohl Russland als auch die Ukraine zählen zu den bedeutendsten Weizenexporteuren. Beide Länder kamen vor Kriegsbeginn zusammen auf einen Anteil von ca. 30 Prozent an den globalen Weizenausfuhren. 10 Prozent des Weltweizenanbaus entfallen auf Russland, 4 Prozent auf die Ukraine. Die gelbe Farbe in der Nationalfahne der Ukraine steht für das Gelb der Weizenfelder. Der Krieg hinterlässt in dem leistungsfähigen Agrarsektor des attackierten Landes tiefe Einschnitte. In den Lagerhäusern vorhandenes ukrainisches Getreide kann nur unter Schwierigkeiten und zu hohen Kosten exportiert werden. Die Ernte im vergangenen Sommer und die Aussaat im Herbst waren erheblich beeinträchtigt, in den umkämpften Gebieten im Osten und Süden durch die andauernden Gefechte, in den befreiten Regionen im Norden durch verminte Felder, nicht explodierte Geschosse, aber auch durch das Fehlen von Arbeitskräften, die anstatt auf den Feldern zu arbeiten, an der Front kämpfen müssen.

Eine gute Ernte 2022 in den Hauptproduktionsregionen und das zur Exporterleichterung der Ukraine ausgehandelte Getreideabkommen haben die globale Versorgungssituation etwas entschärft. Aber es lässt sich nicht vorhersehen, wie viele Flächen in den Folgejahren in der kriegsgeplagten Ukraine bestellt und abgeerntet werden können und wie viel davon dann ausgeführt wird. Russland stellt das Getreideabkommen immer wieder zur Disposition, so auch im Sommer 2023. Zur Entwarnung besteht keine Veranlassung, zumal ein Ende des furchtbaren Krieges weiterhin nicht absehbar ist.

Steigende Preise

Weniger Getreideexporte aus der Ukraine und aus Russland haben 2022 zu signifikanten Preissteigerungen an den internationalen Getreidemärkten geführt. Der Weizenpreis an der Chicagoer Börse stieg zeitweise auf das Vierfache des Wertes in normalen Jahren. Leidtragende explodierender Getreidepreise sind insbesondere die ärmeren Staaten dieser Welt, die ihre Bevölkerung nicht aus eigener Kraft ernähren können. Vor allem in Südostasien und Afrika drohen Hungersnöte. Eritrea und Somalia zum Beispiel, die zu den ärmsten Staaten der Welt zählen, importierten bisher über 90 Prozent ihres Weizenbedarfs aus Russland und der Ukraine. Sie sind mehr denn je auf internationale Hilfe etwa über das Welternährungsprogramm angewiesen, um die benötigten Nahrungsmittel auf den Märkten zu beziehen. Hunger ist nicht nur eine Frage der Verfügbarkeit von Nahrungsmitteln, sondern auch der Möglichkeiten, sie zu bezahlen. Wer heute schon die Hälfte seines Einkommens für Nahrungsmittel ausgeben muss, wie es in ärmeren Staaten der Fall ist, kann Preissteigerungen kaum verkraften. Der Anteil der Hungernden und unzureichend Ernährten an der Weltbevölkerung steigt. Klimawandel, regionale Kriege und die Corona-(Covid-19)-Pandemie haben bereits tiefe Spuren hinterlassen. Angesichts der schon vor dem Überfall Russlands auf die Ukraine beträchtlichen Zahl von über 820 Millionen an Hunger leidenden Menschen in der Welt wird das Thema Welternährung also immer bedeutender. Zwischen Hunger und Konflikten gibt es einen engen Zusammenhang. Sechs von zehn Hungernden leben in Konfliktländern. Das Recht auf eine angemessene Ernährung ist in Artikel 25 der Internationalen Erklärung der Menschenrechte der Vereinten Nationen verankert. Dieses Recht ist für eine zunehmende Zahl von Menschen gefährdet.

Auf der politischen Tagesordnung

Die sichere Versorgung mit Nahrungsmitteln, in Mitteleuropa inzwischen als Selbstverständlichkeit empfunden, ist international zu einem politischen Thema von hoher Priorität geworden. Ernährungssicherheit steht auf der weltpolitischen Tagesordnung wieder oben. Die ausreichende Verfügbarkeit und Bezahlbarkeit von Nahrungsmitteln für alle Menschen ist nicht nur ein ethisches Thema. Es hat unmittelbare Bedeutung für die Aufrechterhaltung des Friedens in den betroffenen Regionen. Die Hungeraufstände in Nordafrika vor einem Jahrzehnt sind noch frisch in Erinnerung. Beispiel Ägypten: Der weltgrößte Weizenimporteur bezog bisher den überwiegenden Teil des Bedarfs für seine mehr als 100 Millionen Menschen zählende Bevölkerung aus Russland und der Ukraine. Die politische Stabilität des Landes hängt nicht zuletzt an seiner Fähigkeit, seine Menschen hinreichend zu ernähren. Hunger hat schon häufig in der Geschichte Flüchtlingsströme ausgelöst. Denken wir nur an Syrien. Hunderttausende Syrer sind 2014/15 auch deshalb geflohen, weil der Bürgerkrieg die Versorgung vieler Menschen mit Nahrungsmitteln unmöglich machte. Die Folgen sind gerade in Deutschland bis heute zu spüren. Auch deshalb sind wir und die internationale Staatengemeinschaft zunehmend sensibilisiert, wenn es um Nahrungsmittelknappheit und deren Folgen geht.

Systemrelevanz

Der Agrarbranche ist im Zuge der Corona-Pandemie und dann durch den Ukraine-Krieg im offiziellen Sprachgebrauch „Systemrelevanz“ bescheinigt worden. Als systemrelevant werden nach herkömmlicher Definition Unternehmen, Branchen, kritische Infrastrukturen oder Berufe bezeichnet, die für das Funktionieren einer Volkswirtschaft eine so bedeutende Rolle spielen, dass ihre Insolvenz oder ihr Ausfall nicht ohne Risiken für das gesamte System hingenommen werden kann. Will man diese Systemrisiken vermeiden, bedarf es also eines besonderen Schutzes. Bemerkenswert ist, dass dieser Begriff insbesondere in Zusammenhang mit der Schieflage von Großbanken während der Finanzkrise 2007 in der politischen Diskussion auftauchte. Die wirtschaftlich schwerwiegenden Folgen des Zusammenbruchs von Großbanken werden überhaupt nicht bezweifelt. Aber sollte nicht zuerst die Branche als systemrelevant eingestuft werden, die für das Lebensnotwendige sorgt, für Essen und Trinken, also die Landwirtschaft? Lange Zeit kam „Systemrelevanz“ auch als Rechtsbegriff ausschließlich im Bankenrecht vor. Erst im Zusammenhang mit der Corona-Pandemie erfuhr der Begriff eine Erweiterung auf andere Branchen. Seither werden der Land- und Ernährungswirtschaft und der Versorgung der Menschen mit Lebensmitteln ebenfalls eine besondere Bedeutung im Sinne von Systemrelevanz zuerkannt. Aber war die Produktion von Lebensmitteln nicht schon immer systemrelevant? Agrarprodukte bilden schließlich die Grundlage der menschlichen Existenz. Es ist schon erstaunlich, dass es einer Pandemie bedurfte, uns die elementare Bedeutung einer Branche vor Augen zu führen, die uns im wahrsten Sinne des Wortes am Leben erhält.

Keine Frage, der landwirtschaftliche Sektor findet infolge von Corona und Ukraine-Krieg in der Öffentlichkeit mehr Aufmerksamkeit und Gehör. Die Diskussionen in Politik, Gesellschaft und Medien lassen allerdings trotz der zugebilligten Systemrelevanz sehr oft eine zunehmend orientierungslose Branche zurück. Landwirte nehmen die Auseinandersetzungen über ihre Zukunft, die nicht selten über ihre Köpfe hinweg geführt werden, bisweilen mit Erstaunen zur Kenntnis. Nicht selten herrschen Ratlosigkeit und Ungewissheit darüber, was man denn alles von ihnen verlangt und erwartet. Dabei spielt auch eine Rolle, dass die Diskussionen in den Augen der Betroffenen abgehoben und nicht faktenbasiert geführt werden.

Bei alldem müssen wir uns darüber im Klaren sein, dass für uns Verbraucherinnen und Verbraucher eine funktionierende Landwirtschaft überlebensnotwendig ist. Wir können auf vieles verzichten, wie wir es mehr oder minder schmerzhaft in Pandemie-Zeiten erlebten, nicht jedoch auf das tägliche Brot. Nahrungsaufnahme gehört zu den Grundbedürfnissen. Die Rohstoffe für die Befriedigung dieser Grundbedürfnisse stellen unsere landwirtschaftlichen Betriebe her. Landwirte sind damit eigentlich die für uns wichtigste gesellschaftliche Gruppe. Das war früher so, und daran hat sich heute im Grunde nichts geändert. Auf Neudeutsch heißt das eben, Landwirtschaft ist systemrelevant.

Versorgungssicherheit durch Autarkie?

In Zusammenhang mit der Pandemie und nun auch vor dem Hintergrund des Krieges in der Ukraine wird zunehmend darüber diskutiert, ob Deutschland bei bestimmten Produkten zu sehr von Importen abhängig ist. Zu Beginn der Pandemie ging es vor allem um Masken und Arzneimittel, inzwischen wird diese Frage auch bezogen auf Nahrungsmittel gestellt. Der Deutsche Bauernverband bekräftigte seine Forderung, Ernährungssicherheit neben dem Klimaschutz als neues Staatsziel in das Grundgesetz aufzunehmen.

Die Frage, ob eine sichere Versorgung mit Nahrungsmitteln sinnvollerweise durch eine Nahrungsmittelautarkie gewährleistet werden soll, ist seit langem Bestandteil wissenschaftlicher und politischer Diskussionen. Freihandel versus Autarkie, dieses Thema hat seit Jahrhunderten Philosophen, Ökonomen und Politiker bewegt. Schon der Philosoph Immanuel Kant war Gegner eines bedingungslosen Freihandels. Im Kaiserreich, das dem intensiven Handel wachsende wirtschaftliche Prosperität verdankte, kam die heimische Landwirtschaft in den Genuss vielfältiger Schutzmechanismen, Deutschland zählte zu den Schutzzollstaaten. In der Weimarer Republik und erst recht während der Herrschaft der Nationalsozialisten trat der Autarkiegedanke weiter in den Vordergrund.

Schutzzollbefürworter lieferten sich in der deutschen Geschichte immer wieder erbitterte Auseinandersetzungen mit Protagonisten des Freihandels. Deren wichtigstes Argument lautete und lautet: Die Nutzung komparativer Kostenvorteile führt zu steigendem Wohlstand auf beiden Seiten. Dieses Prinzip bedeutet vereinfacht, dass jeder das macht, was er am besten und am kostengünstigsten kann. Indien ist weltweit der bedeutendste Bananenproduzent. Deutschland ist führend im qualitativ hochwertigen Automobilbau. Als rohstoffarme Nation verdanken wir unseren Wohlstand im Wesentlichen dem Handel mit anderen Ländern. Handelsbeschränkende Maßnahmen liegen also grundsätzlich nicht in deutschem Interesse. Gleichwohl stellt sich gerade bei der Ernährung die Frage der Versorgungssicherheit in Krisenzeiten. Deutschlands Lage ist in dieser Hinsicht allerdings vergleichsweise komfortabel. Von Engpässen in der Verfügbarkeit einzelner Lebensmittel oder gar einer Knappheit in der Lebensmittelversorgung sind wir weit entfernt.

Anbaupotentiale, Produktivität und Bevölkerungsentwicklung sind die wesentlichen Faktoren, die bestimmen, ob ein Staat seine Bevölkerung aus eigener Kraft ernähren kann, oder ob die Nahrungsmittelversorgung über Importe gesichert werden muss. Unsere Vorfahren führten in Mitteleuropa zunächst Stammesfehden und später Kriege, um ihre Versorgung zu sichern. In der aktuellen Weltlage versuchen Staaten und Staatengemeinschaften über Handels- und Entwicklungspolitik Einflusssphären aufzubauen und damit Versorgungssicherheit für die eigene Bevölkerung zu gewährleisten. Ein besonderes Beispiel ist das Engagement Chinas auf dem afrikanischen Kontinent und seine dortigen Investitionen in die Erzeugung und Weiterverarbeitung von Lebensmitteln.

FAZIT: Der Angriff Russlands auf die Ukraine verschärft die Welternährungsprobleme. Die globale Verfügbarkeit von Grundnahrungsmitteln wie zum Beispiel Weizen hat abgenommen, die Lebensmittelpreise sind deutlich gestiegen. Das Thema Welternährung steht wieder oben auf der weltpolitischen Agenda.

WER ERNÄHRT DIE WELT?

Sorge

Die Weltbevölkerung umfasst inzwischen ca. 8 Milliarden Menschen. Über 820 Millionen chronisch hungernde und zwei bis drei Milliarden nicht ausreichend ernährte Menschen waren in den vergangenen Jahren kaum Gegenstand besorgter Berichterstattung in den Medien. Mit einer gewissen Selbstzufriedenheit wurde registriert, dass der Anteil der Hungernden trotz steigender Weltbevölkerung stetig abnahm, nicht zuletzt dank Investitionen in die Landwirtschaft und spürbarer Produktivitätsfortschritte, auch in vielen Entwicklungsländern. Immer mehr Staaten waren in der Lage, ihre Bevölkerung durch eigene Produktion oder Zukäufe ausreichend zu ernähren. Das hat sich seit einigen Jahren geändert. Ursachen sind kriegerische Auseinandersetzungen, in manchen Teilen der Welt ein sinkendes politisches Interesse am Agrarsektor und zuletzt die Corona-Pandemie. Die verstärkten Turbulenzen auf den internationalen Agrarmärkten sind endgültig ein Weckruf, das Thema Welternährung nachdrücklicher auf die internationale Agenda zu heben und sich intensiver der Reduzierung und möglichst der Beseitigung des Hungers zu widmen. Noch ist nicht absehbar, welche mittel- und langfristigen Folgen die sich mit dem Ukraine-Krieg abzeichnende stärkere globale Polarisierung und die mögliche neue Blockbildung zwischen demokratisch verfassten Staaten mit den USA und der EU an der Spitze und autokratischen Systemen unter der Führung Chinas für die globale Ernährung haben werden. Anlass zur Sorge besteht allemal. Das ohnehin ambitionierte Ziel der Weltgemeinschaft, bis 2030 den Hunger in der Welt zu beseitigen, ist akut gefährdet.

Weltweite Produktion

40 Prozent der weltweit konsumierten Kalorien werden durch Standardprodukte wie Weizen, Mais und Reis aufgenommen. Bevölkerungsreiche und flächenstarke Staaten sind zugleich die wichtigsten Agrarproduzenten der Erde. Dazu zählen China, Indien und Russland bei Weizen sowie die USA, China und Brasilien bei Mais. Die wichtigsten Anbauländer für Reis sind China, Indien und Russland. Die bedeutendsten Kuhmilchproduzenten sind die USA, Indien und China. Bei der Fleischproduktion sind China, Brasilien und die USA führend. Überwiegend wird die Produktion in den bevölkerungsreichen Erzeugungsstaaten konsumiert. Gut ein Fünftel der globalen Nahrungsproduktion wird über Ländergrenzen gehandelt, mit steigender Tendenz. Rund 130 Staaten, in denen 80 Prozent der Weltbevölkerung leben, sind Nettoimporteure von Nahrungsmitteln. Sie importieren mehr Nahrungsmittel, als sie exportieren. Dazu zählt auch Deutschland. Etwa 70 Staaten sind Nettoexporteure, das heißt, sie exportieren mehr Nahrungsmittel, als sie importieren.

Weizen und Reis

Für die Sicherstellung der Welternährung sind insbesondere die Exporte von sogenannten Grundnahrungsmitteln bedeutend. Dazu zählen vor allem Weizen und Reis. Von den wichtigsten Weizenexportstaaten Russland, den USA, Kanada, Frankreich und der Ukraine, wird die Ukraine in absehbarer Zeit voraussichtlich deutlich weniger Weizen exportieren. Sollte sich das bewahrheiten, könnten die Folgen in den ärmsten Staaten verheerend sein.

Indien, Thailand, Pakistan und Vietnam sind die größten Reisexporteure. Die Ausfuhren dieser Länder tragen wesentlich zur Sicherstellung der Ernährung in vielen, insbesondere ärmeren Staaten bei. Störungen von Lieferketten durch kriegerische Auseinandersetzungen, Blockaden der Verkehrswege und anderes mehr gefährden die Versorgung gerade der bedürftigen Staaten und Regionen und führen in Verbindung mit Preissteigerungen zu einer Erhöhung der Zahl der Hungernden auf der Welt. Zwar ist es grundsätzlich wohlstandssteigernd, die Vorteile der Globalisierung zu nutzen. In Krisenzeiten haben einseitige Abhängigkeiten allerdings mitunter katastrophale Folgen. Die Stabilität der globalen Lebensmittelversorgungsketten wurde durch die Corona-Pandemie und nun durch den Ukraine-Krieg erheblich in Mitleidenschaft gezogen. Viele Staaten verfügen nicht über ausreichende natürliche Ressourcen, um ihre rasant wachsende Bevölkerung zu ernähren. Steigende Nahrungsmittelpreise bringen diese Staaten in eine besonders schwierige Lage, denn große Teile der dortigen Bevölkerung können sich teurere Lebensmittel einfach nicht leisten. Die Folge ist zunehmender Hunger, vor allem in afrikanischen Regionen.

Konkurrenzen

Agrarische Rohstoffe dienen nicht nur Ernährungszwecken. Die landwirtschaftlichen Erzeugnisse werden vielfältig eingesetzt, primär aber nach wie vor für die menschliche Ernährung. Allerdings werden rund 33 Prozent der globalen Ackerfläche für den Anbau von Viehfutter genutzt, vor allem für die Schweine -und Geflügelproduktion. Der Konsum findet hier also über den Umweg des Tiermagens statt. Dadurch gehen Kalorien für die menschliche Ernährung verloren. Nur ein Drittel der Futtermenge veredelt das Tier zu

Fleisch, ein Drittel braucht es zum Leben und ein Drittel scheidet es aus. Eine stärker pflanzenbasierte Ernährung könnte folglich mehr Menschen satt machen. Weniger Flächennutzung für die tierische Produktion würde also einen Beitrag leisten, das Welternährungsernährungsproblem zu lindern. Bei Soja werden 80 Prozent der Produktion verfüttert und somit zur Fleischerzeugung eingesetzt.

Die Konkurrenzverhältnisse sind allerdings unterschiedlich. Fleischproduktion auf der Basis von Ackerkulturen, wie zum Beispiel Getreide und Soja, ist kritischer zu beurteilen als die Fleischproduktion mit Grünland. Denn Grünland lässt sich nicht anders als mit Rindern, Pferden, Schafen und Ziegen landwirtschaftlich nutzen.

Zunehmend bedeutender wird weltweit die Verwendung landwirtschaftlicher Rohstoffe für die Energieproduktion sowie für industrielle Zwecke. Die USA und Brasilien sind hier führend. Auch in Deutschland werden inzwischen über 20 Prozent der Ackerfläche für die Erzeugung von Nichtnahrungsmitteln genutzt. Dieser Flächenanteil hat sich in den letzten Jahren verfünffacht. Die zusätzliche globale energetische und industrielle Nachfrage nach Agrarrohstoffen wirkt sich zwangsläufig auf die Verfügbarkeit und die Höhe der Preise dieser Rohstoffe aus. Den Ärmsten dieser Welt wird dadurch der Zugang zu Lebensmitteln erschwert. Es ist also festzuhalten: Das Hungerproblem verschärft sich durch die alternative Verwendung landwirtschaftlicher Rohstoffe.

Agrarhandel als Sündenbock?

Das „Senckenberg Biodiversität und Klima Forschungszentrum Frankfurt“ hat 2021 eine Studie zu den ökologischen Auswirkungen des weltweiten Agrarhandels publiziert. Kastner und seine Mitautoren räumen ein, dass der Agrarhandel die Ernährung zahlloser Menschen sichert. Sie weisen allerdings darauf hin, dass der Handel zugleich ein Treiber für weltweite Abholzungen, den Verlust natürlicher Lebensräume und die besorgniserregende Abnahme der Artenvielfalt ist. Die Studie mahnt zu einer Neugestaltung des internationalen Agrarhandels, um dessen negative Folgen begrenzen. Notwendig sei eine Orientierung an den Nachhaltigkeitszielen der Vereinten Nationen, so die Autoren. Mehr Sensibilität ist also angezeigt. Nicht Verzicht auf den internationalen Agrarhandel muss dabei das Motto sein, sondern dessen Verbesserung nach dem Motto „Fairer, umweltverträglicher, klimabewusster".

FAZIT: Weizen, Mais und Reis sind unsere wichtigsten Kalorienlieferanten. Circa 130 Staaten, in denen ca. 80 Prozent der Weltbevölkerung leben, sind Nettoimporteure von Nahrungsmitteln. Agrarhandel ist nötig und hilfreich, muss aber Umweltwirkungen verstärkt beachten.

ROHSTOFFMÄRKTE – BÜHNE FÜR SPEKULANTEN?

Warentermingeschäfte

Rohstoffe werden weltweit gehandelt. Das gilt für Metalle und Öl ebenso wie für Nahrungsmittel. Für den Agrarbereich besonders bedeutsam ist die Abwicklung des Handels über sogenannte Warentermingeschäfte. Deren Ursprung kommt aus der Landwirtschaft. Die ersten umfangreicheren Geschäfte dieser Art wurden im 18. Jahrhundert an der Börse in Amsterdam getätigt. Den Warentermingeschäften lag und liegt der Leitgedanke zugrunde, den Landwirten garantierte Abnahmepreise für ihre Erzeugnisse zuzusichern. Erste Vereinbarungen dieser Art wurden unter anderem für Weizen abgeschlossen. Während sich Preise üblicherweise aus Angebot und Nachfrage bilden, geht es bei Termingeschäften um Preiserwartungen, häufig unabhängig von den tatsächlichen Knappheitsverhältnissen. Durch ihren spekulativen Charakter können Warentermingeschäfte einen erheblichen Einfluss auf die Preisbildung haben. Ein Blick auf den weltweiten Getreidehandel zeigt, wie risikoreich das sein kann. Schätzungsweise 80 Prozent des Handelsvolumens entfallen auf vier Unternehmen, auch als ABCD bekannt: Archer Daniels Midland, Bunge, Cargill und die Louis Dreyfus Company. Wir müssen ernsthaft der Frage nachgehen, ob diese Konzentration einen hinreichenden Wettbewerb und die nötige Transparenz etwa hinsichtlich der weltweiten Getreidevorräte sicherstellt.

Spekulation als Hungerrisiko

An der Börse ermittelte Preisdaten bieten Produzenten, Händlern und Konsumenten Orientierung zur Optimierung ihrer Entscheidungen. Intensiv diskutiert wird die Frage, inwieweit Spekulationen dafür verantwortlich sind, dass sich Preisentwicklungen losgelöst vom erwarteten Marktgeschehen vollziehen und auf diese Weise Wohlstandsverluste oder sogar Ernährungsengpässe bis hin zu Hungerkatastrophen ausgelöst werden. Spekulative Blasen auf den Nahrungsmittelmärkten können den Hungertod von Millionen Menschen bedeuten. Dadurch können sich politische Krisen gerade in ärmeren Ländern verschärfen. Durch höhere Preise steigen zudem die Finanzierungskosten für Rohstoffgeschäfte, die Risiken dieser Geschäfte wachsen. Kleinere Händler können häufig nicht mithalten. Das Geschäft konzentriert sich dann auf immer weniger Akteure mit zunehmender Marktmacht. Eindeutig ist die Wissenschaft in der Bewertung dieser gravierenden Punkte allerdings nicht. Umso dringender ist es, mögliche Gefahren zu untersuchen.

Mehr Kontrollen notwendig?

Die jüngsten Preisexplosionen bei Nahrungsmitteln haben die Diskussion um Nahrungsmittelspekulationen neu befeuert. Man kann es nicht oft genug betonen: Es sind die ärmsten Staaten der Welt, die von hohen Preisen für Nahrungsgüter am stärksten betroffen sind. Für den Anstieg der Nahrungsmittelpreise in den Jahren 2007 und 2008 sowie 2010 und 2011, der in einer Reihe von Staaten, unter anderem in Nordafrika, zu Unruhen und Demonstrationen führte, werden beide Male als Ursache auch Warentermingeschäfte genannt. Verfügbarkeit und Preise für Nahrungsmittel sind essentiell für politische Stabilität und Frieden. Diese werden in etlichen Regionen unserer Welt durch hohe Nahrungsmittelpreise gefährdet. Nicht zufällig haben bedeutende Rohstoffhändler ihren Sitz in der Schweiz, ein diskretes wirtschaftsfreundliches Land mit niedrigen Steuern. Sechs der zehn umsatzstärksten Unternehmen in der Schweiz sind Rohstoffhändler. Seit der Liberalisierung der Finanzmärkte vor rund zwanzig Jahren haben sich die Umsätze an den Märkten vervielfacht. In der Schweiz fordern Grüne und Sozialdemokraten inzwischen den Aufbau einer Rohstoffaufsicht. Die Absicherung über Warentermingeschäfte muss dabei nicht verboten werden. Warentermingeschäfte tragen auch zur Existenzsicherung landwirtschaftlicher Betriebe bei. Wir müssen uns aber intensiver mit dem Thema Nahrungsmittelspekulation befassen, um eventuelle Auswüchse zu unterbinden und damit die Nahrungsmittelversorgung zu verbessern.

FAZIT: Spekulation kann Preisexplosionen verstärken und Hungersnöte verschlimmern. Wir müssen uns intensiver mit der Notwendigkeit und Wirksamkeit stärkerer Kontrollen im Agrarrohstoffhandel befassen.

WIE SICHER IST UNSER TÄGLICHES BROT?

Klimawandel: Die Armen trifft es am härtesten

Das Bevölkerungswachstum ist in vielen Staaten ungebremst. Die Folgen des Klimawandels sind auf der Südhalbkugel der Erde spürbarer als in anderen Teilen der Welt, wenngleich auch hiesige Landwirte in regional trockenen Sommern wie 2022 ahnen, was auf sie zukommt. In den Ländern des Südens hat der Klimawandel allerdings bereits heute gravierende Auswirkungen auf die Landbewirtschaftung und die Ernteerträge. Die zu erwartenden noch heftigeren Klimaveränderungen werden die Situation in den ohnehin gebeutelten Staaten weiter verschärfen. So viel lässt sich sagen: Versorgungssicherheit könnte mit sich änderndem Klima in zunehmenden Teilen unserer Welt zukünftig nicht mehr selbstverständlich sein.

Erinnerung ist verblasst

Noch aber ist Mitteleuropa im Vergleich zu den südlichen Regionen der Erde weniger von Klimaänderungen betroffen und bislang ein Hort der Stabilität und der sicheren Versorgung mit Nahrungsmitteln. Das war nicht immer so. Im Ersten und nach dem Zweiten Weltkrieg waren mangelnde Nahrungsmittelversorgung und Hunger auch in Deutschland präsent. 1915 wurden Brot und andere Grundnahrungsmittel rationiert und waren bis in die Nachkriegszeit nur gegen Marken erhältlich. Die Ernährungsfrage war ein herausragendes politisches Thema in der Weimarer Republik. Nach dem Zweiten Weltkrieg hatte die Versorgung mit Nahrungsmitteln politische Priorität bei allen Regierungen in Europa. Nur Dank gemeinsamer Anstrengungen und großzügiger Unterstützung der USA gelang es 1946, eine Hungersnot in Europa mit seinen 500 Millionen Bewohnern abzuwenden. Es ging damals und in den folgenden Jahren darum, die Bevölkerung zu ernähren, sie schlichtweg „satt zu bekommen“. Für viele Menschen war nicht die Frage, was auf den Tisch kommt, sondern ob überhaupt etwas zum

Essen da ist. Themen, die uns heute beschäftigen, wie das Wohl der Tiere und deren artgerechte Unterbringung oder mögliche negative Folgen der Landbewirtschaftung in Feld und Flur, spielten in der Nachkriegszeit keine Rolle. Die Menschen hatten schlichtweg andere Sorgen. Die Erinnerung an diese Jahre ist beim überwiegenden Teil der Bevölkerung inzwischen verblasst.

Zu Beginn der Corona-Pandemie führten Meldungen über mögliche Lieferengpässe bei einzelnen Nahrungsmitteln auch hierzulande zu Hamsterkäufen zum Beispiel von Nudeln, Zucker, Mehl und bemerkenswerterweise auch bei Toilettenpapier. Leere Regale waren die Folge dieses irrationalen Verbraucherverhaltens. Mit einer plötzlichen Verdoppelung oder Verdreifachung der Nachfrage ist selbst die beste Handelslogistik überfordert. Diese Phänomene waren jedoch nur vorübergehender Natur. Die Versorgung der Bevölkerung mit Nahrungsmitteln war in Deutschland während der Corona-Pandemie zu keiner Zeit gefährdet. Dies gilt bislang auch für die Zeit seit dem 24. Februar 2022, dem Beginn des russischen Angriffskrieges. Seither hat sich gezeigt: Bestimmte Artikel werden rar oder verschwinden ganz aus den Regalen. Ein Beispiel ist Sonnenblumenöl, das infolge des Krieges zeitweilig ein seltenes Gut in den hiesigen Läden wurde. Die Ukraine und Russland sind wichtige Erzeuger pflanzlicher Öle und Lieferanten von Sonnenblumenöl. Schon bald hat sich gezeigt, dass Sonnenblumenöl leicht durch andere Pflanzenöle ersetzt werden kann. Allerdings sind Lebensmittel im Zuge des Krieges deutlich teurer geworden. Kostensteigerungen in der gesamten Herstellungskette schlagen sich in den Verbraucherpreisen nieder. Lebensmittel sind neben Energie Haupttreiber der gegenwärtigen Inflation.

Stellschrauben

Die Corona-Pandemie und der Ukraine-Krieg haben die Verwundbarkeit des Welthandelssystems offenbart und Autarkiediskussionen beflügelt. Das ist nachvollziehbar. Aber kann Autarkie für einen

Nettoimporteur von Nahrungsmitteln wie Deutschland oder die Europäische Union die Lösung sein? Besteht die Notwendigkeit, Ernährungssicherheit als Staatsziel in das Grundgesetz aufzunehmen? Ein Staat, der seine Bevölkerung aus eigener Kraft ernähren kann, ist zweifellos politisch weniger erpressbar. Er kann auf diese Weise seinen Bürgerinnen und Bürgern ein höheres Sicherheitsgefühl vermitteln. Bevor wir über grundsätzliche Fragen der Eigenversorgung diskutieren, sollten wir überlegen, was wir in Deutschland kurzfristig tun könnten, um im Krisenfall mehr Nahrungsmittel vorzuhalten. Dabei fällt der Blick sehr schnell auf den Anbau von Rohstoffen für die Energieproduktion. Es wurde bereits darauf hingewiesen, dass hierzulande auf mehr als 20 Prozent der Ackerfläche Rohstoffe für Bioenergie sowie zu industriellen Zwecken angebaut werden. Es gibt sie also, die Stellschrauben, um Reserven für die Herstellung von Lebensmitteln zu erschließen. Darunter fällt auch die Produktion tierischer Lebensmittel. Der Umweg über den Tiermagen kostet Kalorien. Eine Reduzierung des Konsums tierischer Produkte und eine stärker auf pflanzlicher Basis beruhende Ernährung kann im Krisenfall die Selbstversorgung stabilisieren.

Selbstversorgung

Eines der Ziele der Gemeinsamen Agrarpolitik der Europäischen Union (GAP) ist es, die Versorgung der Bevölkerung mit Lebensmitteln sicherzustellen. Der Selbstversorgungsgrad gibt an, in welchem Umfang die Erzeugnisse der heimischen Landwirtschaft den inländischen Verbrauch decken. Im- und Exporte werden dabei berücksichtigt. Ein Auf und Ab beim Selbstversorgungsgrad ist vor allem auf schwankende Ernten zurückzuführen. Die hängen auch im 21. Jahrhundert noch primär vom Wetter ab, aufgrund des Klimawandels sogar in verstärktem Ausmaß. Der Selbstversorgungsgrad ist in Deutschland von Produkt zu Produkt unterschiedlich. Insgesamt liegt der Selbstversorgungsgrad bei Nahrungsmitteln bei ca. 90 Prozent. Die Landwirte in Deutschland produzieren dabei wesentlich mehr Fleisch, Milch, Zucker und Kartoffeln als die Bevölkerung benötigt, das heißt, der Selbstversorgungsgrad liegt bei diesen Produkten erheblich über 100 Prozent, während der Selbstversorgungsgrad bei Getreide um 100 Prozent schwankt. Anders sieht es bei Eiern aus. Hier beträgt der Selbstversorgungsgrad rund 70 Prozent; bei Obst und Gemüse hingegen liegt er nur bei rund 30 Prozent, auch dem heimischen Klima und den Präferenzen der Verbraucher geschuldet. Viele Obst- und Gemüsearten, die von deutschen Konsumenten geschätzt werden, wie Bananen, Apfelsinen und die frostempfindliche Artischocke, gedeihen in hiesigen Breitengraden nicht. Festzuhalten ist, die Ernährung mit Grundnahrungsmitteln aus heimischer Produktion ist zumindest theoretisch weitgehend möglich. Das ist zunächst beruhigend.

Auch eine Betrachtung der Selbstversorgungsgrade in der EU zeigt, dass bei Getreide, Milcherzeugnissen und Fleisch eine Versorgung zu über 100 Prozent aus hiesiger Produktion gesichert ist. Allerdings muss berücksichtigt werden, dass Deutschland, wie die gesamte EU, mehr Futtermittel importiert als exportiert. Importiert werden insbesondere eiweißhaltige Futtermittel auf Sojabasis. Diese Abhängigkeit eines Teils der tierischen Produktion von Importfuttermitteln kann im Krisenfall zu einer Reduzierung des Selbstversorgungsgrades bei Fleisch und Milchprodukten führen. Die Politik versucht hier mit Anreizen zum verstärkten Anbau von Eiweißfutterpflanzen in Deutschland und anderen EU-Mitgliedstaaten gegenzusteuern.

Wirtschaftsdünger nicht ohne Tierhaltung

Ein Risiko für die Ernährungssicherheit stellt eine mögliche Reduzierung oder gar Unterbrechung der Versorgung mit Energie, Düngemitteln und Treibstoffen dar. Kürzlich erlebten wir das insbesondere bei Düngemitteln, deren Verfügbarkeit durch den Ukraine-Krieg beeinflusst wird. Die Düngemittelpreise und die Preise für Energie sind deutlich volatiler geworden. Der Deutsche Bauernverband forderte den Aufbau einer Düngemittelreserve. Ähnliches gab es in der Zeit des Kalten Krieges. Die Diskussion ist noch nicht am Ende. Dabei ist jedoch zu berücksichtigen: Deutschland produziert in erheblichem Umfang Düngemittel und verfügt durch die umfängliche Tierhaltung über hohe Mengen an Wirtschaftsdünger. Den künftig stärker und effizienter zu nutzen, also mit Gülle und Mist mineralischen Dünger zu ersetzen, muss ein politisches Ziel sein. Voraussetzung dafür ist aber die Erhaltung einer wirtschaftlich tragfähigen Tierhaltung und nicht deren drastischer Abbau, wie er von einigen Umweltverbänden und Teilen der Wissenschaft, aber auch von manchen politischen Kräften gefordert wird.

Produktivität versus Nachhaltigkeit?

Anlässlich der Diskussionen um Ernährungssicherheit in Deutschland sind Stimmen laut geworden, die den Kurs in Richtung mehr Nachhaltigkeit der Landwirtschaft mit mehr Umwelt-, Klima- und Tierschutz grundsätzlich infrage stellen. Es steht für mich außer Frage, dass eine produktive, moderne Landwirtschaft unabdingbar ist. Gleichzeitig sind wir aber gut beraten, Nachhaltigkeit und Produktivität miteinander zu verbinden und sie nicht gegeneinander auszuspielen.

Auch das Welternährungsprogramm der Vereinten Nationen warnte unlängst davor, Prinzipien der Nachhaltigkeit und des Klimaschutzes in Zusammenhang mit der Nahrungsmittelproduktion aufzugeben. Es sollte nicht darum gehen, sich an tatsächlichen oder vermeintliche Zielkonflikten zwischen Produktivität und Ökologie abzuarbeiten. Vielmehr muss Flächeneffizienz unter Wahrung der Nachhaltigkeit das Ziel sein. Wir müssen also weiterhin ein hohes Produktionsniveau anstreben und dabei die negativen Umweltwirkungen der landwirtschaftlichen Produktion minimieren. Der wissenschaftliche Fortschritt von der Pflanzenzüchtung bis zur Digitalisierung kann uns dabei helfen. Wir müssen ihn nur nutzen!

Mehr Offenheit für innovative Methoden, zum Beispiel bei der Nutzung neuer gentechnischer Möglichkeiten im Bereich der Pflanzenzüchtung, würde die Erreichung verschiedener ökonomischer und ökologischer Ziele erleichtern

> **FAZIT:** Unser tägliches Brot in Mitteleuropa ist vergleichsweise sicher, Leidtragende der globalen Veränderungen sind die ärmsten Staaten. Wir verfügen zudem über Reserven zur Sicherstellung der Nahrungsmittelversorgung durch eine Reduzierung der Verwendung agrarischer Rohstoffe zur Energieproduktion und durch eine stärker pflanzenbasierte Ernährung.

WARUM IST DEUTSCHLAND EINER DER WICHTIGSTEN AGRARHÄNDLER?

Wandel durch Handel

Handel bereichert das Leben in unseren Breiten seit Jahrtausenden. Unzählige archäologische Funde weisen darauf hin, dass schon früher aus fernen Regionen Güter den Weg zu uns fanden. Auch der Handel mit landwirtschaftlichen Produkten war frühzeitig Bestandteil des Zusammenlebens der Völker. So wurde der Bedarf des Römischen Reiches mit Getreide unter anderem aus Ägypten und weiteren Regionen Nordafrikas gedeckt. Pfeffer und Ingwer kamen im Mittelalter über die Seidenstraße nach Europa. Der Handel trägt nach wie vor dazu bei, internationale Beziehungen zu stabilisieren und zu festigen. Neben der ökonomischen Funktion, den Wohlstand zu steigern, hat Handel nach wie vor die Aufgabe, die Verständigung unter den Völkern zu befördern. Das

Prinzip „Wandel durch Handel" muss grundsätzlich weiter gelten, auch wenn es im Fall Russlands nicht erfolgreich war.

Gedeckte Tische

Unser Wohlstand gründet sich auf internationale Handelsbeziehungen. Insbesondere der Gemeinsame Markt der Europäischen Union mit 27 Staaten und ca. 450 Millionen Einwohnern hat sich für die Wirtschaft und damit für das Einkommen und den Wohlstand der Bevölkerung in Deutschland positiv ausgewirkt. Unser Grundinteresse muss somit auf den freien Handel ausgerichtet sein. Durch den Agrarhandel sind die Tische reichhaltiger gedeckt. Das Angebot ist vielfältiger und die Preise sind unter Ausnutzung von Kostenvorteilen in der Produktion für die Verbraucher günstiger. Der Handel mit Agrargütern ermöglicht uns Konsumenten, Produkte zu verzehren, die in Deutschland nicht angebaut werden können. Unvorstellbar, wir müssten auf Südfrüchte, Tee oder Kaffee verzichten. Agrarhandel trägt somit zur Steigerung der Lebensqualität bei. Ein Grundprinzip des Handels war schon früher, dass Güter, die zum Beispiel aus klimatischen Gründen hier nicht gedeihen, wie bestimmte Obst- und Gemüsesorten oder Gewürze, importiert werden. Überschüssige Produktionsmengen, zum Beispiel infolge guter Ernten, wurden und werden exportiert.

Produktion für den Weltmarkt und regionale Landwirtschaft schließen sich nicht aus, sondern ergänzen einander. Wir wollen nicht auf Produkte verzichten, die hier aus klimatischen Gründen nicht gedeihen. Andererseits können hier nicht gefragte Produkte in anderen Teilen der Welt einen Absatzmarkt finden. Außerdem ist damit zu rechnen, dass die Importlücke in manchen armen Ländern bei Nahrungsmitteln aus klimatischen Gründen und aufgrund des Bevölkerungswachstums größer wird. Die Menschen dort werden sich verstärkt am Weltmarkt bedienen müssen.

Gunstregion trotz Klimawandel

Mitteleuropa ist nach wie vor eine agrarische Gunstregion. Die Böden sind überdurchschnittlich fruchtbar, die Temperaturen gemäßigt und die Niederschläge insgesamt noch weitgehend auskömmlich, auch wenn der Klimawandel die Branche vor wachsende Herausforderungen stellt. Niederschlagsdefizite machen vor allem den Betrieben in Regionen mit schwächeren Bodenqualitäten zu schaffen. Allerdings sind die Auswirkungen des Klimawandels auf die agrarische Produktion in anderen Teilen der Welt, wie erwähnt, weitaus gravierender, denken wir nur an Afrika und Asien.

Deutschland als agrarische Gunstregion ist eine der führenden Agrarhandelsnationen. Dieses flächenmäßig vergleichsweise kleine Land ist im Weltagrarhandel Nummer drei, sowohl bei den Importen als auch bei den Exporten. Bei den Importen führen die USA vor China und Deutschland, bei den Exporten liegen ebenfalls die USA vorn, vor den Niederlanden mit seiner umfänglichen Tierproduktion und Deutschland. Etwa ein Drittel der Gesamtproduktion der deutschen Landwirtschaft wird exportiert. Der Wert der Exporte beträgt rund 70 Milliarden Euro im Jahr. Bei den Agrarexporten handelt es sich nur zu einem geringen Anteil um agrarische Rohstoffe. Den größten Anteil machen verarbeitete Ernährungsgüter aus. Die wichtigsten Agrarexportgüter sind Fleisch und Fleischerzeugnisse, an zweiter Stelle folgen Milch und Milcherzeugnisse, an dritter Stelle Getreide, Getreideerzeugnisse und Backwaren. Kakao und Kakaoerzeugnisse liegen auf dem nächsten Platz der Exportrangliste, in Deutschland produzierte Genusswaren schmecken also auch den Bewohnern anderer Staaten.

Exportiert werden auch Teilstücke aus der tierischen Produktion, die auf dem deutschen Markt immer weniger gefragt sind. Dazu zählen Hühnerfüße oder Schweineohren, die sich in Asien großer Beliebtheit erfreuen. Alte Kochbücher beinhalten noch Rezepte zur Verwertung dieser Teilstücke. Der zunehmende Wohlstand hat sie allerdings weitgehend aus deutschen Küchen verbannt.

Handel braucht Regeln

Das immer wieder vorgebrachte Argument, Exporte aus der EU zerstörten regionale und lokale Märkte in Afrika und schadeten somit den Landwirten in Entwicklungsländern, kann schon wegen der geringen Mengen, die in diese Länder exportiert werden, nur in begrenztem Umfang zutreffen. Lediglich 0,5 Prozent der deutschen Agrarexporte gehen in die am wenigsten entwickelten Länder. Für die Festlegung der Agrarhandelsregularien ist die EU zuständig, nicht die einzelnen Mitgliedsstaaten. Die Europäische Kommission verhandelt in den internationalen Gremien und bilateral mit Staaten oder Staatengruppen Handelsabkommen. Den am wenigsten entwickelten Staaten auf der Welt gewährt die EU einen vollständig zoll- und quotenfreien Marktzugang für ihre Waren. Auch die vielfach noch kritisierten Agrarexportsubventionen gehören seit langem der Vergangenheit an.

Die deutschen Importe an Gütern der Land- und Ernährungswirtschaft belaufen sich wertmäßig auf ca. 80 Milliarden Euro jährlich, rund 20 Prozent der Agrarimporte stammen aus Entwicklungs- und Schwellenländern. Ölsaaten und deren Produkte liegen wertmäßig an der Spitze der agrarischen Importe, vor Fleisch, Milch und Milchprodukten, Getreide und Getreideprodukten, Frischobst und Südfrüchten.

Problematische Sojaimporte

Neben den Agrarexporten sind auch bestimmte Agrarimporte seit Jahren umstritten. Insbesondere Sojaimporte werden kritisch beurteilt. Diese Sojaimporte stammen zu einem hohen Anteil aus Brasilien. Dort wurde und wird leider bis heute in erheblichem Maße Regenwald abgeholzt, um den Sojaanbau auszuweiten. Allerdings reicht bei uns die Futtergrundlage insbesondere bei Eiweißfuttermitteln nicht aus, um den bestehenden Viehbestand ausreichend zu versorgen. Diese Konfliktsituation trägt immer wieder zur kritischen Betrachtung der hiesigen Viehhaltung bei. Hierzulande erhobene Forderungen zum Abbau von Tierbeständen sind weitgehend umwelt- und klimapolitisch begründet. Sie haben einen wesentlichen Ursprung in den hohen Importen von nicht nachhaltig produziertem Soja.

Ethische Normen

Eine wettbewerbsfähige Land- und Ernährungswirtschaft hat Deutschland zu einem der wichtigsten Agrarexporteure gemacht. Was die Importe angeht, ist Deutschland mit über 80 Millionen vergleichsweise wohlhabenden Einwohnern für den internationalen Lebensmittelhandel ein überaus interessanter Markt. Diese Faktoren führten zu der heutigen Bedeutung Deutschlands als Agrarhandelsnation. Das fordert auch von uns, Verantwortung zu übernehmen und für eine stärkere Einbeziehung ethischer Normen in den internationalen Warenaustausch einzutreten. Agrarexporte dürfen nicht bewirken, dass in den ärmsten Staaten den dortigen Bauern Entwicklungsperspektiven genommen werden, wie es da und dort offenbar immer wieder passiert. Importe von Agrarprodukten, die unter Inkaufnahme erheblicher Umweltschäden angebaut werden, müssen in einer Welt, die mit gravierendem Klimawandel und einem erheblichen Verlust der Artenvielfalt zu kämpfen hat, eingeschränkt werden.

FAZIT: Deutschland mit seiner wettbewerbsfähigen Land- und Ernährungswirtschaft ist drittgrößter Agrarexporteur und drittgrößter Agrarimporteur. Der Agrarhandel trägt zur Steigerung des Wohlstandes und der Lebensqualität bei. Allerdings müssen ethische Normen bei der Festlegung der Handelsregeln verstärkt Berücksichtigung finden.

2 Kennen wir eigentlich unsere Bauern?

GIBT ES *DEN* BAUERN?

„Der landwirtschaftliche Beruf flößt mir großen Respekt ein, nur gehört dazu viel Glück, Segen und – viel Gunst seitens der Regierung." Dieser Satz stammt von Julia Mann, der Mutter von Thomas und Heinrich Mann, bedeutenden Vertretern der deutschen Literatur. Sie formulierte ihn in einem Brief Anfang des 20. Jahrhunderts anlässlich der Entscheidung ihres jüngsten Sohnes Viktor, sich einer landwirtschaftlichen Ausbildung zu widmen. Julia Mann hat kluge Worte geschrieben, sie wusste offenbar Bescheid über die Landwirtschaft. Die WELT-Journalistin Claudia Ehrenstein hat 2020 aus ihrer kundigen Sicht sieben Wahrheiten über die Bauern publiziert, versehen mit dem Hinweis, dass viele Landwirte um die Zukunft ihrer Höfe fürchten:

1. Bauern haben eine starke Lobby
2. Bauern geht es nicht per se schlecht
3. Das Vermögen der Bauern wächst, schon durch die Bodenpreissteigerungen
4. Bauern sind Unternehmer
5. Bauern stehen mitten in der Gesellschaft, Land- und Ernährungswirtschaft fristet alles andere als ein Nischendasein
6. Bauern sind beliebt, das zeigen Umfragen zur Sympathie für einzelne Berufe
7. Der Bauer stirbt nicht aus

Ein Buch mit sieben Siegeln?

Normalbürger wie Max und Erika Mustermann wissen wenig über Landwirtschaft. Sie kennen keine Landwirte, sie halten keine Nutztiere, sie haben zumeist keinen Gemüsegarten. Sie freuen sich über volle Regale und über viele Jahre günstige Preise für Nahrungsmittel, gerne wird von Sonderangeboten Gebrauch gemacht. Sie registrieren aber auch in den vergangenen Jahren häufiger stattfindende Bauerndemonstrationen mit Traktoren, von denen manche so viel wert sind wie Einfamilienhäuser. Sie registrieren die politischen Auseinandersetzungen um Pflanzenschutzmittel auf dem Acker, Nitrat im Grundwasser und bedrohte Arten in Fauna und Flora. Nicht zuletzt bewegen sie mediale Berichte über vermeintliche oder tatsächliche Tierquälerei und Massentierhaltung. Max und Erika verfolgen die doch recht pauschale Kritik auf der einen und das politische Wohlwollen gegenüber der Branche auf der anderen Seite, das in einer umfänglichen finanziellen staatlichen Unterstützung seinen Ausdruck findet. Wie das alles zusammenhängt, was landwirtschaftliche Familien bewegt, welche Sorgen und Nöte sie umtreiben, welche politischen Angebote und Konzepte es gab und gibt – das ist für Max und Erika Mustermann ein Buch mit sieben Siegeln.

Begrenzte Informationen

Warum ist das so? Eine Erklärung dürfte sein, dass es immer weniger landwirtschaftliche Betriebe in Deutschland gibt. Das ist übrigens kein deutsches Phänomen, sondern eine Entwicklung, die wir in allen fortgeschrittenen Volkswirtschaften beobachten können. Wenn sich nun weder in der Familie noch in der Nachbarschaft oder im Freundes- und Bekanntenkreis Bauern finden, wenn keine Kommunikation, kein Austausch mit einer Bauernfamilie stattfindet, wie soll man dann Näheres über diese Branche wissen? Übrig bleiben allenfalls indirekte Informationsquellen, die es zwar zur Genüge gibt, deren Einordnung aber von außen schwierig ist.

Früher war das noch anders, als viele Familien selbst Nutztierhaltung betrieben, die Großeltern auf dem Lande wohnten oder die Familie einen Vetter oder Onkel mit einem Bauernhof hatte. Und es gab früher weniger staatliche Eingriffe in den Agrarsektor, sei es durch Rechtsvorschriften oder staatliche Transferzahlungen. Die landwirtschaftliche Welt war übersichtlicher. Aktuelle Analysen bestätigen einen geringen Informationsstand der Bevölkerung über die Agrarpolitik. Laut einer Umfrage des Meinungsforschungsinstituts Civey im Auftrag des Forums Moderne Landwirtschaft (FML) vom Januar 2022 haben 33 Prozent der Befragten noch nie mit einem Landwirt gesprochen. Immerhin gaben 67 Prozent an, dass sie an einem Gespräch mit einem Landwirt interessiert seien. Einer anderen Befragung zufolge haben 27 Prozent der Bürgerinnen und Bürger in der EU noch nie etwas von der Unterstützung für Landwirte im Rahmen der Gemeinsamen Agrarpolitik der EU (GAP) gehört. Von den 73 Prozent, die etwas von der GAP gehört haben, geben fast 90 Prozent an, keine Details zu kennen. Das erstaunt, geht es bei der europäischen Agrarpolitik doch um den größten Einzelposten des Brüsseler Haushalts, fast 60 Milliarden Euro jährlich.

Eine ganz besondere Branche

Landwirtschaftsbetriebe sind ganz überwiegend Familienunternehmen. Mehrere Generationen leben häufig unter einem Dach oder in enger Nachbarschaft und bilden eine Art Schicksalsgemeinschaft. Das Leben dreht sich um den Hof, auf dem zusammen gelebt und gearbeitet wird. Die Mitglieder der Familien verbinden nicht nur familiäre Bande. Meistens ist auch klar geregelt, welche Zuwendungen Altenteiler erhalten und wer was zu sagen hat. Dabei geht es naturgemäß nicht immer konfliktfrei zu. Die enge Lebens- und Verantwortungsgemeinschaft auf dem Betrieb und der häufig nur geringe Austausch mit der Außenwelt, all das macht die Besonderheit des Lebens auf einem landwirtschaftlichen Betrieb aus und die Landwirtschaft zu einer besonderen Branche.

Dieser Branche wird eine starke Lobby mit einem erheblichen politischen Einfluss zugeschrieben. „Die grüne Großmacht“ war der Titel eines 1962 erschienenen Werkes von Christian D. Hahn über den Agrarsektor, der Untertitel lautete aber auch „Das Ärgernis mit den Bauern“. Die kontroverse Betrachtung des Agrarsektors ist also kein neues Thema.

Da wir mehrfach täglich Nahrungsmittel zu uns nehmen müssen, sind wir als Verbraucher bewusst oder unbewusst permanent mit dieser Branche konfrontiert. Politiker und Wissenschaftler sprechen von erforderlichen Veränderungen in der Branche. Inzwischen wird selbst von Bauernfunktionären gesagt, die Landwirtschaft stehe vor einem großen Transformationsprozess. Landwirtschaft und Gesellschaft haben sich in den letzten Jahrzehnten auseinandergelebt. Dabei gibt es durchaus Sympathie für den landwirtschaftlichen Beruf und für den Landwirt, den man kennt. Landwirte fühlen sich aber immer mehr in die Ecke gedrängt, ihnen fehlt Anerkennung, obwohl sie doch ein wichtiger Teil der Gesellschaft sind, sogar ein systemrelevanter Teil.

Struktureller Wandel mit Folgen

Der landwirtschaftliche Beruf hat seine Besonderheiten und Vorteile. Im Ergebnis einer an der Universität Kiel gefertigten Masterarbeit wurden vier Punkte genannt, die für Landwirte und Landwirtinnen zur Zufriedenheit beitragen: das Arbeiten in der Natur, das selbständige Arbeiten, die Vielfalt der Arbeit sowie die Vereinbarkeit von Arbeit und Familie. Das sind unbestreitbar Vorteile gegenüber vielen anderen Berufen, gerade die familienfreundliche Einheit von Wohn- und Arbeitsort ist besonders wertvoll. Trotz dieser Vorzüge ist der Agrarsektor seit Jahrzehnten einem erheblichen Strukturwandel unterworfen. Nach dem Zweiten Weltkrieg gab es auf dem Gebiet des heutigen Deutschlands fast 2 Millionen landwirtschaftliche Betriebe, vom Kleinstbetrieb bis zur großen Gutswirtschaft. Heute sind es noch rund 260.000 Betriebe, die insbesondere hinsichtlich ihrer Größe viel unterschiedlicher aufgestellt sind als es vor 75 Jahren der Fall war. Weil die Zahl der Höfe so stark abgenommen hat, ist es heute zehn Mal weniger wahrscheinlich als damals, dass der Durchschnittsdeutsche einen landwirtschaftlichen Betrieb in seinem Umfeld oder gar in seiner Nachbarschaft hat. Hinzu kommt, dass Anfang der 1950er Jahre die Nutztierhaltung auch in nicht landwirtschaftlichen Haushalten sehr verbreitet war. Hühner, Kaninchen, Schafe, Schweine oder Ziegen wurden in ländlichen, aber auch in vielen städtischen Haushalten gehalten. Der Grund war nicht eine besondere Zuneigung zum lieben Vieh, sondern die pure Not: Die ökonomische Situation zwang viele Familien dazu, zur Versorgung und zur Hebung ihres Lebensstandards Tiere zu halten – und zu nutzen, mit Haut und Haar! Folglich waren in dieser Zeit der Umgang mit Tieren, das Versorgen, das Nutzen, das Schlachten, das Verzehren ein Bestandteil des Alltags in vielen Häusern. Kinder wuchsen Tür an Tür mit Nutztieren auf und entwickelten somit eine andere Beziehung zur Tierhaltung als heutige Generationen. Im Ergebnis war das Verständnis für Nutztiere und deren Haltung ein völlig anderes, als es heute der Fall ist.

Grundlegender Wandel

Inzwischen hat sich das Verhältnis der Bevölkerung zur Landwirtschaft grundlegend gewandelt. Wir kennen keinen Mangel mehr, sondern können das ganze Jahr, an sieben Tagen in der Woche, in Stadt und Land auf Lebensmittel zugreifen – und das zu vergleichsweise günstigen Preisen, auch nach den jüngsten Preissteigerungen bei vielen Produkten. Wir geben anteilig deutlich weniger von unserem Einkommen für Nahrungsmittel aus als unsere Eltern und Großeltern. Auch diese Relationen beeinflussen unsere Sicht auf Nahrungsmittelproduktion und Lebensmittel und unser Verständnis von Bäuerinnen und Bauern. Die Maßstäbe haben sich verändert. Die Auswirkungen treten zutage, wenn wir uns die gestiegenen Lebensmittelverschwendung vor Augen führen und die gesunkene Wertschätzung betrachten, die wir Nahrungsmitteln entgegenbringen. Festzuhalten bleibt, wir haben uns mental und in unserer Lebensweise sehr weit von der landwirtschaftlichen Urproduktion entfernt. Unser begrenztes Wissen um die landwirtschaftliche Branche beziehen wir vorwiegend aus den Medien.

Unterschiedliche Interessen

Gibt es nun *den* Bauern und *die* Bäuerin? Vertreter des Berufsstandes antworten auf diese Frage selbstverständlich mit ja und verweisen auf die Gemeinsamkeiten der Landwirte zwischen der Ostseeküste und dem Alpenvorland, zwischen dem Oderbruch und dem Niederrhein. Und doch gibt es sie, die enorme Vielfalt der Vertreter der Agrarbranche in Deutschland. Sie alle eint, dass sie Nahrungsmittel oder vielmehr Rohstoffe zur Nahrungsmittelproduktion produzieren und dass sie in zunehmendem Umfang zu Energieproduzenten oder zu Rohstoffproduzenten für die Industrie geworden sind. Aber schon der Produzent für Futtergetreide hat eine andere Interessenlage als der Bauer, der Futter für seine Schweine kaufen muss. Der eine möchte zu hohen Preisen Futtermittel verkaufen, der andere möchte sie zu niedrigen Preisen einkaufen. Besonders offenkundig sind die Interessengegensätze bei der Verteilung der ca. 6 Milliarden Euro Direktzahlungen, die jedes Jahr kurz vor Weihnachten aus der Brüsseler EU-Kasse erfolgt. Die Zahlungen werden hektarbezogen gewährt, kleinere Modifikationen bewirken allerdings höhere Hektarprämien für flächenarme Betriebe. Süddeutschland möchte mehr Geld für seine kleineren Betriebe, Nord- und insbesondere Ostdeutschland mit flächenreicheren Betrieben verteidigten die pro Unternehmen zum Teil sehr hohen, in Einzelfällen auch siebenstelligen Zahlungen vehement und bisher erfolgreich.

Heterogene Agrarlandschaft

Aus vielerlei Gründen ist die „Agrarlandschaft" in Deutschland hinsichtlich der Betriebsgrößen und der Produktionsrichtungen sehr unterschiedlich. Die 260.000 Betriebe in Deutschland bewirtschaften im Durchschnitt etwa 65 Hektar, davon sind über die Hälfte Pachtflächen. Dabei gibt es gravierende Größenunterschiede zwischen den Regionen. Während in Süddeutschland kleine Betriebe mit ausschließlich Familienarbeitskräften vorherrschen, trifft man in den neuen Bundesländern auf überdurchschnittlich große Betriebe, zum Teil mit Mitarbeiterzahlen im zweistelligen Bereich. Das hat vorwiegend historische Gründe und ist insbesondere auf das Erbe der DDR zurückzuführen. Aber auch das landwirtschaftliche Erbrecht beeinflusst die Betriebsgrößen. In Süddeutschland wurde der Grund und Boden durch Realteilung an die nächste Generation übergeben, das heißt, der vorhandene Grundbesitz wurde gleichmäßig auf die Zahl der Kinder verteilt. Das führte zu einer zunehmenden Zersplitterung der Höfe und Flächen. In anderen Regionen wurde und wird die geschlossene Vererbung der landwirtschaftlichen Betriebe praktiziert, zum wirtschaftlichen Vorteil der Erhaltung der Existenzgrundlage. Aus wirtschaftlichen Gründen kann hier in der Regel kein vollständiger wertmäßiger Ausgleich der weichenden Erben erfolgen. Im Vergleich zur Realteilung benachteiligt diese Regelung die weichenden Erben, um die Existenz des Betriebes zu sichern.

Der Osten tickt(e) anders

Im Osten, außer in Sachsen und Thüringen, fanden sich schon vor dem Zweiten Weltkrieg traditionell größere Betriebe, die allerdings deutlich kleiner waren als die durch staatliche Lenkung entstandenen landwirtschaftlichen Produktionsgenossenschaften (LPG) und volkseigenen Güter (VEG). Diese Betriebe bewirtschafteten häufig mehrere Tausend Hektar. Ihnen wurde nach der Wende die Möglichkeit gegeben, sich an neue rechtliche Gegebenheiten anzupassen und so in der Marktwirtschaft weiterzubestehen. Das trug zu einer gewissen Befriedung der damaligen Situation in den ländlichen Regionen der ehemaligen DDR bei. Ein radikaler Arbeitsplatzabbau in der dortigen Landwirtschaft war dennoch unvermeidlich. Innerhalb von vier Jahren reduzierte sich die Anzahl der Beschäftigten von 850.000 auf weniger als ein Viertel. Das konnte gar nicht anders sein, gab es doch einen erheblichen Überhang an Arbeitskräften in den DDR-Betrieben. Jeder hatte einen Arbeitsplatz, aber nicht alle waren ausgelastet. Hinzu kam die mit der Vereinigung verbundene Änderung der Preisrelationen. Die Produktpreise für landwirtschaftliche Erzeugnisse sanken, die Preise für Produktionsmittel stiegen.

Begleitet von Förderprogrammen machte sich nach dieser Phase des immensen Arbeitsplatzabbaus in der ehemaligen DDR eine Aufbruchstimmung in der Landwirtschaft breit. Es wurde investiert in Technik und Ställe, die Tierzahlen stiegen bei Schweinen und Geflügel, nachdem die Viehbestände unmittelbar nach der Wende deutlich reduziert worden waren.

Nicht wenige Funktionsträger in der ehemaligen DDR-Landwirtschaft befürchteten, dass der Westen ihnen die dortigen Agrarstrukturen mit Familienbetrieben und wesentlich kleineren Höfen überstülpen wollte. Dazu kam es aus mancherlei Gründen nicht, allein weil hier nur vergleichsweise wenige Bauern bereit waren, selbständige Existenzen zu gründen. Dabei darf nicht vergessen werden, dass LPG-Führungskräfte mancherorts Druck ausübten, Flächen und Arbeitskraft in der Genossenschaft zu belassen, um deren Existenz nicht zu gefährden. Die Rahmenbedingungen zu Beginn der 1990er Jahre haben ohnehin tendenziell die Beibehaltung größerer Strukturen begünstigt. Zwar gab es eine vergleichsweise attraktive Förderung der Wiedereinrichter, die ihr Land wieder in Eigenbewirtschaftung nahmen, doch die Regelungen des Landwirtschaftsanpassungsgesetzes und die dadurch in vielen Fällen schleppende Vermögensauseinandersetzung wirkten sich hemmend auf die Wiedereinrichtung von landwirtschaftlichen Betrieben aus. Das gilt auch für die stark umstrittenen Regelungen zum Umgang mit den Ergebnissen der sozialistischen Bodenreform, bei der zwischen 1945 und 1949 unter anderem mehr als 7.000 Betriebe enteignet worden waren. Die Entscheidung, die Enteignung nicht wieder rückgängig zu machen, fand Eingang in den Einigungsvertrag. Aus nachvollziehbaren Gründen stieß dieses auf völliges Unverständnis bei den von der damaligen Enteignung Betroffenen. Der Umgang der Bundesregierung mit dem Thema Bodenreform hat die Wende überschattet. Lediglich ein privilegierter Teilrückkauf wurde den Enteigneten nach harten politischen Diskussionen ermöglicht. Das hat viele ursprünglich motivierte Familien davon abgehalten, in die alte Heimat zurückzukehren und dort wieder zu wirtschaften.

Erbitterter Streit

Geregelt wurde die Vermögensauseinandersetzung der ehemaligen LPGs in dem noch 1990 von der Volkskammer verabschiedeten Landwirtschaftsanpassungsgesetz. Dabei ging es primär um die Rückerstattung des überwiegend zwangsweise in die Gemeinschaftsbetriebe eingebrachten Vieh- und Maschinenkapitals sowie die Bewertung des Arbeitseinsatzes. Dass dabei die Interessengegensätze in aller Schärfe zutage traten, verwundert nicht. Die einen wollten ihre einst sozialistischen Betriebe möglichst unbeschadet in den Kapitalismus retten und Land und Kapital zusammenhalten, versprachen doch Größe der Betriebe und Können der „Erntekapitäne“ in der Marktwirtschaft reichlich Erträge. Die anderen nahmen das Risiko auf sich, wieder einen Hof auf die Beine zu stellen, den es seit Jahrzehnten nicht mehr gegeben hatte. Waren diese Pioniere ihren Gegenübern an Können auch ebenbürtig und Motivation zumeist überlegen, ähnelte die Kräfteverteilung in der vielfach juristisch geführten Schlacht ums Vermögen doch dem Kampf zwischen David und Goliath. Die direkten Nachfolger der ehemaligen landwirtschaftlichen Produktionsgenossenschaften hatten unbestritten erhebliche Startvorteile gegenüber den Betrieben, die neu oder wiedergegründet wurden. Die Genossenschaften kannten zum Beispiel die Namen der Grundeigentümer, man wusste also, mit wem man Pachtverträge abschließen musste. Das war in den unübersichtlichen Wendezeiten ein unschätzbarer Vorteil.

Rechtsstreit statt Rechtsfrieden

Den neu startenden Landwirten musste daran gelegen sein, möglichst viel Kapital aus der Vermögensauseinandersetzung für den Sprung in die Selbständigkeit zu erlangen. Es ging also um Geld, aber auch um regionalen Einfluss. Das Landwirtschaftsanpassungsgesetz bot zwar die rechtliche Grundlage für den Übergang der Landwirtschaft in das neue System. Es war aber in vielen Punkten zu unbestimmt. Das führte weder zu Rechtsfrieden noch zu dörflichem Frieden. Unzählige rechtliche Auseinandersetzungen wurden geführt. Viele Berater und Anwälte haben an den Unzulänglichkeiten dieses Gesetzes, dessen Grundstruktur nach der deutschen Wiedervereinigung nicht angetastet wurde, gut verdient. Gerichte wurden mit Klagen zum Thema Vermögensauseinandersetzung überhäuft. Die Bundesländer Sachsen und Sachsen-Anhalt sahen sich aufgrund der nicht enden wollenden Querelen um das Eigentum veranlasst, eine Überprüfung der Vermögensauseinandersetzung in allen LPG-Nachfolgebetrieben durchzuführen. Auch damit konnten nicht alle Konflikte gelöst werden. In manchen Dörfern wirken die aus diesen Nachwendekonflikten resultierenden zwischenmenschlichen Verwerfungen bis heute nach. Es war eben nicht nur der Streit ums Geld. Vielmehr brachen nicht selten längst vernarbte Wunden auf, die der einstige Aufbau einer „sozialistischen Landwirtschaft" bei den Beteiligten geschlagen hatte.

Gemischte Struktur nach schwieriger Anpassung

Ohne eine gewisse Kontinuität in der Agrarstruktur wäre die Umstrukturierung auf dem Land allerdings noch schwieriger geworden. Über eine halbe Million Menschen aus der Landwirtschaft mussten sich neu orientieren. Viele wurden zunächst arbeitslos, Ältere gingen vorzeitig in Rente.

Nach einer schwierigen Anpassung hat sich inzwischen eine sehr gemischte Agrarstruktur in den ostdeutschen Bundesländern entwickelt. Viele der sogenannten Nachfolgebetriebe der DDR-Landwirtschaft existieren nach wie vor, zu einem erheblichen Anteil aber mit anderen Inhabern. Sie wirtschaften neben Betrieben, die neu oder von früher selbständigen Bauernfamilien wieder eingerichtet wurden. Das sind die sogenannten Neu- oder Wiedereinrichter. Aus dieser Gemengelage erklärt sich die durchschnittliche Betriebsgröße von über 200 Hektar in den neuen Bundesländern. Das bedeutet: In der ehemaligen DDR sind die Betriebe etwa vier Mal so groß wie in den alten Bundesländern. Bezogen auf die Fläche wird in Ostdeutschland deutlich weniger Vieh gehalten. Flächenstarke Betriebe finden ihr Auskommen in der Regel auch ohne die arbeitsaufwändige Viehhaltung.

Vom Einzelbetrieb bis zur Holding

Hinsichtlich der Rechtsformen in der Landwirtschaft dominieren in Deutschland die Einzelbetriebe mit 87 Prozent, die allerdings nur 62 Prozent der Fläche bewirtschaften. 11 Prozent mit steigender Tendenz sind Personengesellschaften, und 2 Prozent der Betriebe werden in der Rechtsform der Juristischen Person mit einem Flächenanteil von 17 Prozent bewirtschaftet. In den alten Bundesländern steht der Familienbetrieb als Einzelbetrieb oder als Eltern/Kind-Betrieb in der Form der Gesellschaft bürgerlichen Rechts (GbR) im Vordergrund. In Ostdeutschland sind den Juristischen Personen, also Genossenschaften, GmbHs oder Aktiengesellschaften, ca. 50 Prozent der Flächen zuzuordnen, ein Erbe der DDR. Verlierer sind unter den Juristischen Personen die Agrargenossenschaften, die sich zunehmend in andere Rechtsformen umwandeln oder sich auflösen. Die Entscheidungsprozesse in dieser Rechtsform verlaufen zu schwerfällig, um deren Wettbewerbsfähigkeit dauerhaft zu sichern. Beim Rechtsformwechsel spielen auch die erleichterten Möglichkeiten der Betriebsveräußerung über Anteilskäufe eine Rolle. Die Umwandlung in eine GmbH erleichtert die Durchführung von Anteilsverkäufen. Der Handel mit landwirtschaftlichen Flächen, Betriebsanteilen oder ganzen Betrieben hat in den neuen

Bundesländern eine deutlich höhere Bedeutung als im ehemaligen Bundesgebiet, wo die traditionelle Bindung an die Scholle eine größere Rolle spielt.

Gerade die flächenstarken Betriebe haben das Interesse der sogenannten außerlandwirtschaftlichen Investoren, vielfach aus Handel und Industrie, geweckt. Ein erheblicher Anteil dieser Großbetriebe befindet sich inzwischen in den Händen dieser Investoren. Sie wirtschaften häufig unter Beibehaltung der bisherigen Betriebsbezeichnungen, das sichert eine gewisse Anonymität. Manche Großbetriebe sind auch Bestandteil komplexer, kaum durchschaubarer Holdingstrukturen. Das ist dann eine in hohem Maße intransparente Landwirtschaft, die zur weiteren Entfremdung zwischen Landwirtschaft und Gesellschaft beiträgt.

Wiedervereinigung reduziert Scheu vor Größe

Die Wiedervereinigung hat Bewegung in die deutsche und europäische Agrarpolitik gebracht, und insbesondere bei jungen Bauern und Bäuerinnen hat sie einen Mentalitätsschub bewirkt. Waren doch vor der Wende die Perspektiven in der Regel auf den ererbten Hof beschränkt, gegebenenfalls mit Erweiterungsmöglichkeiten über Zupacht, Zukauf oder auch Heirat im regionalen Umfeld, so führte die Wiedervereinigung für viele zu der Erkenntnis, dass eigentlich viel mehr geht. Der Betrieb über 500 Hektar bildete in Westdeutschland 1990 die Ausnahme, nur wenige Betriebe hielten mehr als 200 Kühe oder 5.000 Schweine. Plötzlich wurde die westdeutsche Landwirtschaft mit den völlig anderen Größenordnungen in der ehemaligen DDR konfrontiert. Stallanlagen mit mehr als 1.000 Kühen oder mehr als 10.000 Mastschweinen, Ackerbaubetriebe mit mehreren 1.000 Hektar waren die dort durchaus üblichen Größenordnungen. Die Kontakte über bisherige Grenzen hinweg öffneten den Landwirten aus dem Westen die Augen bezüglich der Chancen der Großbetriebslandwirtschaft. Diese Chancen verbesserten sich mit der Einführung hektarbezogener Ausgleichszahlungen der EU für Agrarpreissenkungen in den 1990er Jahren. Somit wurde eine professionell betriebene Großbetriebslandwirtschaft zu einem vergleichsweise sicheren Geschäftsmodell. Das erkannten auch Landwirte aus den alten Bundesländern, die sich in beachtlicher Zahl aufmachten, um im Osten Betriebe zu übernehmen oder neu zu gründen. Die Wiedervereinigung hat dazu beigetragen, Landwirten die Scheu vor Größe zu nehmen. Was sich im Osten tat, strahlte auf den Westen aus. Auch dort gerieten Strukturen über das bisher bekannte Ausmaß in Bewegung. Es entstand ein anderes Bewusstsein, in welchen Größenordnungen sich Familienbetriebe bewirtschaften lassen. Vor allem in die Viehhaltung wurde investiert, und es wurde expandiert. Bisher ausschließlich von Familienarbeitskräften bewirtschaftete Betriebe wuchsen in andere Größenordnungen und mussten Fremdarbeitskräfte einstellen. Der Wettbewerb der Betriebe untereinander um den knappen Boden verschärfte sich.

Einkommenskombination ist üblich

Landwirtschaftliche Betriebe unterscheiden sich auch hinsichtlich der Erwerbsformen. Man differenziert zwischen Haupt- und Nebenerwerbsbetrieben. Der Haupterwerbsbetrieb erzielt den Hauptteil seines Einkommens aus der Landwirtschaft, der Nebenerwerbslandwirt den geringeren Teil seines Einkommens. Knapp 60 Prozent der landwirtschaftlichen Einzelunternehmen werden inzwischen als Nebenerwerbsbetriebe geführt. Unterschiedliche Einkommensquellen, in Zusammenhang mit der Landwirtschaft oder auch außerhalb der Landwirtschaft erwirtschaftet, sind ein wesentliches Merkmal vieler bäuerlicher Familien. Aufgrund der vorherrschenden kleineren Agrarstrukturen ist der Anteil der Nebenerwerbslandwirte in Süddeutschland besonders hoch. Einkommenskombinationen spielen hier eine größere Rolle als in anderen Teilen Deutschlands. Die Nebenerwerbslandwirtschaft ist keineswegs ein Auslaufmodell. Vielfach werden Nebenerwerbsbetriebe seit Generationen fortgeführt. Schließlich gibt es auch Menschen, die Landwirtschaft als Hobby betreiben. Ein Beispiel sind viele Pferdehalter, die selbst ihre Grünlandflächen bewirtschaften, gerne mit einem Oldtimertraktor.

Unterschiedlich aufgestellt

Und noch ein wesentliches Merkmal unterscheidet unsere Landwirte. Wirtschaften sie konventionell oder ökologisch unter weitgehendem Verzicht auf chemische Pflanzenschutzmittel und mit höheren Ansprüchen an die Nutztierhaltung? Ökobetriebe finden sich in allen Teilen Deutschlands und in allen Größenstrukturen. Ihr Anteil steigt, inzwischen wirtschaften bundesweit rund 14 Prozent der Betriebe ökologisch.

Unsere Landwirtschaft ist aus historischen Gründen, aufgrund der natürlichen und agrarpolitischen Rahmenbedingungen, eine sehr unterschiedlich aufgestellte Branche. Das gilt nicht nur für die Betriebe, sondern auch für deren Inhaber. Der weltgewandte promovierte Unternehmer wirtschaftet neben dem Bauern, der die Heimatregion nur selten verlassen hat. Es gibt Schnittmengen in den Interessen dieser Betriebe und es gibt gleichgelagerte Interessen. Dem stehen aber auch gravierende Interessenunterschiede zwischen den Betrieben gegenüber, die leider zu selten offen diskutiert werden. Das betrifft zum Beispiel die Frage der Fördermittelverteilung oder die Gestaltung der Auszahlungspolitik von Molkereien, etwa bei der Gewährung von Zuschlägen für Milch aus ökologischer Produktion oder für Weidemilch, die von Kühen stammt, die nicht ausschließlich in Ställen gehalten werden. Die Kommunikationskultur innerhalb der Agrarbranche und mit anderen gesellschaftlichen Gruppen ist verbesserungsbedürftig und verbesserungsfähig.

FAZIT: Den Landwirt gibt es nicht. Die Landwirtschaft in Deutschland ist sehr vielfältig aufgestellt. Die Industriellenfamilie, die Genossenschaft, der auf über 1.000 Hektar wirtschaftende Landwirt, der Landwirt mit 10 Hektar, der Nebenerwerbslandwirt, der Hobbylandwirt, sie alle zählen zur landwirtschaftlichen Berufsgruppe. Unsere Landwirte sind zum Teil weltläufig, akademisch gebildet, andere haben den heimischen Landkreis nur selten verlassen. Kaum eine Berufsgruppe ist von so erheblichen Unterschieden geprägt, die sich infolge der Wiedervereinigung noch vergrößert haben.

WAS VERDIENEN UNSERE BAUERN?

Gewisse Einkommenstransparenz

Um es gleich vorneweg zu sagen, wir wissen es nicht genau. Am besten wissen noch die Finanzämter Bescheid. Deren Daten sind allerdings, aus guten Gründen, nicht zugänglich. Hauptquellen unserer Kenntnisse über die Einkommenssituation in der Landwirtschaft sind die jährlich veröffentlichten Daten des Testbetriebsnetzes des Bundeslandwirtschaftsministeriums und der jährliche Situationsbericht des Deutschen Bauernverbandes. In Niveau und Tendenz unterscheiden sich die Ergebnisse kaum. Staat und Interessenverband nehmen allerdings gerne unterschiedliche Interpretationen der Daten vor und kommen zu abweichenden Schlussfolgerungen. Das ist nicht verwunderlich, Politik rechtfertigt die Ergebnisse ihres Handelns, und Lobbyisten stellen Forderungen.

Die Bundesregierung ist aufgrund des Landwirtschaftsgesetzes von 1955 verpflichtet, den Ertrag und den Aufwand der landwirtschaftlichen Betriebe festzustellen. Dazu werden die Daten von inzwischen etwa 10.000 Betrieben herangezogen. Auch auf EU-Ebene wird ein sogenanntes Testbetriebsnetz zur Ermittlung der wirtschaftlichen Lage der Landwirtschaft mit etwa 90.000 Betrieben vorgehalten. Somit ist eine gewisse Transparenz der Einkommen landwirtschaftlicher Betriebe hergestellt. Gleichzeitig können die Einkommen der hiesigen Landwirte zu einem gewissen Grad mit denen anderer Berufsgruppen und mit Landwirten in anderen EU-Staaten verglichen werden. Nicht nur die Marktlage sowie Wind und Wetter bestimmen das ökonomische Wohlergehen der Betriebe, sondern in hohem Maße die Agrarpolitik, etwa über die Verteilung der EU-Direktzahlungen und die Gestaltung von Produktionsauflagen. Aber auch das Bodenrecht und der Umgang des Gesetzgebers mit den umfänglichen landwirtschaftlichen Sonderregelungen im Sozial-, Steuer- und Erbrecht beeinflussen betriebliche Entscheidungen, Einkommenshöhe und Vermögen. Zu berücksichtigen sind darüber hinaus die vielfältigen Förderprogramme, die zur Umsetzung ökonomischer und ökologischer Ziele dienen. Sie drohen inzwischen, Landwirte und Verwaltung zu überfordern. Der Jahresbericht 2021 der Landwirtschaftskammer Niedersachsen spricht von einer wahren Förderflut. Von „farming programs" spricht man in Übersee, von der Bewirtschaftung der Programme. All das erleichtert das landwirtschaftliche Gewerbe für die Betriebsinhaber nicht.

Erhebliche Schwankungen

Verschiedene Besonderheiten sind allerdings zu beachten, wenn die vorliegenden Einkommensdaten analysiert und mit denen anderer Berufsgruppen verglichen werden. Zunächst ist festzuhalten, dass die landwirtschaftlichen Einkünfte jährlich schwanken, sie können sich von einem Jahr aufs andere mehr als verdoppeln oder auch halbieren. Das ist für Selbständige nicht ungewöhnlich. Neben dem Marktgeschehen sind es in der Landwirtschaft vor allem Witterungseinflüsse, die die Erlöse der Betriebe bestimmen. Allerdings wirken die Einflüsse auf einzelne Betriebskategorien unterschiedlich. Ein Betrieb, der ausschließlich Feldfrüchte verkauft, wie Getreide, Kartoffeln, Zuckerrüben, Raps oder Obst und Gemüse, ist in stärkerem Maße von Nässe oder Trockenheit betroffen als ein Betrieb, dessen Erlöse primär aus dem Verkauf von Schweinen oder Geflügel stammen. Hier führen vor allem Preisschwankungen zu einem Auf und Ab der Gewinne. Die Märkte für landwirtschaftliche Produkte weisen erhebliche Preisschwankungen auf. Hohe weltweite Erntemengen drücken Preise, schlechte Ernten oder Kriegsereignisse, wie aktuell zu beklagen, führen zu einem Anstieg der Preise. Das sind Faktoren, mit denen der Landwirt leben muss und die er nicht beeinflussen kann. Mit der bereits vor Jahrzehnten eingeleiteten Öffnung der EU-Märkte für Agrarerzeugnisse haben Weltmarktpreise zunehmend stärkeren Einfluss auf die Preise bekommen, die der Landwirt vor Ort erzielt.

Einkommensfaktor Direktzahlungen

Mit den von der EU gewährten Direktzahlungen gibt es in der Landwirtschaft eine weitere Besonderheit gegenüber anderen Branchen. Diese sogenannten Flächenprämien wurden Anfang der 1990er Jahre als Instrument zum Ausgleich von Senkungen staatlich garantierter Agrarpreise eingeführt. Sie machen im Schnitt der Jahre etwa die Hälfte des Gewinns der landwirtschaftlichen Betriebe aus. Sie sind also sehr wichtig für das Einkommen der Bauernfamilien und werden flächengebunden gewährt. Im Zeitablauf wurden sie aber mit immer stärkeren Auflagen zur Erreichung umweltpolitischer Ziele versehen. Bei einer Prämie von derzeit etwa 260 Euro je Hektar handelt es sich für Deutschland mit ca. 16 Millionen Hektar immerhin um eine Summe von über 4 Milliarden Euro, die in dieser Form aus den Kassen der EU der deutschen Landwirtschaft zugeführt wird. Zuschläge für Ökolandwirte, Junglandwirte und kleinere Betriebe sowie die Honorierung besonderer Umweltleistungen erhöhen die Gesamtsumme auf ca. 6 Milliarden Euro. Der

Durchschnittsbetrieb mit ca. 65 Hektar erhält etwa 23.000 Euro jährlich.

Umweltverbände drängen auf eine noch stärkere Ausrichtung der Direktzahlungen an umweltpolitischen Zielen. Spätestens in zehn Jahren, so die Forderung, sollen diese Zahlungen nur noch gewährt werden, wenn ein Landwirt dafür im Gegenzug eine konkrete ökologische Leistung erbringt. Agrarverbände beklagen immer höhere Auflagen, bewegen sich aber allmählich auch in diese Richtung, wie sie von der Umweltseite seit langem angemahnt wird. Da höhere Umweltleistungen für die landwirtschaftlichen Betriebe Mehrkosten verursachen, wird somit die Einkommensfunktion der Direktzahlungen weiter geschmälert. Ein weiterer kritischer Punkt ist die Verteilung der Zahlungen. Sie werden pro Hektar gewährt, weitgehend unabhängig von der Betriebsgröße. Für die ersten Hektare gibt es allerdings einen Zuschlag. Das gleicht aber die Bewirtschaftungsvorteile von Großbetrieben bei weitem nicht aus. Allein die Kosten der Arbeitserledigung sind bei einem 1.000-Hektar-Betrieb um mehrere Hundert Euro je Hektar niedriger als beim deutschen Durchschnittsbauernhof. Weitere Vorteile der Großbetriebe liegen angesichts der gewichtigeren Marktposition im günstigeren Einkauf und Verkauf. Der 1.000-Hektar-Betrieb erhält aber mehr als eine Viertelmillion Euro an Direktzahlungen, der Durchschnittsbauernhof, wie erwähnt, 23.000 Euro. Die Einkommen flächenstarker Betriebe sind auch aus diesem Grund im Durchschnitt signifikant höher als die Einkommen kleinerer Betriebe.

Kritisiert werden schließlich Überwälzungseffekte der Direktzahlungen auf Landeigentümer. Deutschlands Bauern bewirtschaften Flächen, die durchschnittlich zu mehr als der Hälfte nicht ihr Eigentum sind, sondern von ihnen gepachtet werden. Die Direktzahlungen kommen insofern auch Verpächtern zugute, denn ohne Direktzahlungen lägen die Pachtpreise wahrscheinlich niedriger. Allerdings würde ein Wegfall der Direktzahlungen zumindest kurzfristig das Pachtpreisniveau kaum senken, da Pachtverträge üblicherweise mehrjährig abgeschlossen werden. Der Einfluss der Direktzahlungen auf die Pachtpreise ist auch regional unterschiedlich. Für qualitativ schlechte Böden in Brandenburg werden zum Teil Pachten gezahlt, die niedriger als die Direktzahlungen sind. Sehr hoch sind die Pachtpreise dagegen in Regionen mit intensiver Viehhaltung. Hier benötigen die häufig flächenarmen Betriebe zusätzliches Land zur Ausbringung von Gülle. Pachtpreise je Hektar von über 1.000 Euro sind hier inzwischen üblich, der Einfluss der Direktzahlungen auf den Pachtmarkt ist hier vergleichsweise gering.

Zusätzliche Einkommensquellen bleiben in der Statistik außen vor

Zum Verständnis des Zahlenwerkes sind noch einige Vorbemerkungen erforderlich. Die ausgewiesenen Daten über Gewinne und Verluste haben nur begrenzte Aussagekraft über die soziale Situation der Unternehmerfamilie. Bei der Landwirtschaftszählung 2020 gaben 42 Prozent aller Betriebe an, Umsätze aus zusätzlichen auf dem Hof betriebenen Aktivitäten zu erwirtschaften. 2010 waren es erst 31 Prozent. Bei mehr als einem Fünftel dieser Betriebe steuerten die Umsätze aus den zusätzlichen Einkommensquellen mehr als 50 Prozent zum Gesamtumsatz bei. Die häufigsten Quellen der Zusatzeinkommen waren die Forstwirtschaft bei 34 Prozent und die Erzeugung erneuerbarer Energien durch Biogas- und Solaranlagen sowie Windkraftanlagen bei 31 Prozent der Betriebe. Daneben verfügen etliche Betriebe über weitere Einkünfte zum Beispiel aus der Gästebeherbergung („Urlaub auf dem Bauernhof"). All diese Einkünfte werden nicht den landwirtschaftlichen Gewinnen zugerechnet.

Zum Gesamtverständnis ist außerdem noch Folgendes wichtig: Viele Landwirte mit Geflügel- und Schweinehaltung haben ihr Unternehmen primär aus steuerlichen Gründen aufgeteilt in ein landwirtschaftliches Unternehmen und in einen oder mehrere Gewerbebetriebe. Bei diesen Unternehmen wird für die Einkommensstatistik lediglich das Einkommen aus dem landwirtschaftlichen Betrieb erfasst. Somit werden bei einem Teil der Betriebe die in Zusammenhang mit landwirtschaftlicher Tätigkeit erzielten Einkünfte unterschätzt.

Mehr als die Hälfte der Betriebe wird im Nebenerwerb bewirtschaftet, das heißt, über die Hälfte der Einkünfte dieser Familien kommt aus dem nichtlandwirtschaftlichen Bereich. Etliche landwirtschaftliche Familien verfügt darüber hinaus über Einkünfte aus Kapitalvermögen sowie aus Vermietung und Verpachtung. Das reine Zahlenwerk, das EU, Bundesregierung und Bauernverband präsentieren, bedarf also noch umfänglicher Interpretationen, um richtige Schlussfolgerungen bezüglich der ökonomischen Situation der landwirtschaftlichen Betriebe und der Inhaberfamilien zu ziehen.

Einkommen: Berg- und Talfahrt

Haupterwerbsbetriebe, in denen das Einkommen also überwiegend aus landwirtschaftlicher Tätigkeit stammt und die von einem einzelnen Unternehmer geführt werden, sind in Deutschland die vorherrschende Betriebsform. In den letzten drei Jahren schwankte der Gewinn dieser Unternehmen laut Situationsbericht des Bauernverbandes zwischen 53.400 und 79.700 Euro, bezogen auf die Familienarbeitskraft schwankte das Einkommen zwischen 37.900 und 56.700 Euro. 2021/22 erzielten die Betriebe das höchste Ergebnis der letzten Wirtschaftsjahre.

Am Beispiel 2021/22 kann im Vergleich zu den Vorjahren verdeutlicht werden, wie groß die Unterschiede zwischen Betriebsformen und Jahren sein können. Veredlungsbetriebe, also Schweine- und Geflügelhalter, erzielten in diesem Jahr einen Gewinn von 59.800 Euro, das entsprach einer Steigerung gegenüber dem Vorjahr um 17.400 Euro, allerdings konnten die Veredlungsbetriebe 2019/20 noch 126.700 Euro Gewinn verbuchen. Milchviehbetriebe konnten 2021/22 95.800 Euro Gewinn erwirtschaften, nach deutlich schlechteren Ergebnissen in den Vorjahren.

Erhebliche Bandbreite

Zwischen den Bundesländern differieren zudem die Gewinne je Hektar erheblich. Während in Brandenburg im mehrjährigen Durchschnitt weniger als 300 Euro erwirtschaftet werden, sind es in Rheinland-Pfalz fast 1.000 Euro. Die Gründe liegen in unterschiedlichen natürlichen Ertragsbedingungen und in der Produktionsausrichtung der Betriebe. Brandenburgs Landwirte betreiben überwiegend Ackerbau auf sandigen Böden mit vergleichsweise geringen Niederschlägen und Erträgen. In Rheinland-Pfalz, auf qualitativ guten Böden, spielt der Anbau von Sonderkulturen mit hohen Hektarumsätzen und -gewinnen eine besondere Rolle. Die Gewinne der ökologisch bewirtschafteten Betriebe sind bei vergleichbarer Größe, auch dank staatlicher Zuwendungen, höher als bei konventionell bewirtschafteten Betrieben. Grundsätzlich lässt sich festhalten, dass Betriebe, die überdurchschnittlich viel Fläche bewirtschaften oder Vieh halten, höhere Gewinne ausweisen als Betriebe mit geringeren Produktionskapazitäten. Ausnahmen bestätigen aber auch hier die Regel. Landwirtschaftliche Unternehmen, die siebenstellige Gewinne erwirtschaften, gibt es übrigens auch.

Mäßiges Einkommen

Die genannten Zahlen lassen immerhin die Schlussfolgerung zu, dass die Landwirte im Durchschnitt trotz erheblicher Transferzahlungen nur ein mäßiges Einkommen und eine mäßige Verzinsung des eingesetzten Kapitals erzielen. Diese Erkenntnis ergibt sich allein daraus, dass aus dem Gewinn die Arbeitsleistung der vorher nicht entlohnten Familienarbeitskräfte, der Boden und das eingesetzte Kapital finanziert werden müssen. Aus dem Gewinn sind dann die Ausgaben für die private Lebenshaltung, für die Krankenversicherung und sonstige private Versicherungen sowie die Altersvorsorge zu tätigen. Und – Einkommensteuer ist selbstverständlich auch auf den Gewinn zu entrichten. In eine Beurteilung einfließen sollte ebenfalls, dass in der Landwirtschaft Tätige fast 50 Stunden in der Woche arbeiten, also deutlich mehr als Beschäftigte in vielen anderen Berufen. Hinzu kommt, das Vieh muss auch an Wochenenden versorgt werden.

Auf den Betriebsleiter kommt es an

Die Bundesregierung führt einen jährlichen Vergleich zwischen den Bruttolöhnen außerhalb der Landwirtschaft und Gewinnen aus der Landwirtschaft durch. Berücksichtigung finden dabei berechtigterweise ein Betriebsleiterzuschlag und eine angemessene Verzinsung des eingesetzten Kapitals. Im Ergebnis erzielen selbständige Landwirte in vielen Jahren im Durchschnitt ein niedrigeres Einkommen als Arbeitnehmer außerhalb der Landwirtschaft. Die Einkommen der in der Landwirtschaft tätigen Arbeitnehmer rangieren im Branchenvergleich ebenfalls am unteren Ende.

Bei all den Betrachtungen zur Einkommenslage landwirtschaftlicher Unternehmen ist eine ungeheure Bandbreite der Gewinne auch zwischen gleichgelagerten Betrieben zu beobachten. Betriebe mit geringen Produktionskapazitäten erzielen zum Teil höhere Gewinne als der Nachbar, der mehr Tiere hält oder mehr Fläche bewirtschaftet. Das beweist wiederum, dass die Betriebsleiterqualität ein entscheidender Faktor für die betriebliche Situation und für das betriebliche Einkommen aus der Landwirtschaft ist. Sehr reich werden aber nur wenige mit einer landwirtschaftlichen Tätigkeit. Einigen tüchtigen Akteuren ist das in den neuen Bundesländern gelungen, und auch in der tierischen Veredlung haben manche Familien stattliche Vermögenswerte geschaffen.

Steigende Preise für Agrarrohstoffe

Die Unzufriedenheit mit der Entwicklung der landwirtschaftlichen Einkommen in vielen Betrieben ist nachvollziehbar. Momentan haben sich aber, auch infolge des Krieges zwischen Russland und der Ukraine, die Erzeugerpreise bei den meisten Produkten deutlich erhöht, allerdings haben auch die Preise für die in der Landwirtschaft benötigten Vorleistungen, etwa Energie, erheblich angezogen. Ob und inwieweit die 2022 gestiegenen Preise für landwirtschaftliche Produkte und Produktionsmittel von Dauer sind, ist kaum vorherzusagen. Allerdings ist angesichts der steigenden Weltbevölkerung und der Folgen des Klimawandels tendenziell von höheren Preisen für Agrarrohstoffe auszugehen.

FAZIT: So unterschiedlich, wie landwirtschaftliche Betriebe aufgestellt sind, so unterschiedlich ist auch die Einkommenslage und die Zusammensetzung der Einkommen unserer Bauernfamilien. Im Vergleich zu anderen Berufsgruppen sind deren Einkommen aber nicht üppig, vor allem, wenn man die hohe Arbeitsbelastung auf vielen Betrieben berücksichtigt.

WARUM GIBT ES IMMER WENIGER LANDWIRTSCHAFTLICHE BETRIEBE?

Strukturwandel

Wie bereits erwähnt, wirtschaften bundesweit rund 260.000 landwirtschaftliche Betriebe mit einer Durchschnittsgröße von etwa 65 Hektar. Unmittelbar nach dem Zweiten Weltkrieg zählte man in Ost und West noch fast 2 Millionen landwirtschaftliche Betriebe. Auch wenn sich Erhebungsmodalitäten geändert haben, es werden in der Statistik nur noch Betriebe mit mehr als 5 Hektar Wirtschaftsfläche berücksichtigt, so ist dies ein gravierender Strukturwandel. Dieser hat die Dörfer und das Leben in den Dörfern wesentlich verändert. Allerdings beschränkt sich der strukturelle Wandel nicht allein auf den Agrarsektor, sondern er betrifft die gesamte Volkswirtschaft. Ein dafür verantwortlicher wichtiger Faktor ist der technische Fortschritt. Wegen technischer Neuerungen werden neue Firmen gegründet, alte Firmen verlieren ihre Existenz. Denken wir im landwirtschaftsnahen Bereich nur an den Dorfschmied. Den gibt es heutzutage allenfalls noch dort, wo Reitpferde zu beschlagen sind. Ansonsten ist der Schmied, den es früher fast in jedem Dorf gab, aus dem Dorf verschwunden. Er wurde mit dem Aufkommen der Traktoren schlicht überflüssig. An seine Stelle sind Landmaschinenfirmen getreten, der Traktor hat das Arbeitspferd ersetzt. Kontinuierlich zurück geht zum Beispiel auch die Zahl der Metzgereibetriebe und der handwerklichen Bäckereibetriebe. Das ist bedauerlich, weil dadurch zugleich die Vielfalt und damit die Attraktivität der Produkte abnehmen. Wir sehen aber, Strukturwandel ist keine landwirtschaftliche Besonderheit, sondern betrifft die gesamte Wirtschaft, auch und gerade auf dem Lande.

Vom Melker zum Melkroboter

Der technische Fortschritt im landwirtschaftlichen Betrieb lässt sich an folgendem Beispiel erklären. Ein Melker oder eine Melkerin waren einst in der Lage, in einer Stunde vier bis sechs Kühe mit der Hand zu melken. Heute kann ein Roboter diese Arbeit übernehmen und in derselben Zeit 60 bis 80 Kühe melken. Dieses Beispiel lässt sich grundsätzlich auf die Schweinehaltung, die Hühnerhaltung und auch auf den Ackerbau übertragen. Der heutige Landwirt ist also mit Hilfe moderner Technik in der Lage, wesentlich mehr Tiere zu halten und Fläche zu bewirtschaften als sein Vater, Großvater oder Urgroßvater. Die Landwirtschaft hat ihre Produktivität enorm gesteigert. Parallel zu dieser Produktivitätssteigerung und der Reduzierung der Zahl der landwirtschaftlichen Betriebe sank auch die Zahl der in der Landwirtschaft tätigen Arbeitskräfte. Der technische Fortschritt hat zur Folge, dass die Auslastung einer Arbeitskraft in der Landwirtschaft nur mit mehr Fläche und mehr Tieren oder beidem gewährleistet werden kann. Daraus resultiert das Wachstum der landwirtschaftlichen Betriebe und eine steigende Produktivität.

Vom Gemischtwarenladen zum Spezialisten

Ein weiteres Phänomen liegt in der zunehmenden Spezialisierung der landwirtschaftlichen Betriebe. Viele Verbraucher haben heute noch den „Bilderbuch-Bauernhof" vor Augen, der vielseitig organisiert ist, alle gängigen Vieharten hält und Ackerbau mit einer breiten Palette an Kulturen betreibt. Allerdings entspricht das nicht mehr der Lebenswirklichkeit auf den meisten Höfen. Da zur Ausnutzung der Kostendegression, das heißt zur Reduzierung der Stückkosten, eine bestimmte Mindestgröße erforderlich ist, wachsen die Tierzahlen, meistens auf eine Tierart konzentriert, und ebenfalls die Anbauflächen je Betrieb. Die Spezialisierung hat für den Betriebsleiter einen weiteren Vorteil. Er braucht nicht mehr das breite Know-how der früheren Bauern, sondern ein stärker in die Tiefe gehendes Spezialwissen über eine geringere Zahl von Produktionszweigen. Angesichts der zunehmenden Preisschwankungen auf den Agrarmärkten und der Auswirkungen der Klimakrise wächst allerdings auf etlichen Betrieben die Überzeugung, Risiken stärker zu verteilen und sich wieder von der Spezialisierung zu entfernen. Auf mehreren Beinen, hier Produktionszweigen, steht man doch sicherer.

Weniger Kinder

Nicht zuletzt beeinflussen Veränderungen in den Familienstrukturen Entscheidungen bezüglich der Hofnachfolge. In den kinderreichen Bauernfamilien früherer Jahrhunderte fand sich immer jemand oder wurde jemand aus der Kinderschar ausgewählt, um den Betrieb zu übernehmen und damit unter anderem die Versorgung der älteren Generation sicherzustellen. Nur am Rande sei erwähnt, dass dabei zur Sicherung der Hofnachfolge auch junge Menschen in den landwirtschaftlichen Beruf gedrängt wurden, die viel lieber einen anderen Beruf ergriffen hätten. Da heutzutage auch landwirtschaftliche Familien kaum mehr zu den kinderreichen zählen, ist die Auswahl unter den Kindern für die Hofnachfolge geringer. Allein aus diesem einfachen Grund findet sich auf vielen Betrieben kein Hofnachfolger oder keine Hofnachfolgerin mehr. Außerdem hat der Fortbestand des Hofes in vielen Familien nicht mehr die frühere Bedeutung. Die Prioritäten haben sich auch in bäuerlichen Familien geändert.

„Höfesterben" passt nicht

Außer Frage steht, es gibt Betriebe, die aus ökonomischen Gründen nicht fortgeführt werden, weil sie der zukünftigen Generation hinsichtlich der Größe und der Finanzlage keine Perspektiven bieten können. Allerdings ist der strukturelle Wandel in den letzten Jahren, teilweise entgegen der öffentlichen Wahrnehmung, deutlich langsamer verlaufen als in vorherigen Jahren. Die Zahl der Betriebe reduzierte sich pro Jahr zuletzt zwischen 1 Prozent und 2 Prozent, während es früher 3 oder 4 Prozent und in manchen Jahren noch mehr waren. Auch die im Vergleich zu früher sinkenden Hektarzahlen, die auf dem Bodenmarkt gehandelt werden, deuten auf eine vergleichsweise stabile Lage der landwirtschaftlichen Betriebe hin. Sind doch Flächenverkäufe über Jahrhunderte immer wieder das Mittel gewesen, um bei finanziellen Engpässen die Liquidität landwirtschaftlicher Betriebe zu sichern. Die damit häufig verbundene Reduzierung der Produktionsgrundlage musste dann in Kauf genommen werden. Auch die Zahl der Insolvenzen ist in der Landwirtschaft im Vergleich zu anderen Branchen erfreulich niedrig.

Gerne wird von berufsständischen Vertretern und Medien die Veränderung agrarischer Strukturen mit dem Ausdruck „Höfesterben" belegt. Das ist ein bedrückender Ausdruck, mit dem man den vielfältigen Gründen einer Betriebsaufgabe nicht gerecht wird. Eine Betriebsaufgabe, die manchmal eine jahrhundertelange Tradition beendet, kann natürlich für die Beteiligten schmerzhaft sein. Bei allen Diskussionen über Strukturwandel und Höfesterben sollte allerdings nicht außer Acht gelassen werden, dass der Aufgabe von Betrieben in der Regel selbst getroffene Entscheidungen von Familien zugrunde liegen, die es zu respektieren gilt. Daneben sollte bedacht werden, dass andere Landwirte profitieren können, wenn die einen ihre Betriebe aufgeben. Das ist dann der Fall, wenn sie die Flächen der aufgebenden Betriebe übernehmen, ihre Betriebe wachsen und sie damit ihre wirtschaftlichen Perspektiven verbessern können. In jüngerer Zeit wird das Wachstum landwirtschaftlicher Betriebe allerdings kritischer gesehen. Strukturwandel nach dem Prinzip „Wachsen oder Weichen" wird hinterfragt und vermehrt als Irrweg verstanden, der mitverantwortlich sei für derzeitige Umweltprobleme. Größere Stallanlagen werden mit dem Begriff „Massentierhaltung" belegt, freilich ohne näher zu bestimmen, was darunter zu verstehen ist. In der pflanzlichen Produktion werden der mehrjährige Anbau derselben Kultur auf derselben Fläche sowie die Bewirtschaftung großer Schläge beklagt. Dahinter steht die Sorge um die Artenvielfalt. Dem heutigen landwirtschaftlichen Betrieb mit umfänglichen Produktionskapazitäten wird mehr Misstrauen seitens der Gesellschaft entgegengebracht als den Vorgängerbetrieben vergangener Jahrzehnte.

Der Bauer stirbt nicht aus

Stand der Beruf des Landwirts früher nahezu überall in hohem Ansehen, auch weil viele Landwirte in der ländlichen Wohlstandshierarchie im oberen Bereich rangierten, hat sich inzwischen eine zunehmend kritischere Sichtweise auf die Landwirtschaft breitgemacht. Allerdings ist der Bauer in Umfragen zu den angesehensten Berufen nach wie vor regelmäßig auf vorderen Plätzen zu finden. Dennoch: Die gesellschaftliche Debatte um Defizite und Fehlentwicklungen in der modernen Landwirtschaft nagt am Selbstwertgefühl vieler Bauernfamilien. Sie beeinflusst auch Entscheidungen für oder gegen die Weiterbewirtschaftung landwirtschaftlicher Betriebe. Allerdings ist die Nachfrage nach einer Ausbildung in den „grünen" Berufen weiterhin ungebrochen. Im Ausbildungsjahr 2020/21 war die Landwirtschaft der einzige Wirtschaftsbereich, in dem die Ausbildungszahlen angestiegen sind, und zwar auf über 13.400. Darüber hinaus sind ca. 60.000 Studenten in den Bereichen Agrar-, Forst- und Ernährungswissenschaften sowie Veterinärmedizin an den Hochschulen eingeschrieben. Die junge Generation glaubt offensichtlich an die grüne Branche. Der Bauer stirbt nicht aus!

Nicht jeder kann Bauer bleiben

Eine 2020 publizierte Studie der im Agrarbereich sehr aktiven genossenschaftlichen DZ Bank geht bis 2040 von einer Halbierung des Arbeitskräfteeinsatzes in der deutschen Landwirtschaft auf rund 325.000 Erwerbstätige aus. Außerdem prognostiziert die DZ Bank, dass die der Zahl der Betriebe bis 2040 von derzeit ca. 260.000 auf 100.000 zurückgehen wird. Das würde eine deutliche Beschleunigung der Abnahme der Zahl der Betriebe bedeuten Also ist höher, schneller, weiter in der Landwirtschaft auch die Perspektive für die Zukunft? In dem Abschlusspapier der Zukunftskommission Landwirtschaft vom Juli 2021 haben die Vertreterinnen und Vertreter der Landjugend und der Jugendorganisation des Bundes für Umwelt und Naturschutz (BUND) den Wunsch nach einem Aufhalten des strukturellen Wandels, ja sogar nach einer größeren Zahl von Betrieben formuliert. Der Wunsch mag sympathisch sein, in einer Welt mit technischen Fortschritten ist er aber nicht realistisch. Kein Staat kann den technischen Fortschritt aufhalten, der dem Einzelnen immer größere Leistungen ermöglicht. Ohnehin hat noch nie gestimmt, dass jeder Bauer bleiben kann, der Bauer bleiben will. Kein Staat kann unternehmerisches Fehlverhalten korrigieren, das zur Betriebsaufgabe zwingt. Die Agrarstruktur in Deutschland wird sich weiterentwickeln und den bisherigen Trends folgen. Die Zahl der Betriebe wird weiter abnehmen, die Geschwindigkeit der Abnahme wird aber auch von den Signalen abhängen, die von der Politik ausgehen.

Weiteres Wachstum?

Wachstumsschritte bedeuten im landwirtschaftlichen Jargon Erweiterungen der Produktionskapazitäten. Für landwirtschaftliche Familien stellen ambitionierte Wachstumsschritte bisweilen erhebliche Herausforderungen dar. Wachstumsschritte, also die Bewirtschaftung von mehr Fläche oder das Halten von größeren Viehbeständen, die viele Betriebe vollzogen haben, gehen vielfach einher mit der dauerhaften oder zeitweiligen Einstellung von Fremdarbeitskräften. Ein Großteil dieser Betriebe war zuvor nur von der eigenen Familie bewirtschaftet worden. Der Wechsel erfordert organisatorische Maßnahmen und führt in der Regel zu größeren unternehmerischen Herausforderungen im Vergleich zu einem Familienbetrieb, der vom Bauern und seiner Frau bewirtschaftet wird, möglicherweise ergänzt durch den geländegängigen Opa und den technikinteressierten Nachwuchs. Nicht alle Unternehmer sind mit starken Wachstumsschritten fertig geworden. Manche haben ihre Betriebe im Streben nach Größe in wirtschaftliche Schieflage und Überschuldung gebracht. Kapazitätsausweitungen führten nicht immer zu dem erwünschten wirtschaftlichen Erfolg. Milchviehbetriebe in Niedersachsen mit über 200 Kühen haben im Wirtschaftsjahr 2020/21 nur 20.000 Euro mehr Gewinn erzielt als Betriebe mit 90 Kühen. Auf vielen Höfen hätte man die zusätzlich gebundenen Ressourcen sinnvoller einsetzen können. Die Haltung zusätzlicher Kühe ist in der Regel mit baulichen Investitionen und mit einer Erweiterung der Flächengrundlage der Betriebe zur Futtergewinnung und zur Beseitigung der Exkremente verbunden. Beides kostet Geld. Geld, das den Betrieben häufig von Banken zur Verfügung gestellt wurde. Früher waren Bauern vorsichtiger bei der Aufnahme von Krediten, aber die heutige hohe Kapitalintensität der Landwirtschaft lässt betriebliches Wachstum ohne Fremdkapital kaum noch zu.

Qualitatives Wachstum

Inzwischen hat sich mehr und mehr die Auffassung durchgesetzt, es ist nicht allein entscheidend, wie viel Fläche man bewirtschaftet, sondern, was man daraus macht. Vermehrt wird heute auf den Betrieben auch deshalb ein qualitatives Wachstum angestrebt. Man versucht, innerbetriebliche Reserven zu erschließen. Das immer größer, höher und weiter wird auch innerhalb der Landwirtschaft zunehmend hinterfragt, nicht zuletzt von den Hofnachfolgern und der zunehmenden Zahl von Hofnachfolgerinnen, an denen die kritische Diskussion jenseits ihrer Hoftore nicht spurlos vorbeigeht. Hohe Pacht- und Bodenpreise in Relation zu den möglichen Erträgen haben auf manchen Höfen zu ökonomischen Problemen geführt. Nicht zuletzt infolge stark gestiegener Preise für Bodenkauf und Pacht können in vielen Regionen immer weniger Betriebe über die Fläche wachsen. Stattdessen gewinnen in manchen Unternehmen ertragreichere Sonderkulturen wie Obst oder Gemüse an Bedeutung, oder Betriebe erschließen sich über den Einstieg in die Direktvermarktung neue Einkommensquellen und sichern sich eine höhere Wertschöpfung. Kurzum, es werden unter dem Stichwort „Einkommensdiversifizierung" Alternativen zum „Wachsen oder Weichen" gesucht. Einnahmen aus Windenergie oder Solarenergie helfen dabei und werden angesichts der vom Staat ausgelobten attraktiven Konditionen an Bedeutung gewinnen. Eine Flächenverwendung für energetische Zwecke geht grundsätzlich zulasten der Nahrungsmittelerzeugung. Der energetische Flächenertrag ist bei Wind- und Solarenergie allerdings deutlich höher als bei der Bioenergie.

Politische Einflussmöglichkeiten

Die zukünftige Strukturentwicklung wird auch von den politischen Rahmenbedingungen beeinflusst. Stärkt die Politik in ihrer Förderpolitik tendenziell die kleineren und mittleren Betriebe gegenüber größeren, die Kostenvorteile in der Arbeitserledigung und Preisvorteile in der Anschaffung und im Verkauf ihrer Produkte haben, kann dieses zu einer Stabilisierung der Strukturen und zu einer Dämpfung des Strukturwandels beitragen. Ein abgebremster Strukturwandel täte den Dörfern gut, würde die Kommunikation zwischen Landwirten und Gesellschaft erleichtern und sicher auch den überwiegenden gesellschaftlichen Vorstellungen entsprechen. Verbandsfunktionäre sollten auch bedenken, dass immer weniger Betriebe immer weniger Wählerstimmen bedeuten. Das ist verbunden mit weniger Rückhalt und weniger Einfluss.

Die Motivation zur Übernahme landwirtschaftlicher Betriebe ist nun mal in erheblichem Maße von ökonomischen Faktoren abhängig. Für die ökonomischen Faktoren trägt neben dem Markt in der Landwirtschaft auch die Politik in besonderer Weise Verantwortung. Kaum eine Branche wird durch staatliche Zuwendungen, aber auch durch daraus resultierende Auflagen in so starker Weise beeinflusst wie der Agrarsektor.

Politiker und Verbandsfunktionäre sprechen gerne über eine Verbesserung der Wettbewerbsstellung kleinerer und mittlerer Betriebe. Sie sollten ihren Worten dann auch zielgerichtete Taten folgen lassen. Die 2019 noch unter Bundeskanzlerin Angela Merkel eingerichtete Zukunftskommission hat zu diesem Thema sehr unterschiedliche Stimmen zu Wort kommen lassen, aber auch eindeutig Handlungsbedarf identifiziert.

FAZIT: Technischer Fortschritt führt zu strukturellem Wandel, in der Landwirtschaft und in anderen Branchen. Der Strukturwandel mit dem Ergebnis einer immer geringeren Zahl landwirtschaftlicher Betriebe wird jedoch zunehmend kritischer beurteilt. Viele Betriebe setzen vermehrt auf qualitatives Wachstum, auf Qualität statt Quantität. Die Agrarpolitik muss den Einsatz ihrer Instrumente überdenken, wenn sie den Strukturwandel bremsen will.

3 Was produzieren unsere Bauern?

ÖLSCHEICHS DES 21. JAHRHUNDERTS?

Die Nutzung der rund 16,6 Millionen Hektar landwirtschaftlichen Fläche in Deutschland verteilte sich 2021 auf rund 11,7 Millionen Hektar Ackerland, 4,7 Millionen Hektar Dauergrünland und 0,2 Millionen Hektar Dauerkulturen, wie Obstbäume und -sträucher, Hopfenanlagen oder Weinberge. In der Ackernutzung überwiegt der Getreideanbau mit ca. 6 Millionen Hektar, bevorzugt angebaute Getreidearten sind Weizen und Gerste. Für Futterpflanzen werden rund 3 Millionen Hektar genutzt, hier überwiegt der Maisanbau.

Die Früchte des Ackers finden primär als Nahrungs- und Futtermittel Verwendung, in immer größerem Maße aber auch als nachwachsende Rohstoffe zur Energieproduktion. Zwischenzeitlich wurden Landwirte bereits als „die Ölscheichs des 21. Jahrhunderts" gesehen. Kraftstoffe für Autos und Traktoren aus nachwachsenden landwirtschaftlichen Rohstoffen, eine verlockende Perspektive. Früher baute man Hafer für die Arbeitspferde an, heute Raps zur Ölproduktion für den Traktor, so wurde argumentiert. Vielerlei Hoffnungen waren mit diesen Aussichten verbunden. Aus diesen Hoffnungen sind aber allzu oft Enttäuschungen geworden. Nicht alles, was propagiert wurde, funktionierte technisch einwandfrei. Nicht alle Prognosen hielten der ökonomischen Realität stand. Dennoch – landwirtschaftliche Rohstoffe fanden mit staatlicher Hilfe, zum Beispiel über Beimischungsquoten, zunehmend Eingang in den Energiesektor, auch wenn Letztere angesichts der sich verschärfenden Flächenknappheit inzwischen kritisch diskutiert werden. Landwirtschaftliche Rohstoffe werden in steigendem Umfang auch in der industriellen Produktion eingesetzt. Man setzt verstärkt auf biotechnologische Methoden, um den Anforderungen einer industriellen Nutzung Genüge zu tun.

Nahrungsmittelproduktion als primäre Aufgabe!

Die Produktion von Nahrungsmitteln als primäre Aufgabe macht den Agrarsektor unverwechselbar im Vergleich zu anderen Branchen. Die Systemrelevanz des Agrarsektors beruht auf der Nahrungsmittelproduktion. Sie steht im Mittelpunkt der landwirtschaftlichen Tätigkeit und prägt von jeher deren Image. Die Bundesregierung sieht die Hauptaufgabe der Landwirtschaft in der Ernährungssicherung und der Erzeugung qualitativ und gesundheitlich einwandfreier Lebens- und Futtermittel. Bereits vor Jahren ist eine heftige Diskussion darüber entbrannt, inwieweit neben der Erzeugung von Nahrungsmitteln die Erzeugung von Rohstoffen für alternative Verwendungen zu den Aufgaben der Landwirtschaft zähle. Diese Diskussion wurde und wird auch unter ethischen Aspekten geführt. Ist es angesichts globaler Hungerprobleme vertretbar, landwirtschaftliche Rohstoffe auch für Nichtnahrungszwecke zu nutzen? Die Politik in Deutschland hat diese Frage bisher mit ja beantwortet. Das Bundeslandwirtschaftsministerium (BMEL) hat bereits in den 1990er Jahren die Fachagentur Nachwachsende Rohstoffe (FNR) eingerichtet, um bundesweit Forschung, Entwicklung und Markteinführungen im Bereich Biogene Rohstoffe zu unterstützen. Die Aufgaben der Fachagentur umfassen insbesondere die Mitwirkung bei der Planung und die treuhänderische Durchführung von Förderprogrammen des Bundes für nachwachsende Rohstoffe. Eine weitere Einrichtung in der Zuständigkeit des BMEL widmet sich der Nutzung agrarischer Rohstoffe außerhalb des Ernährungsbereichs: Das Deutsche Biomasseforschungszentrum (DBFZ) als gemeinnützige GmbH hat die anwendungsorientierte Forschung und Entwicklung auf dem Feld der energetischen und integrierten stofflichen Nutzung nachwachsender Rohstoffe in der Bioökonomie zum Gegenstand. Innovationen der Pflanzenzucht waren ein zentraler Impuls für die Bioökonomie. DBFZ und FNR werden zu wesentlichen Teilen aus dem Haushalt des BMEL finanziert.

Tank oder Teller?

Die noch vor wenigen Jahren erbittert geführte Diskussion um die Alternativen „Tank oder Teller" ist inzwischen zwar in den Hintergrund getreten, gewinnt aber im Lichte der Auswirkungen des Krieges in der Ukraine neue Aktualität. Angesichts der derzeitigen Ernährungssituation der Erdbevölkerung und der Prognosen der Vereinten Nationen zur Bevölkerungsentwicklung, die von einem Zuwachs auf 9,8 Milliarden Menschen im Jahr 2050 ausgehen, muss die globale Nahrungsmittelproduktion deutlich zunehmen. Das engt den Spielraum für alternative Verwendungen agrarischer Rohstoffe ein. Die in der gesamten Europäischen Union steigende Verwendung von Zuckerrüben, Raps und Mais insbesondere zur Herstellung von Biokraftstoffen stellt ohne Zweifel eine Verwertungskonkurrenz zur Nahrungsmittelproduktion dar. Zwar wird Biokraftstoffen ein Effekt zur Reduzierung von Treibhausgasen zugeschrieben. Dieser Effekt ist aber abhängig von der Art der Herstellungsprozesse und dem verwendeten Pflanzenmaterial. Bioenergie kann einen Beitrag zur Minderung der Treibhausgasemissionen gegenüber fossilen Energieträgern leisten. Klimaneutralität lässt sich wegen der Emissionen im Erzeugungs- und Aufbereitungsprozess jedoch nicht erzielen. Da Biokraftstoffe in Abhängigkeit von den Anbauverfahren auch negative Umweltwirkungen haben können, wurden von der EU verschiedene Nachhaltigkeitskriterien verabschiedet, um schädliche Auswirkungen der Produktion von Biokraftstoffen auf die Umwelt zu begrenzen. Diese Nachhaltigkeitskriterien sehen eine schrittweise Verringerung bestimmter Arten von Biokraftstoffen vor, bei deren Produktion ein hohes Risiko besteht, indirekte Landnutzungsänderungen zu verursachen. Indirekte Landnutzungsänderungen treten zum Beispiel dann auf, wenn Weiden oder landwirtschaftliche Flächen, die zuvor für die Lebensmittelproduktion oder Futtermittelnutzung vorgesehen waren, zur Biokraftstoffproduktion herangezogen werden. Von den 2,2 Millionen Hektar, die in Deutschland für die Herstellung von Biogas, Biodiesel und Bioethanol, also Energiepflanzen, in Anspruch genommen werden, gehen die Erträge von 1,5 Millionen Hektar in die Biogasproduktion. Mit diesen Anbauflächen stellt die Bioenergie inzwischen eine erhebliche Quelle landwirtschaftlicher Wertschöpfung dar, die allerdings nach wie vor staatlich gestützt wird. Aufgrund dieser Unterstützung finden sich in Deutschland bezogen auf die landwirtschaftliche Fläche weit mehr Biogasanlagen als in den benachbarten Staaten. Auch hier hilft ein Blick über die Grenzen. In Dänemark werden Biogasanlagen ganz überwiegend mit Reststoffen betrieben, wie Gülle, Mist und Lebensmittelabfällen. Wir nutzen dazu in großem Umfang Ackerfrüchte und belasten das Image der Landwirtschaft mit der Diskussion Tank oder Teller.

Das hat unter anderem zu einer erheblichen Ausdehnung des Maisanbaus geführt. Kritiker sprechen von der „Vermaisung der Landschaft", die wir in einigen Regionen tatsächlich beobachten können. Regional hat sich die Struktur der Agrarlandschaften durch den Energiepflanzenanbau deutlich verändert. Zu beklagen sind dadurch verursachte negative Folgen für die Artenvielfalt. Die Politik hat diesen Zusammenhang erkannt. Allein aufgrund von Flächenrestriktionen und auch aus Nachhaltigkeitserwägungen ist nicht mit einer weiteren Ausweitung der Anbauflächen zu rechnen. Das novellierte Erneuerbare-Energien-Gesetz (EEG) bewirkt bereits eine Rückführung der Verwendung von Mais in Biogasanlagen, dafür soll die Nutzung aus Rest- und Abfallstoffen künftig einen größeren Beitrag zur Energieversorgung leisten, wie es in Dänemark schon der Fall ist. Inzwischen wurden auch gezielt Wildpflanzenmischungen entwickelt, die Biomasse für Biogasanlagen liefern und gleichzeitig Lebensraum und Nahrungsmittel für Vögel sowie Insekten bereitstellen. Diese sogenannten neuen Energiepflanzen können einen Beitrag zur Entschärfung der Umweltkonflikte um den Energiepflanzenanbau leisten. Sie können aber nicht die Frage beantworten, ob der Acker nun für den Tank oder für den Teller genutzt werden soll. „Essen ist immer noch wichtiger als Tanken" titelte eine Fachzeitschrift. Die Diskussion um die Themen Nahrungsmittelsicherheit und Hunger werden eine stärkere Ausrichtung der Produktion für den Teller bewirken. Prominente Stimmen von der Welthungerhilfe bis zur Weltbank plädieren für diesen Weg, der Göttinger Agrarökonom Stephan von Cramon-Taubadel sagt, „die Diskussion über die Priorisierung von Teller, Tank oder Trog muss ganz oben stehen". Das Bundesumweltministerium hat einen Gesetzentwurf vorgelegt, der die Abschaffung von Biosprit vorsieht. Außerdem lässt sich durch Photovoltaik oder Windenergie mehr Energie je Hektar gewinnen.

Nüchternheit statt Euphorie

Die mit der Herstellung von Treibstoffen aus landwirtschaftlichen Rohstoffen zunächst verbundene Euphorie ist mittlerweile einer nüchternen Betrachtung gewichen. Das betrifft sowohl die Umweltwirkungen als auch die Auswirkungen auf die globale Nahrungsmittelversorgung. Es ist zwar für landwirtschaftliche Produzenten attraktiv, über ein zusätzliches Absatzventil zu verfügen. Mit dem Krieg in der Ukraine und dessen Auswirkungen auf die Nahrungsmittelsicherheit ist die Verwundbarkeit des globalen Ernährungssystems jedoch offenkundig geworden. Nahrungsmittelproduktion muss und wird die primäre Aufgabe der Landwirtschaft bleiben. Allerdings haben Rohstoffe tierischer und pflanzlicher Herkunft seit jeher eine Bedeutung zur Verwendung außerhalb des Nahrungsmittelbereiches. Tierische und pflanzliche Fasern wurden und werden zur Herstellung von Kleidung verwendet. Holz und Holzkohle waren früher die wichtigsten Energiequellen. Gegenwärtig werden in Deutschland auf rund 250.000 Hektar Pflanzen für industrielle

Zwecke angebaut. Sie dienen überwiegend der Herstellung von Stärke und technischem Rapsöl. Für Farben und Lacke werden Pflanzenöle vor allem als Additive und Bindemittel verwendet. Leinöl findet bei der Herstellung des Bodenbelags Linoleum Verwendung. Einen weiteren bedeutenden Anwendungsbereich bilden biogene Schmierstoffe.

FAZIT: Nahrungsmittelproduktion ist die primäre Aufgabe der Landwirtschaft. Die zunehmende Verwendung von Ackerfrüchten für energetische und industrielle Zwecke wird angesichts der Verwerfungen auf den Nahrungsmittelmärkten eine Trendumkehr erfahren müssen. Essen geht vor Tanken.

WER BAUT WO WAS AN?

Regionale Unterschiede

Die landwirtschaftliche Produktion in Deutschland ist vielfältig. Zwischen Nord, Süd, Ost und West gibt es erhebliche Unterschiede in den Betriebsgrößen und Produktionsschwerpunkten und damit auch im Erscheinungsbild der landwirtschaftlichen Betriebe und der Dörfer. Unterschiede in den Produktionsschwerpunkten hängen von der Bodenqualität, den natürlichen Gegebenheiten wie Acker- oder Grünlandstandort sowie der Anbauwürdigkeit bestimmter Produkte ab. Beispielsweise gedeihen Weintrauben bekanntlich nicht überall, obwohl inzwischen auch Schleswig-Holstein zu den Bundesländern zählt, die Wein produzieren. Der Anbau von Zuckerrüben verlangt bestimmte Bodenqualitäten, wie wir sie in den Börderegionen haben. Die Milchviehhaltung findet primär auf Grünlandstandorten statt.

Spezialisierung

Zunehmend haben sich sogenannte regionale Cluster der landwirtschaftlichen Produktion herausgebildet, zum Beispiel mit der Haltung von Schweinen und Geflügel unter starkem Einsatz von Importfuttermitteln in den hafennahen Regionen Nord- und Westdeutschlands. Durch die verstärkte Spezialisierung landwirtschaftlicher Betriebe hat sich die Tendenz zu regionalen Produktionsschwerpunkten noch verstärkt. Waren noch vor einigen Jahrzehnten Rinder, Schweine und Geflügel auf annähernd jedem Hof zu finden, so gibt es inzwischen viele Dörfer mit landwirtschaftlichen Betrieben, aber ohne Nutzvieh. Mittlerweile sind sogar ganze Landstriche ohne landwirtschaftliche Viehhaltung längst keine Seltenheit mehr. Wirtschaftete vor zehn Jahren nur ein Viertel der Betriebe ohne Vieh, so ist es inzwischen etwa ein Drittel. Allerdings wird darüber diskutiert, ob eine immer stärkeren Spezialisierung der allein selig machende Weg in die Zukunft ist. „Betriebsausrichtung – Die neue Vielfalt" titelten die Mitteilungen der Deutschen Landwirtschafts-Gesellschaft ihre Ausgabe vom August 2020, mit vielfältigen Anregungen zur Aufnahme neuer Betriebszweige.

Ländersache

Von den rund 260.000 landwirtschaftlichen Betrieben in Deutschland mit mehr als 5 Hektar ist ein Drittel in Bayern beheimatet, das mit ca. 3 Millionen Hektar landwirtschaftlich genutzter Fläche auch flächenmäßig den ersten Platz unter den Bundesländern einnimmt. In den Stadtstaaten Berlin, Bremen und Hamburg sowie in Bayern und Baden-Württemberg finden sich die kleinsten Betriebe mit durchschnittlich weniger als 40 Hektar, in Ostdeutschland bewirtschaften die Betriebe im Durchschnitt über 200 Hektar. Zuckerrübenanbau erfolgt angesichts der hohen Ansprüche der Rüben an die Bodenqualität primär auf den besten Böden Deutschlands. Dazu zählen neben den fränkischen Anbaugebieten die Magdeburger Börde, die Hildesheimer und die Soester Börde sowie die Köln-

Aachener Bucht. Niedersachsen ist wiederum das Zentrum des deutschen Kartoffelanbaus.

Obst- und Gemüseanbau finden sich schwerpunktmäßig in West- und Süddeutschland, primär aus klimatischen Gründen. Aber auch die Nähe zu den Absatzmärkten fördert den Anbau dieser Kulturen im Umfeld städtischer Zentren. Das gilt für das Rhein-Main-Gebiet, aber auch für das Alte Land vor den Toren Hamburgs mit ausgedehnten Apfel- und Kirschplantagen. Die Ernte dieser Kulturen erfordert nach wie vor zu einem großen Teil Handarbeit. In vielen Betrieben ist dafür der Einsatz von ausländischen, zumeist osteuropäischen Saisonarbeitskräften unverzichtbar.

Bayern und Niedersachsen sind die Bundesländer mit den höchsten Rinderzahlen. Jede zweite Milchkuh steht in diesen Bundesländern. Sie verfügen auch über einen vergleichsweise hohen Grünlandanteil. Fast 60 Prozent des deutschen Schweinebestandes konzentrieren sich auf Niedersachsen und Nordrhein-Westfalen. In diesen Ländern ist die Schweinehaltung wiederum in wenigen Landkreisen angesiedelt, in denen auch die intensive Geflügelhaltung stark verbreitet ist. Man spricht in Zusammenhang mit Landkreisen wie Cloppenburg, Emsland, Vechta und Borken von Veredlungszentren. Diese Clusterbildung bietet ökonomische Vorteile, sind doch die der Landwirtschaft vor- und nachgelagerten Wirtschaftsbereiche, vom Stallanlagenhersteller über den Futtermittelproduzenten bis zum Schlachthofbetreiber, ebenfalls in diesen Regionen ansässig. Allerdings hat die hochkonzentrierte Veredelungsproduktion mit dem damit einhergehenden Gülleanfall zu den dort stellenweise sehr hohen Nitratkonzentrationen im Grundwasser geführt.

Öko wächst unterschiedlich

Regional sehr unterschiedlich verteilt ist die ökologische Landwirtschaft. In den Schwerpunktregionen der Viehhaltung werden die Flächen zur Gülleausbringung benötigt. Sie sind deshalb dort knapp und teuer. Die Anzahl der gehaltenen Tiere je Flächeneinheit ist hier besonders hoch. Sie überschreitet in vielen Betrieben die in der Ökolandwirtschaft geltenden Grenzen. Dies ist ein wesentlicher Grund für den niedrigen Anteil an Ökobetrieben in diesen Regionen. So bilden Niedersachsen mit 5 Prozent und Nordrhein-Westfalen mit 7 Prozent die Schlusslichter bei den Bio-Anteilen an der landwirtschaftlich genutzten Fläche. An der Spitze liegen das Saarland mit 19 Prozent und Hessen mit 16 Prozent.

FAZIT: Den typischen landwirtschaftlichen Betrieb gibt es in Deutschland nicht. Es wird überwiegend regionsspezifisch produziert, hier reiner Ackerbau, dort Milchviehhaltung, woanders wird Weinbau betrieben und in wiederum anderen Regionen Schweine- und Geflügelhaltung. Der Gemischtbetrieb vergangener Tage mit vielen Produktionszweigen ist nur noch selten anzutreffen. Heute lässt die regionale Herkunft eines Landwirtes schon vergleichsweise treffsicher auf die Ausrichtung seines Betriebes schließen.

HÖHER, SCHNELLER, WEITER – GRENZEN DER LANDWIRTSCHAFTLICHEN PRODUKTION

Beeindruckende Fortschritte

Betriebsgrößen wachsen, Naturalleistungen steigen sowohl in der pflanzlichen als auch in der tierischen Produktion. Mithilfe technischer Fortschritte in Produktion, Technik und Management kann eine Arbeitskraft heute viel mehr in der Landwirtschaft leisten als vor fünfzig oder hundert Jahren. Züchtungsfortschritte, Düngung und Pflanzenschutz haben zu erheblichen Ertragssteigerungen in der Pflanzenproduktion geführt. Beinahe vervierfacht haben sich in den letzten hundert Jahren die Hektarerträge bei Getreide; bei Kartoffeln und Zuckerrüben haben sie sich immerhin verdreifacht. Ebenso sind die tierischen Leistungen vor allem durch züchterische Arbeit gestiegen. Die Milchleistung je Kuh und Jahr lag um 1900 noch bei 2.000 Kilogramm, heute gibt eine Kuh durchschnittlich 8.000 Kilogramm. 1950 legte die Durchschnittshenne noch jährlich 120 Eier. Mittlerweile wurde die Legeleistung je Henne auf 300 Eier im Jahr gesteigert.

In der pflanzlichen und in der tierischen Produktion sind also enorme Produktivitätssteigerungen zu verzeichnen, die zu einer völligen Veränderung der landwirtschaftlichen Produktion geführt haben. Gibt es Grenzen dieser Entwicklung, oder wird sie so weitergehen? Zahlen wir als Gesellschaft, oder zahlen auch die Landwirte einen Preis dafür? Dabei geht es nicht nur um ökonomische Themen, sondern auch um Einflüsse auf die Umwelt, Fragen des Tierwohls und um Auswirkungen auf die Soziologie des ländlichen Raumes.

Die Bevölkerung ist hellhörig

Aus ökonomischer Sicht stellt sich die Frage, ob die leistungsstärkste Kuh auch die für den Landwirt gewinnträchtigste Kuh ist. Genauso berechtigt ist das Thema, was eine Höchstleistung mit dem Körper der Kuh macht, ob also unter Tierwohlaspekten die Höchstleistung noch verantwortbar ist. Fragen dieser Art stellen sich ebenfalls in der pflanzlichen Produktion. Ist der Höchstertrag zum Beispiel bei Weizen oder Zuckerrüben auch der Ertrag, der den maximalen Gewinn bringt? Ist das Streben nach Höchsterträgen eventuell mit negativen Umweltwirkungen verbunden, oder betreibt man mit dem Streben nach Höchsterträgen sogar einen Raubbau an den natürlichen Ressourcen?

Heute werden die Antworten auf diese Fragen anders ausfallen müssen als noch vor einigen Jahrzehnten. Wir wissen inzwischen mehr über Tiergesundheit und Tierwohl. Wir können die Umweltauswirkungen landwirtschaftlicher Tätigkeit viel besser beurteilen als früher. Und – die Sensibilität der Bevölkerung in diesen Fragen ist gestiegen. Nitratbelastungen der Böden durch zu hohe Düngergaben und ein auch durch Landwirtschaft verursachter Artenrückgang werden nicht mehr hingenommen. Allein das macht es für Landwirte unumgänglich, Umwelt- und Tierwohlaspekte auf ihren Betrieben stärker als in der Vergangenheit zu berücksichtigen. Die gestiegenen gesellschaftlichen Anforderungen mit ihren ökonomischen Auswirkungen, die daraus resultierenden politischen Debatten, die sich früher oder später in strengeren Rechtsvorschriften und verschärften Auflagen niederschlagen, hinterlassen allerdings bei den Betroffenen Spuren. Landwirtschaft war früher vorwiegend Handarbeit, harte körperliche Arbeit mit häufig schweren gesundheitlichen Folgen. Diese Belastungen haben sich reduziert. Dafür ist es inzwischen um die psychomentale Gesundheit der Landwirte immer schlechter bestellt. Die dazu veröffentlichten Beiträge sind alarmierend. Ökonomischer Druck und die Konfrontation mit immer höheren gesellschaftlichen Erwartungen beeinträchtigen zunehmend die Gesundheit der Landwirte. Die Gesellschaft muss deshalb die Landwirte stärker mitnehmen und bei der Umsetzung ihrer Wünsche unterstützen. Umwelt- und Tierwohlfragen müssen einen größeren Stellenwert in der landwirtschaftlichen Ausbildung und der landwirtschaftlichen Fachpresse erhalten. Der Dialog zwischen Landwirtschaft und übriger Gesellschaft muss intensiver geführt werden.

Wandel

Wandel kennzeichnet die Landwirtschaft insbesondere seit Beginn der Technisierung und seit der Nutzung mineralischer Düngung. Die industrielle Entwicklung in unserer Gesellschaft begann erst vor 200 Jahren, Handel und Handwerk waren immensen Änderungen unterworfen. Das gilt gleichermaßen für die Landwirtschaft, die allerdings ihr Alleinstellungsmerkmal behielt: Sie arbeitet in und mit der Natur. Auch daraus erklärt sich die wachsende Aufmerksamkeit, die Medien und Gesellschaft dem Agrarsektor zukommen lassen. Eine Aufmerksamkeit, die mit einer gehörigen Portion Skepsis gegenüber dem Höher, Schneller, Weiter in der Landwirtschaft verbunden ist. Der agrarstrukturelle Wandel hat inzwischen tiefe Spuren in unserer Gesellschaft hinterlassen. Immer weniger Menschen arbeiten in der Landwirtschaft. Zu Beginn des vorherigen Jahrhunderts waren noch fast 40 Prozent der Erwerbstätigen in der Land- und Forstwirtschaft tätig, inzwischen sind es ca. 1,3 Prozent. Das ist ein Ergebnis gewaltiger technischer Fortschritte und zunehmender Arbeitsteilung. Der Ersatz menschlicher Arbeitskraft durch Maschinen wird weitergehen. Roboter melken schon heute in vielen Betrieben die Kühe, Schweine werden vollautomatisch gefüttert, und auf dem Feld halten autonom fahrende Traktoren Einzug. Das bedeutet, dass noch stärker Arbeit durch Kapital ersetzt wird. Arbeitsplätze in der Landwirtschaft sind mit über 600.000 Euro je Erwerbstätigen im Vergleich zu anderen Branchen bereits sehr kapitalintensiv. Neue Technik erzeugt Druck auf den strukturellen Wandel. Für den rentablen Einsatz von Robotern im Stall und auf dem Acker sind bestimmte Mindestviehzahlen und Mindestflächen unabdingbare Voraussetzung.

Digitalisierung verantwortungsvoll nutzen

Die Digitalisierung hat die High-Tech-Entwicklung der Landwirtschaft beschleunigt und wird zu einem weiteren Entwicklungsschub führen. Hier geht es unter anderem um die Auswahl und Vernetzung von Daten innerhalb des Betriebes oder auch entlang der Wertschöpfungskette, um ein ökonomisch und ökologisch besseres Ergebnis zu erzielen. Dabei handelt es sich zum Beispiel um Daten über den Boden und seine Nährstoffversorgung, zur Zusammensetzung von Pflanzen sowie um Daten über Mengen und Preise. Mit Hilfe dieser Daten und deren Verknüpfung lassen sich Saat- und Erntetermine sowie Düngemittel- und Pflanzenschutzmitteleinsatz optimieren.

Digitalisierung findet genauso im Stall Anwendung, wenn es darum geht, die Versorgung der Tiere mit Futter und Wasser zu optimieren und rechtzeitig Kenntnis über den Gesundheitszustand der Tiere und damit über eventuelle Krankheiten zu erhalten.

Die ökonomischen und umweltbezogenen Potentiale der Digitalisierung in der Landwirtschaft sind also vielversprechend. Mit der Digitalisierung sind Möglichkeiten der weiteren Reduzierung der Arbeitskräfte in der Landwirtschaft verbunden. Pro Hektar und je Schwein oder Kuh kann die weitere Digitalisierung zu einem geringeren Arbeitskräfteeinsatz führen. Höhere Ansprüche an das Tierwohl können bezüglich des Arbeitskräfteeinsatzes jedoch auch gegenteilige Effekte auslösen. Aus Tierwohlsicht favorisierte Haltungsverfahren erfordern in der Regel mehr Arbeitszeit pro Tier und binden dadurch mehr Arbeitskräfte. Zum Beispiel ist eine Haltung von Schweinen auf Stroh arbeitsaufwändiger als die Haltung auf Betonspaltenböden mit Güllekanälen.

Die Digitalisierung bietet der Agrarbranche auch weitere Möglichkeiten zum Beispiel in der Rückverfolgung und damit der Transparenz der Lebensmittelkette. Damit lässt sich Verbrauchvertrauen erhalten oder zurückgewinnen. Aber: Voraussetzung für die Realisierung aller Digitalisierungspläne ist die Internetabdeckung auf dem Lande. Hier gibt es gerade in Deutschland noch viel zu tun. Zugleich darf das Thema Datensicherheit nicht tabuisiert werden. Wird der landwirtschaftliche Betrieb noch gläserner? Begibt der Bauer sich in weitere Abhängigkeiten von Geschäftspartnern? Verliert er sogar die Hoheit über seinen Betrieb? Diese Befürchtungen müssen ernst genommen, die damit verbundenen Fragen beantwortet werden.

Klimawandel

Eine der größten Herausforderungen für die Landwirtschaft ist der Klimawandel. Trockenheit, Hitzewellen und Starkregen treten vermehrt auf. Pflanzen bringen weniger Ertrag, Böden unterliegen verstärkt der Erosion. Regional ist die Betroffenheit unterschiedlich, Betriebe mit sandigen Böden in ohnehin niederschlagsarmen Regionen sind am stärksten betroffen, das heißt, Ostdeutschland ist gefährdeter als der Voralpenraum oder die Küstenregion des Nordens. Eine Erweiterung des Anbauspektrums, züchterische und technische Fortschritte können hier helfen. Die Wissenschaft arbeitet an Experimenten mit dem Anbau bisher hier nicht üblicher Pflanzen wie Hirse und Soja. Sie werden schon von Pionierbetrieben angebaut, zum Teil mit beachtlichen Erträgen. Und das bisher übliche Artenspektrum muss verstärkt auf Klimaresistenz gezüchtet werden.

Die pfluglose Bodenbearbeitung beugt dem Entweichen von CO_2 aus den Böden vor. Dazu trägt auch vermehrter Zwischenfruchtanbau bei. Darunter versteht man den Anbau von Pflanzen, die zwischen Hauptkulturen angebaut werden und deren Pflanzenreste als Tierfutter Verwendung finden oder als Gründüngung auf dem Acker verbleiben. Dies steigert den Humusanteil im Boden und damit dessen Fruchtbarkeit.

Züchterischer Fortschritt, Züchtung mit Gentechnik?

Die Gesellschaft betrachtet züchterische Fortschritte in der tierischen Produktion unter Tierwohlaspekten zunehmend skeptisch. Ein Beispiel: Die Lebensdauer der Hochleistungsmilchkühe ist inzwischen zum Dauerthema geworden. Wenn die deutsche Durchschnittskuh nach zwei oder drei Abkalbungen im Alter von fünf Jahren wegen Euter- oder Klauenkrankheiten den Weg zum Metzger antreten muss, liegt ihre Lebensdauer weit unter ihrem genetischen Potential. In Abhängigkeit von der Rasse kann eine Kuh nämlich deutlich über zehn Jahre alt werden. Inzwischen reagieren die Zuchtverbände darauf, indem Robustheit der Tiere als Zuchtziel stärker betont wird. Das ist nicht nur aus Gründen des Tierwohls geboten, sondern auch aus ökonomischen Gründen dringend erforderlich, denn die langlebige Kuh ist die ökonomischere Kuh. Nicht zuletzt aus Imagegründen sollten die Verantwortlichen sich diesen Fragen dringend stellen, Tiergesundheit gehört zum Tierwohl, ganz besonders bei jungen Kühen.

Besondere Potentiale bieten gentechnische Verfahren in der Pflanzenzüchtung. Deren Verbreitung könnte weitere Züchtungsfortschritte bringen. Zu nennen sind Ertragssteigerungen je Hektar, weniger Düngemittel- und Pflanzenschutzmittel sowie eine höhere Qualität des Erntegutes. Neue gentechnische Verfahren, wie Genom-Editierung, könnten uns auch weiterbringen bei der Züchtung hitze- und trockenheitsresistenter Pflanzen, auf die wir in Anbetracht des Klimawandels künftig angewiesen sein werden. Die neuen Verfahren werden die Chance bieten, Nutzpflanzen resistenter und gesünder zu machen. Ihr entscheidender Vorzug besteht darin, zielgerichtete Veränderungen im Erbgut von Pflanzen schneller zu erreichen als über die herkömmliche Züchtung. Diese Verfahren werden jedoch ebenso wie die klassische Gentechnik sehr kontrovers diskutiert. Kritiker befürchten negative Umweltwirkungen bei ihrer Anwendung, dafür gibt es jedoch bisher keine seriösen wissenschaftlichen Belege. Im Zusammenhang mit der grünen Gentechnik sprechen manche inzwischen von einem „Moralabsolutismus“. Die eigene Position wird als so moralisch überlegen bewertet, dass abweichende Positionen als verwerflich angesehen werden. Das ist auch aus umweltpolitischer Sicht bedauerlich, da diese Verfahren ja unter anderem die Chance auf eine Reduzierung des Düngemittel- und Pflanzenschutzmitteleinsatzes bieten, ohne Ertragssicherheit und Ertragshöhe zu gefährden. Die wissenschaftlichen Erkenntnisse sind hier eindeutig. Allerdings müssen wir zur Kenntnis nehmen, bei diesem Thema hat wissenschaftliche Erkenntnis bisher ideologische Vorbehalte nicht überwinden können. Dafür bietet das Agieren der derzeitigen Bundesregierung in dieser Frage ein anschauliches Beispiel. Die EU-Kommission will jetzt aber die Gentechnikregeln lockern, dabei sieht sie keine Gefahr für Mensch oder Umwelt. Es soll einfacher werden, mit Verfahren wie der Genschere CRISPR/

Cas schneller neue Pflanzen für Nahrungs- und Futtermittel zu züchten. Die Reaktionen in Politik und Verbänden fielen gewohnt kontrovers aus. Es bleibt zu hoffen, dass das Europäische Parlament und die Mitgliedstaaten den Kommissionsvorschlägen folgen.

FAZIT: Höher, weiter, schneller in der Landwirtschaft, die Wissenschaft wird mit ihren Forschungsergebnissen Möglichkeiten eröffnen, diesen Weg auch in Zeiten des Klimawandels weiterzugehen. Das wird in der Gesellschaft und zunehmend in der Landwirtschaft kritisch diskutiert. Aus der Politik sind dazu unterschiedliche Signale zu vernehmen. Allerdings führt der Ukraine-Krieg zu einer anderen Fokussierung auf das Thema Nahrungsmittelproduktion. Damit ist die Chance verbunden, wissenschaftliche Erkenntnisse weniger ideologiebefrachtet zu diskutieren, zum Beispiel die Anwendung gentechnischer Züchtungsmethoden.

4 Was passiert zwischen Bauernhof und Ladentheke?

VOM ROHSTOFF ZUM NAHRUNGSMITTEL

Roh und verarbeitet

Landwirte sind in erster Linie Produzenten von agrarischen Rohstoffen. Der überwiegende Teil dieser Rohstoffe wird verarbeitet, und das mit einer zunehmenden Verarbeitungstiefe und einem wachsenden Service. In der bisherigen Endstufe dieser Entwicklung wird das fertige Gericht verzehrbereit ins Haus geliefert. Der Verarbeitungsanteil ist produktspezifisch sehr unterschiedlich, wie sollte es anders sein? Das Hühnerei, das unverarbeitet verzehrt wird, durchläuft Transport, Verpackung und Handel, während vom Getreide bis zum Brot diverse Schritte und Verarbeitungsprozesse ablaufen. Ähnliches gilt für Trinkmilch und Milchprodukte, wie auch für Fleisch und Fleischprodukte. Frisches Obst und Gemüse bedürfen keiner Verarbeitung, Transport, Verpackung und Logistik liegen hier zwischen Produzenten und Verbrauchern.

Verbraucher beziehen die Ergebnisse der landwirtschaftlichen Produktion und ihrer Verarbeitung nicht nur über die Ladentheke, sondern in zunehmendem Maße über die Gastronomie, von der Imbissbude bis zum Nobelrestaurant sowie über Großküchen und Kantinen. Mit dem Online-Handel gewinnt eine weitere Form der Distribution im Lebensmittelhandel an Bedeutung. Online-Geschäfte nehmen auch bei Lebensmitteln rasant zu, zuletzt getrieben von der Corona-Pandemie. Sicher, bequem und komfortabel einkaufen, so wird dieses Marktsegment beworben. Das Wachstum ist gigantisch. Seit 2015 ist der Umsatz des Handels mit Lebensmitteln im Internet von rund 700 Millionen Euro auf ca. 4 Milliarden Euro gestiegen.

Von der Kuh zum Konsumenten

Zwischen dem agrarischen Rohstoff und dem Kühlregal liegen produktbedingt unterschiedliche Abläufe in Behandlung und Bearbeitung. Am Beispiel Milch lässt sich die Komplexität dieser Abläufe besonders anschaulich darstellen. Milch ist wertmäßig eines der wichtigsten Produkte der hiesigen Landwirtschaft. Deutschland ist der größte Milcherzeuger der EU. Eine Milchkuh produziert hierzulande durchschnittlich rund 8.000 Kilogramm Rohmilch pro Jahr, das sind 22 Kilogramm pro Tag, die ca. acht Wochen Trockenzeit vor dem jährlichen Kalben bleiben dabei unberücksichtigt. Bei knapp 4 Millionen Kühen ergibt sich daraus eine Produktionsmenge von 32 Millionen Tonnen. Die Rohmilch wird in den Erzeugerbetrieben auf vier bis acht Grad gekühlt und alle ein bis zwei Tage mit speziellen Tankfahrzeugen vom Landwirt abgeholt und zu einem der rund 200 milchverarbeitenden Betriebe gebracht. Bei Abholung der Milch werden Geruch, Farbe und Temperatur überprüft, darüber hinaus werden Laborproben genommen. In der Molkerei wird die Milch mit Hilfe mikrobiologischer und chemisch-physikalischer Kontrollen unter anderem auf Sauberkeit, Geschmack, Reinheit, Fettgehalt und Keimgehalt geprüft. Anschließend wird die Rohmilch zu Trinkmilch, Butter, Käse, Sahne, Quark, Joghurt und sonstigen Milchprodukten weiterverarbeitet.

Aus der Tagesmilchmenge einer Kuh von 22 Kilogramm lassen sich 22 Liter Vollmilch herstellen oder 22 Liter Joghurt, fünf Päckchen Butter oder 2,5 Kilogramm Schnittkäse. Fast 50 Prozent des deutschen Milchaufkommens werden zu Käse verarbeitet, ca. 27 Prozent zu länger haltbaren Produkten wie Butter, Kondensmilch und Milchpulver, ca. 14 Prozent zu Trinkmilch, weitere 9 Prozent zu Joghurt, Sahne und Dessertprodukten, also zu Produkten mit zeitlich begrenzter Haltbarkeit. Die Auslieferung und somit der Verkauf von

Milchprodukten erfolgt zu 40 Prozent an den Lebensmitteleinzelhandel, an Großverbraucher und an die Nahrungsmittelindustrie. In Deutschland hergestellte Milchprodukte gehen etwa zur Hälfte in den Export. Importiert werden gut 12 Millionen Tonnen an Milchprodukten. Der Selbstversorgungsgrad bei Milch und Milchprodukten liegt bei ca. 112 Prozent. Hohe Zuwachsraten weist das Segment Biomilch auf. Zunehmend gefragt ist auch sogenannte „Weidemilch", also Milch von Kühen, die eine Mindestzeit auf der Weide verbringen und nicht ausschließlich im Stall gehalten werden.

Paradoxe Proteste

Ähnlich wie bei der Milch lassen sich die Wege vom Bauernhof, also vom Stall beziehungsweise Acker, bis zur Ladentheke auch für andere landwirtschaftliche Rohstoffe beschreiben. Bemerkenswert ist dabei Folgendes. Die Absatzkanäle für Agrarprodukte sind vielfältig. Lediglich ein begrenzter und von Produkt zu Produkt sehr unterschiedlicher Anteil erreicht über den Lebensmitteleinzelhandel den Kunden. Andere Vertriebswege, wie die Belieferung der Verarbeitungsindustrie oder der Gastronomie jeglicher Ausprägung, sind neben dem Export ebenfalls bedeutend. Direkte Handelspartner der Landwirte bei der Abnahme ihrer Produkte sind Privatunternehmer sowie zu einem erheblichen Anteil auch genossenschaftliche Unternehmen. In diesen Unternehmen werden etwa zwei Drittel der Milch verarbeitet. Bei den Molkereigenossenschaften haben wir es wohlgemerkt mit Betrieben zu tun, deren Anteile von Landwirten gehalten werden und in deren Aufsichtsgremien Landwirte das Sagen haben. Das bedeutet, dass der Erzeugerpreis für Milch von einem Unternehmen in landwirtschaftlicher Hand festgesetzt und ausgezahlt wird. Bauernproteste vor genossenschaftlichen Molkereitoren sind also gewissermaßen Proteste gegen das eigene Unternehmen. Das ist paradox, aber es ist Realität. Bäuerlicher Ärger über niedrige Milchauszahlungspreise ist verständlich. Nachvollziehbar ist auch, dass sich eine Genossenschaftsmolkerei nicht dem Markt und dem allgemeinen Preistrend entziehen kann. Wenn jedoch Privatmolkereien zum Teil deutlich bessere Auszahlungspreise erzielen als genossenschaftlich geführte Unternehmen und Nachbargenossenschaften den Landwirten höhere Preise zahlen als die eigene Genossenschaft, dann sind zunächst Geschäftsführung sowie Aufsichtsgremien und deren unternehmerisches Vermögen gefragt, bevor die Verantwortung bei der Agrarpolitik abgeladen wird, wie es leider immer wieder der Fall ist.

Gerechte Preise?

Gerne wird von landwirtschaftlicher Seite der „gerechte Preis“ gefordert. Ihn kann es in einer Marktwirtschaft kaum geben. Der Preis soll Angebot und Nachfrage zum Ausgleich bringen, und außerdem: Was ist gerecht? Wäre es gerecht, wenn auch der außerordentlich schlecht geführte Betrieb ein auskömmliches Einkommen erwirtschaften könnte? Dann wäre ein sehr hoher Erzeugerpreis erforderlich, der zu erheblichen Produktionsausweitungen Anreiz gäbe. Diese Mengen wären dann vom Markt nicht zu verkraften und würden zu Verwertungsproblemen führen. In der Folge würden die Preise sinken.

Hohe Preise für Milcherzeugnisse könnten Konsumenten veranlassen, auf alternative Produkte auszuweichen. Bei der Kuhmilch ist dieser Prozess auch preisunabhängig in vollem Gange, der Pro-Kopf-Verbrauch hat sich in den letzten fünfzig Jahren fast halbiert und liegt inzwischen bei 46 Kilogramm pro Jahr. Dafür stieg die Nachfrage bei anderen Milchprodukten. Die jüngste Vergangenheit zeigt uns, dass der Kuhmilch Konkurrenz erwächst durch Sojamilch, Mandelmilch, Hafermilch etc. Diese Konkurrenzprodukte sind vor allem bei jungen Menschen beliebt. Entsprechende Produktionslinien haben inzwischen etliche Molkereien neben der Kuhmilchverarbeitung installiert. Pflanzenbasierte Nahrungsmittel liegen im Trend.

Ein zunehmendes Milchangebot bei mehr oder weniger stagnierender Nachfrage nach Milch und Milcherzeugnissen war schon ein Problem des Milchmarktes in den 1970er Jahren. Dadurch kam es zu Produktionsüberschüssen, den vielzitierten Butterbergen. In den 1980er Jahren wurde die sogenannte Milchquote eingeführt. Dem Landwirt wurde dadurch nur für eine bestimmte Ablieferungsmenge der volle Milchpreis gewährt. Man wollte so das Mengenproblem in den Griff bekommen. Das gelang jedoch aufgrund zu zaghafter Anwendung dieses Instrumentariums nicht. Es hätten deutlichere Quotenkürzungen erfolgen müssen, um nachhaltige Preiseffekte zu erzielen. Somit gab es trotz Quote weiterhin Phasen niedriger Milchpreise. Die Zahl der Milchproduzenten nahm weiter kontinuierlich ab. Erst 2015 wurde die mit der Marktwirtschaft nur schwer zu vereinbarende Quotenregelung wieder abgeschafft. Danach kam es aufgrund von Kapazitätsausweitungen, mitverursacht durch eine gut dotierte Bauförderung von Kuhställen, zu einem deutlichen Preisverfall bei den Erzeugerpreisen. Sie erholten sich zumindest zeitweise im Zuge der globalen Entwicklungen 2022 und nach der Aufgabe der Milchproduktion in vielen Betrieben.

Produktdifferenzierung

Der sinkenden Nachfrage nach Kuhmilch kann man nur begegnen, indem das eigentlich austauschbare Gut Kuhmilch mit zusätzlichen Produkteigenschaften versehen wird, um Kaufanreize zu schaffen. Dass kann fettarme Milch sein, Biomilch, Milch mit natürlichem Fettgehalt oder auch Weidemilch. Es kommt darauf an, diesen Produkten einen Mehrwert hinsichtlich der Inhaltsstoffe der Milch oder der Haltungsform der Kühe zuzuschreiben, um damit Marktanteile zu halten, auszuweiten und gegebenenfalls einen Mehrpreis zu rechtfertigen.

Baustelle Lieferbeziehungen

Auf den Prüfstand der Milchbranche gehört auch die Regelung der Lieferbeziehungen zwischen Molkereien und Landwirten. In aller Regel erhält der Erzeuger erst nach Ablieferung und Verwertung der Milch eine Information darüber, mit welchem Preis die von ihm gelieferte Milch entgolten wird. Das ist ein gewaltiger Unterschied zu Landwirten, die ihre Milch und vor allem ihre Milchprodukte direkt vermarkten und diese unmittelbar bezahlt bekommen. Andererseits sehen die Verträge zwischen Milchproduzenten und Molkereien vor, dass jeder produzierte Liter Milch auch von der Molkerei abgenommen wird. Im ungünstigsten Fall sind Molkereien dadurch gezwungen, Milch anzunehmen, für die sie keine kostendeckende Verwertung haben. Das wiederum hat dann zur Folge, dass für alle Lieferanten die Auszahlungspreise sinken. Andere Branchen bestellen auch nur die Vorleistungen, die sie verwerten können. VW wird nur so viele Sitze für den Golf ordern, wie Autos dieses Typs absetzbar sind. Anders ist es bei Molkereien. Die Verträge der Lieferanten weisen bei der Mehrzahl der Milchverarbeiter keine Mengenbegrenzungen auf. Vermarktungskoordination ist an dieser Stelle gefragt. Damit ist ausdrücklich keine Rückkehr zur starren Quotenregelung gemeint. Da die Milchverarbeitung nun mal überwiegend in genossenschaftlicher, also in bäuerlicher Hand ist, sollte eine verbesserte Vermarktungskoordination in Abhängigkeit von den Verwertungsmöglichkeiten der Molkereien möglich sein, um Preisdellen abzufedern. Die Mechanismen wirken bisher eindeutig zulasten des letzten Glieds in der Kette, nämlich der Bauern. Es ist wirklich zu wünschen, dass die Marktbeteiligten zu Regelungen finden, die zu einer Verbesserung der Positionen der Milchproduzenten führen. Verlautbarungen von Verbänden und Unternehmen geben Anlass zur Hoffnung. Einzelne Molkereien sichern inzwischen mit Fest- und Mindestpreismodellen einen Teil der Produktion ab. Damit werden extreme Preisschwankungen reduziert, und die Betriebe können sicherer kalkulieren. Das Bundeslandwirtschaftsministerium hat wiederholt signalisiert, man werde für die Gestaltung von Lieferbeziehungen im Milchsektor Vorgaben machen, wenn sich freiwillig nichts tut. Das bleibt offenbar nicht ohne Wirkung und sorgt für mehr Beweglichkeit der Beteiligten in dieser schon seit Jahren andauernden Diskussion.

Tierhaltung unter Rechtfertigungsdruck

Weit mehr im Fokus der Öffentlichkeit als Molkereien standen und stehen die Schlachthöfe in Deutschland. Das Töten von Tieren und deren Verarbeitung ist ein sensibler Vorgang, der intensiver beobachtet und hinterfragt wird als das Melken der Kühe und die Verarbeitung von Milch. Die Behandlung der Arbeitskräfte in der Fleischbranche und der Umgang mit Tieren waren Gegenstand hoher medialer Aufmerksamkeit. Wie oft in solchen Fällen sah sich auch hier der Gesetzgeber veranlasst, aktiv zu werden und offenkundige Missstände zu beseitigen. Hinzu kamen, auch angesichts einer seit Jahren sinkenden Nachfrage nach Schweinefleisch, längere Perioden unzureichender Erzeugerpreise. In jüngster Zeit haben deshalb viele Produzenten hier und auch in anderen europäischen Staaten die Schweinehaltung aufgegeben. Der Schweinebestand in Deutschland reduzierte sich von 2020 bis 2022 um 18 Prozent. Dadurch sind die Auslastung und damit die Rentabilität mancher Schlachthöfe gesunken.

Die Debattenschwerpunkte um das Schwein haben sich allerdings angesichts der Welternährungssituation verlagert. Die Ernährung mit tierischen Produkten kostet Kalorien im Vergleich zu einer stärker pflanzenbasierten Ernährung. Angesichts des zunehmenden Hungers in der Welt gewinnt dieses Thema an Brisanz.

FAZIT: Der Weg vom Bauernhof zur Ladentheke ist produktspezifisch sehr unterschiedlich. Eine zunehmende Verarbeitungstiefe kennzeichnet unsere Nahrungsmittel. Diskussionspunkt in der Branche sind immer wieder die Erzeugerpreise für landwirtschaftliche Produkte. Hinzu kommt, die Produktion und der Konsum tierischer Produkte geraten in einer Welt zunehmenden Hungers auch aus Umweltgründen stärker unter Rechtfertigungsdruck.

IST DER HANDEL BÖSE?

Enge Margen und Milliardäre

Der Lebensmitteleinzelhandel in Deutschland ist hochkonzentriert. Letztlich sind es vier Unternehmen – Edeka mit der Tochter Netto, Rewe einschließlich Penny, Aldi Nord und Süd sowie die Gruppe der Familie Schwarz mit Lidl und Kaufland –, die sich mehr als 80 Prozent des Marktes teilen. Zwischen den Unternehmen herrscht eine erbitterte Konkurrenz, die Margen sind knapp. Dennoch haben es einige Inhaberfamilien auf vordere Plätze der Liste der deutschen Milliardäre geschafft. Aus Sicht der Bauern könnte also der Spruch passend sein: „Ist der Handel noch so klein, bringt er doch mehr als Arbeit ein." Die Realität ist allerdings komplexer. Bestimmen diese Unternehmen mit ihrer ohne Frage bedeutenden Marktmacht das Preisgeschehen nicht nur gegenüber den Konsumenten, oder sind sie auch hauptverantwortlich für die aus landwirtschaftlicher Sicht über weite Zeiträume unzureichenden Erzeugerpreise? Angesichts der Lebensmittelpreissteigerungen in 2022 sind die ohnehin immer rauen Verhandlungen zwischen Lebensmittelherstellern und Händlern noch härter geworden. Eine im April 2023 veröffentlichte Untersuchung der Allianz Trade sieht Profithunger der Hersteller als Ursache für die hohen Nahrungsmittelpreise. Es sei in Deutschland ein besonders eklatanter Trend zu übermäßigen Gewinnmitnahmen zu beobachten.

„Goliath gegen Goliath" titelte Stefanie Diemand ihren Kommentar in der „Frankfurter Allgemeinen Zeitung" vom Oktober 2022, um die Verhandlungssituation zwischen Nahrungsmittelkonzernen und Händlern zu beschreiben. Sie kommt zu der Schlussfolgerung, der Handel sei nicht der edle Anwalt der Kunden. Die hohe Konzentration des Handels führt zu einem intensiven Wettbewerb um die Preisführerschaft am Markt. Der Wettbewerb wird durch vielfältige Sonderangebote bei Lebensmitteln angeheizt. Diese Sonderangebote eignen sich in besonderer Weise, um Kunden in die Geschäfte zu locken. Die deutschen Konsumenten sind bei Lebensmitteln traditionell überaus preisbewusst. Die Verbraucher geben hierzulande weniger für Lebensmittel aus als in den meisten Nachbarstaaten. Innerhalb der EU wenden die Konsumenten nur in Irland, Luxemburg und Österreich einen noch geringeren Anteil ihres Einkommens für Lebensmittel auf als in Deutschland. Bei den Luxemburgern liegt das allerdings vor allem am deutlich höheren Durchschnittseinkommen.

Gesellschaftliche Trends

Lebensmittelhändler sehen sich einer vielfältigen Anbieterschar gegenüber. Dazu zählen international agierende Lebensmittelkonzerne wie Nestlé oder Unilever, neben mittelständisch geprägten Unternehmen wie zum Beispiel Molkereien und Brotfabriken bis zum kleinen Spezialitätenhersteller. Auch regionale Erzeugergemeinschaften oder einzelne Landwirte dienen ihre Erzeugnisse Lebensmittelhändlern an, die dem wachsenden Interesse an Regionalität in ihrem Warenangebot Rechnung tragen wollen. Dabei handelt es sich vorwiegend um Produkte mit geringer Verarbeitungstiefe, wie Eier oder Obst und Gemüse. Nicht nur der Preis ist ein wichtiges Kriterium für den Handel, sondern auch die kontinuierliche Belieferung mit standardisierten Produkten sowie die Einhaltung hoher Sicherheits- und Qualitätsstandards. Bisweilen übernimmt der Handel auch eine Pionierrolle, wenn es darum geht, wie sich gesellschaftliche Diskussionen im Lebensmittelbereich in den Regalen niederschlagen. Beispiele sind die Auslistung von Eiern aus der Käfighaltung oder die Umstellung auf sogenannte GVO-freie Milch, also Milch von Kühen, die nicht mit gentechnisch veränderten Futtermitteln gefüttert wurden. Mit solchen Aktionen greifen Unternehmen gesellschaftliche Trends auf und betreiben zugleich Imagewerbung in eigener Sache.

Ein weiteres Beispiel ist die Ankündigung von Aldi, künftig die Anforderungen an die Haltungsbedingungen in der Fleischproduktion zu erhöhen. Andere Anbieter zogen nach. Sie folgen damit dem vielfach artikulierten Wunsch der Konsumenten, Fleisch von Tieren zu kaufen, denen es künftig besser gehen möge als bisher. Tierwohl ist in Politik und Gesellschaft zum prägenden Begriff geworden. Klar ist aber, für Produkte, die unter Einhaltung höherer Tierwohlstandards hergestellt wurden, müssen die Verbraucher mehr bezahlen, da höhere Standards die Produktionskosten erhöhen. Landwirte, die ihren Tieren beispielsweise mehr Platz bieten, können diese zum Teil beträchtlichen Kostensteigerungen nicht alleine tragen. Dann kommt es darauf an, ob und in welchem Ausmaß höhere Preise für „Tierwohlfleisch" beim Landwirt ankommen oder lediglich Handel und Verarbeiter profitieren. Und der Konsument muss das tun, was er gerne in Umfragen bekundet, nämlich mehr Geld für mehr Tierwohl ausgeben. Letztlich entscheidet sich im Laden, was die Gesellschaft will. Die derzeit deutlichen Preissteigerungen bei Lebensmitteln werden uns weitere Erkenntnisse bringen, ob die Verbraucher auch bei sinkenden oder stagnierenden Realeinkommen eine Präferenz für höherpreisige Tierwohlware haben. Erste Hinweise deuten auf eine zunehmende Kaufzurückhaltung bei höherpreisiger Ware hin.

Unlautere Praktiken

Die Marktmacht des Handels bleibt ein agrarpolitisches Dauerthema. Von der Politik wird sie kritisch gesehen. Über die ungünstige Marktstellung der deutschen Landwirtschaft wird seit Jahrzehnten diskutiert und publiziert. Am mangelnden Willen des Staates liegt es nicht, wie zahlreiche gesetzliche Initiativen zeigen. In Umsetzung einer EU-Richtlinie hat der Bundestag 2021 ein Gesetz beschlossen, das Landwirte und andere Lieferanten vor unfairem Gebaren des Handels schützen soll. Bestimmte „unlautere Praktiken" sind damit verboten, etwa das plötzliche Stornieren bestellter leicht verderblicher Ware oder einseitige Änderungen von Lieferungs- und Zahlungsbedingungen. Die Position insbesondere kleinerer Anbieter, wie landwirtschaftliche Betriebe, wurde dadurch gestärkt. Ob dies ausreicht oder weitergehende Vorschriften erlassen werden müssen, um das Ungleichgewicht zwischen Anbietern und Abnehmern im Lebensmittelmarkt zu verringern, bleibt abzuwarten. Kartellrechtliche Schranken engen den gesetzgeberischen Spielraum allerdings ein.

Selbstverständlich ist der Wettbewerb hart, und die Margen im Lebensmittelgeschäft sind niedrig. Aber es wird auch von Konstellationen berichtet, dass der Handel auskömmlich zahlt, aber zwischen Handel und Landwirten das Geld hängen bleibt. Das heißt Schlachter, Wursthersteller, Molkereien, Brotfabriken und alle Akteure profitieren, nur das letzte Glied in der Kette, der Bauer, nicht in erwünschtem und erforderlichem Umfang.

Herkunft über alles?

Der Bauernverband setzt sich dafür ein, der Herkunft von Lebensmitteln ein stärkeres Gewicht im Markt zu verleihen. Gefordert wird ein „Deutschland-Bonus“ für Lebensmittel und eine spezielle Kennzeichnung von Produkten, die hierzulande hergestellt wurden. Es geht um eine Förderung der heimischen Landwirtschaft in der Einkaufspolitik. Mit dem zunehmenden Angebot von Regionalprodukten und informierenden Kennzeichen kommt der Handel dem in Teilen nach. Allerdings darf bei der Diskussion über einen wie auch immer gestalteten Bonus für heimische Produkte nicht außer Acht bleiben, dass Deutschland drittgrößter Agrarexporteur ist und unsere landwirtschaftlichen Betriebe nicht unerheblich von diesem Export profitieren. Wer erfolgreich exportieren will, muss sich gegenüber Importen offen zeigen. Mitbedacht werden muss zudem, dass das EU-Recht nur begrenzt Präferenzregeln zugunsten heimischer Produkte zulässt. Der freie Handel im europäischen Binnenmarkt ist ein hohes Gut. Zudem bestehen Importe zu einem beträchtlichen Anteil aus Waren, die in hiesigen Breitengraden nicht gedeihen, angefangen von Kaffee und Tee bis zu diversen Obst- und Gemüsesorten.

Hoffnung auf höhere Erzeugerpreise

Landwirte möchten vom Erlös ihrer Produkte auskömmlich leben können, sie wollen keine Subventionsempfänger sein. Verbraucher möchten dagegen günstig einkaufen. Ein Dilemma? Zwischen Rohstoff und dem Endprodukt in der Tiefkühltruhe oder dem Regal liegen etliche Arbeitsschritte, an denen viele verdienen. Auch gilt, dass Angebot und Nachfrage den Preis bilden. Im Zeichen der Globalisierung sind diese Preise zunehmend international beeinflusst. Das betrifft vor allem austauschbare Waren, also Waren, die aufgrund ähnlicher Eigenschaften, des gleichen Umfangs und der Erfüllung einheitlicher Bedürfnisse ausgetauscht werden können. Zur Durchsetzung annehmbarer Erzeugerpreise bedürfen hiesige Agrarprodukte eines verbesserten Marketings. Kunden wollen vom Mehrwert heimischer Ware überzeugt werden. Genossenschaftlichen Unternehmen kommt hier in Anbetracht ihrer Marktmacht und in Erinnerung an ihren ursprünglichen Auftrag eine besondere Verantwortung zu.

Landwirte beklagen, die Konsumenten seien nicht bereit, für Lebensmittel adäquate Preise zu zahlen oder besondere Produktqualitäten zu honorieren. Drei Aspekte kommen in dieser Diskussion meistens zu kurz.

Erstens: Auch bei Nahrungsmitteln bestimmen vor allem Angebot und Nachfrage den Preis, das gilt national und global. Angebotsausweitungen führen tendenziell zu Preissenkungen. Das sollte seitens der Politik bei der staatlichen Förderung von Kapazitätserweiterungen auf landwirtschaftlichen Betrieben stärker mitgedacht werden.

Zweitens: Nur bei wenigen Produkten verhandeln Landwirte direkt mit dem Handel. Verschiedene Stufen zwischen Landwirt und Handel sind am Produktionsprozess von Nahrungsmitteln beteiligt. Sie wollen und müssen am Produkt mitverdienen, und sie kaufen lieber zu einem niedrigeren Preis vom Landwirt, mehrt das doch ihren Gewinn.

Drittens: Zu Hoffnungen aus Sicht der Landwirtschaft berechtigt die bisher, zumindest in einem Teil der Bevölkerung, zunehmende Bereitschaft, mehr Geld für Nahrungsmittel auszugeben. Der wachsende Biomarkt ist dafür ein Indikator. Es gilt grundsätzlich, die Kundschaft von hiesigen Produkten zu überzeugen, damit Mehrerlöse auf deutschen Bauernhöfen landen. Ein zunehmender Anteil von Landwirten sucht sich Nischen wie Direktvermarktung oder solidarische Landwirtschaft, um sich von den üblichen Preismechanismen abzukoppeln, zum Teil mit Erfolg. Das wird nicht die Lösung für die gesamte Branche sein. Gute Beispiele sind aber die Voraussetzung, um mehr zu bewegen, zum Beispiel auch mit Regionalmarken über das Regionalfenster.

Gerade Direktvermarkter, die teurer verkaufen als Discounter, konnten sich bis zu den jüngsten Inflationsentwicklungen über einen steigenden Absatz freuen. Auch das zeigt: Bei einer wachsenden Klientel ist die Bereitschaft vorhanden, mehr Geld für bestimmte Nahrungsmittel auszugeben. Es kommt darauf an, diese Bereitschaft zur Mehrausgabe dauerhaft, also auch in ökonomisch schwierigeren Zeiten, zu binden. Von CDU/CSU-Agrarpolitikern wird die Einrichtung einer zentralen Agrar- und Lebensmittelmarketingagentur gefordert. Bei allen Vorgaben der EU und des Kartellrechts, die hier zu beachten sind, lohnt die Idee eine vertiefende Betrachtung.

Food Border Tax?

Reduzierte Angebotsmengen führen bei sonst gleichbleibenden Bedingungen zu höheren Preisen. Aber, aus höheren Preisen resultiert aufgrund der damit einhergehenden Produktionsanreize ein größeres Angebot. Der Agrarwissenschaftler Arthur Hanau hat vor fast hundert Jahren in diesem Zusammenhang den Begriff des Schweinezyklus geprägt. Erzeugerpreise und Verbraucherpreise unterscheiden sich im gemeinsamen Markt der EU zwischen den Mitgliedstaaten zum Teil erheblich. Das hat nicht zuletzt mit den innerstaatlichen Preisbildungsmechanismen zu tun. Ein Beispiel:

Die tierische Produktion ist in Deutschland bis 2018 erheblich gestiegen, sowohl im Milchbereich als auch bei Geflügel- und Schweinefleisch. Dadurch wuchs die Abhängigkeit von den Exportmärkten und damit das Risiko von Preisschwankungen. Die Folgen mussten Schweinehalter schmerzhaft erfahren. Wegen des Auftretens der Afrikanischen Schweinepest in Deutschland hat China den Markt für deutsches Schweinefleisch gesperrt. Insbesondere Schlachter und Händler haben zwar über Jahre gut am Export verdient. Unter den seuchenbedingt zeitweilig sehr niedrigen Preisen litten vor allem die Bauern.

Von agrarischen Interessenvertretern werden gerne von Zeit zu Zeit protektionistische Maßnahmen gefordert. Als Schutz gegenüber Importen aus Drittländern, also aus Staaten außerhalb der EU, könnte sich der Präsident des Bauernverbandes Joachim Rukwied sogar eine Food Border Tax, also einen Einfuhrzoll, vorstellen. Das ist sehr mutig, da wir auch drittgrößter Agrarexporteur sind und unseren gesellschaftlichen Wohlstand der Exportwirtschaft verdanken. Außerdem gibt es ein internationales rechtliches Regelwerk, das den Rahmen für den Handel bildet und für Maßnahmen wie eine Food Border Tax wenig Spielraum lässt. Bei einer Einführung dürften Handelspartner nicht zögern, für die EU wirtschaftlich schädliche Gegenmaßnahmen zu ergreifen. Auch der von der EU geplante Klimazoll sei für eine Exportnation wie Deutschland gefährlich, kommentierte die „Frankfurter Allgemeine Zeitung“. Damit ist alles gesagt.

Label-Dschungel stiftet Verwirrung

Label und Siegel sind Bestandteil des Agrarmarketings. Die Konsumenten bewegen sich allerdings inzwischen in einem Dschungel der Label und Gütesiegel. Viele Organisationen möchten dem Verbraucher Hilfestellung beim Einkauf geben oder die Marktposition ihrer Mitglieder verbessern. Manchmal gibt es auch einen Mix der Motive. Im Nahrungsmittelbereich setzt der Handel in Kenntnis der

Verbraucherwünsche gerne auf eigene Standards und Kennzeichnungen. Viele Siegel widmen sich der Nachhaltigkeit des Produktes, andere geben Auskunft über den Produktionsprozess, zum Beispiel Bio, oder sie weisen auf den Inhalt hin, wie bei veganen Produkten. Die Notwendigkeit einer aufklärenden Verbraucherinformation wird nicht infrage gestellt. Der Dschungel der Regelungen bedarf aber dringend der Durchforstung, ansonsten werden die in guter Absicht kreierten Regeln ihrem ursprünglichen Ansinnen nicht mehr gerecht. Die von den Bundesministerien für Ernährung und Gesundheit getragene Deutsche Initiative für gesunde Ernährung schätzt die Zahl der verschiedenen Label auf insgesamt 1.000. Das trägt mehr zur Verbraucherverwirrung als zur Verbraucheraufklärung bei und erschwert die Orientierung. Wir brauchen eigentlich nur drei Label, ein Label, das über den gesundheitlichen Wert des Produktes Auskunft gibt, es existiert mit Nutri-Score bereits. Nutri-Score, ein Ergebnis von Politik und Wissenschaft, informiert auf freiwilliger Basis über den gesundheitlichen Wert der Nahrungsmittel. EU-rechtliche Gründe lassen derzeit ein nationales verpflichtendes Kennzeichen nicht zu. Den gesundheitlichen Wert der Nahrungsmittel besser zu kennzeichnen ist ein dringendes Erfordernis angesichts der gravierenden Ernährungsfehler unserer Bevölkerung. Die Einführung dieser einfachen, auf Buchstaben und Farben basierenden freiwilligen Kennzeichnung war allerdings von heftigem Widerstand breiter Wirtschaftskreise begleitet.

Wir brauchen zum Zweiten ein Label, das über die Art der Produktion, wie Tierwohlstandards oder Öko, informiert, und schließlich ein Label zur Kennzeichnung der regionalen Herkunft. Auch das gibt es bereits mit dem Regionalfenster. Das Regionalfenster wird zunehmend genutzt und vermittelt dem Konsumenten mehr Klarheit. Die Betonung der Regionalität in der Vermarktungsstrategie bietet auch einen gewissen Schutz vor der Marktmacht der Importe. Der Konsument schätzt laut Umfragen Regionalität.

Krieg verschärft die Probleme

Völlig geändert hat sich die Situation auf den Märkten seit dem Überfall Russlands auf die Ukraine. Schon die Corona-Pandemie führte zu Problemen in der Lieferkette, die preissteigernd wirkten. Die Kriegssituation hat diese Probleme verschärft. Eine Verknappung von Rohstoffen ist mit dem Krieg hinzugekommen. Produktionsmittel für Landwirte sind teurer geworden. Deutliche Preissteigerungen auf Erzeuger- und Verbraucherebene sind zu verzeichnen. Eine zeitweilige Inflationsrate von nahezu 10 Prozent führte bei weiten Bevölkerungsschichten zu preisbewussterem Einkaufsverhalten. Lebensmittel haben sich überdurchschnittlich verteuert mit dem Ergebnis, dass sich manche Menschen bestimmte Lebensmittel schlichtweg nicht mehr leisten können. Entlastungspakete wurden angesichts der Preissteigerungen für Energie und Nahrungsmittel als verstärkte Unterstützung für einkommensschwache Schichten geschnürt. Sie müssen einen relativ hohen Anteil ihrer Einkommen für Nahrungsmittel und Energie aufwenden.

FAZIT: Ist der Handel böse? Jein. Landwirte haben in der Wertschöpfungskette einen schweren Stand. Sie sind das letzte Glied dieser Kette. Der Staat versucht, bisher mit begrenztem Erfolg, die Position der Landwirtschaft zu stärken. Das Marketing für Agrarprodukte muss verbessert werden, wenn man die Zahlungsbereitschaft der Deutschen für hiesige Nahrungsmittel erhöhen will. Vielfältige, in guter Absicht eingeführte spezielle Kennzeichnungen mit dem Ziel, besondere Produktmerkmale bei Lebensmitteln hervorzuheben, führen inzwischen zu einem unübersichtlichen Label-Dschungel, und damit zur Verbraucherverwirrung. Drei Label wären eigentlich ausreichend.

DIREKTVERMARKTER – DIE BESTEN BOTSCHAFTER DER LANDWIRTSCHAFT

Chancen für die Landwirte

Als Direktvermarkter bezeichnet man Landwirte, die ihre Produkte an den Endverbraucher verkaufen. Sie stehen in unmittelbarem Kontakt mit den Verbrauchern und sind quasi die Botschafter des Berufsstandes. Nicht alle Agrarprodukte lassen sich direkt vermarkten. Typische Produkte, die sich für Direktvermarktung eignen, sind Eier, Obst und Gemüse, Kartoffeln, aber auch Fleisch und Fleischerzeugnisse sowie Milch und Milchprodukte. Für den Landwirt ergibt sich hier die Chance, höhere Preise zu erzielen und den Preis bestimmen zu können. Er kann Rechnungen schreiben und ist nicht gezwungen, die Preise der Abnehmer zu akzeptieren. Allerdings bedeutet Direktvermarktung auch wesentlich mehr Aufwand für den Betrieb. Das betrifft die Logistik, gegebenenfalls die Weiterverarbeitung, das Herrichten der Ware, Werbung und in wachsender Zahl auch die Einrichtung eines Hofladens. Mehraufwand entsteht vor allem im Milch- und Fleischbereich durch Einhaltung der umfänglichen, aber notwendigen Verarbeitungs- und Hygienestandards. Für die Kunden bietet der direkte Einkauf beim Erzeuger die Möglichkeit eines besonderen Einkaufserlebnisses. Sie können den für das Produkt verantwortlichen Betrieb und seine Inhaber kennenlernen. Sie erfahren, wer die erworbenen Nahrungsmittel unter welchen Bedingungen erzeugt hat. Direktvermarktung kommt also dem gestiegenen Interesse der Konsumenten an Lebensmitteln und Landwirtschaft entgegen.

Einkaufserlebnis auf dem Bauernhof

Das Bundesministerium für Ernährung und Landwirtschaft schätzt die Zahl der Landwirte, die Produkte direkt an Kunden liefern, auf 30.000 bis 40.000. Es gibt Betriebe, die nur ein Produkt direkt vermarkten, zum Beispiel Eier, Äpfel oder Kartoffeln. Andere Betriebe sind ausschließlich auf die direkte Vermarktung von Saisonware spezialisiert, wie Spargel, Heidel- oder Erdbeeren. Die Formen der Direktvermarktung sind sehr unterschiedlich. Vom Eierverkauf an der Haustür bis zum Hofladen reicht die Spanne. Manche Höfe betreiben zusätzlich ein Hofcafé. Hofläden und Hofcafés verfügen häufig über ein breites Sortiment, das über selbstproduzierte Erzeugnisse weit hinausgeht. Einige Betriebe vertreiben sogenannte Abokisten, also eine regelmäßige Belieferung mit speziellen Produkten. Manche Betriebe bieten ihre Produkte auch auf Wochenmärkten an. Zunehmend Verbreitung finden Erzeuger-Verbraucher-Genossenschaften oder das Modell der Solidarischen Landwirtschaft (Solawi). Bei Letzterem tragen mehrere private Haushalte die Kosten eines landwirtschaftlichen Betriebes, sie erhalten dafür Produkte von diesem. Lebensmittel gegen Anteilsscheine lautet vereinfacht das Konzept. Solidarische Landwirtschaft versteht sich als innovative Strategie für eine lebendige, verantwortungsvolle Landwirtschaft, die gleichzeitig die Existenz der Menschen, die dort arbeiten, sicherstellt und einen Beitrag zu einer nachhaltigen Entwicklung leistet. Das Konzept hat seinen Ursprung in Japan, wo fast jeder vierte Haushalt sich daran beteiligt. Etwa 400 Gemeinschaften dieser Art sind bisher in Deutschland entstanden. Allerdings unterliegen sie einer relativ hohen Fluktuation bei den Mitgliedern. Ursächlich dafür ist unter anderem das jeweilige Produktangebot, das nicht immer zu den Wünschen der Konsumenten passt.

In der Direktvermarktung engagieren sich besonders Biobetriebe, die als sogenannte Gemischtbetriebe in der Regel über eine breite Produktpalette verfügen. In Nordrhein-Westfalen betreibt etwa ein Viertel der Biohöfe Direktvermarktung. Direktvermarktung funktioniert vor allem in der Nähe größerer Städte. Hier hat der Landwirt eine besondere Funktion als Brückenbauer zwischen Produzenten und Konsumenten. Die Stadtbevölkerung sucht in zunehmendem Maße das Einkaufserlebnis auf dem Bauernhof.

Die Corona-Pandemie hat der Direktvermarktung einen kräftigen Schub verliehen. Nachvollziehbare Herkunft und Frische sind für eine zunehmende Zahl an Konsumenten Argumente für den Einkauf auf dem Bauernhof, der zudem für Familien mit Kindern einen besonderen Eventcharakter haben kann. Neben dem Verkauf ab Betrieb hat der Online-Versand von Lebensmitteln auch für landwirtschaftliche Betriebe zunehmend an Bedeutung gewonnen. Obwohl sie mit spezialisierten Unternehmen konkurrieren, hat sich dieser Bereich für eine wachsende Zahl von Landwirten zu einem attraktiven Geschäftsfeld entwickelt.

Nicht für jeden landwirtschaftlichen Betrieb ist die Direktvermarktung sinnvoll und möglich. Dennoch liegen in diesem Vertriebsweg noch erhebliche Wertschöpfungspotentiale. Im Jahr 2021 gaben private Haushalte immerhin ca. 2,8 Milliarden Euro für Lebensmittel aus, die über Direktvermarktung erworben wurden. Schließlich kann Direktvermarktung auch einen Beitrag leisten, dem landwirtschaftlichen Berufsstand zur ersehnten höheren Wertschätzung und Anerkennung in der Bevölkerung zu verhelfen.

FAZIT: Die Direktvermarktung von Lebensmitteln ist für landwirtschaftliche Betriebe ein wichtiger Geschäftszweig. Den Kunden wird dadurch ein Einkaufserlebnis auf dem Bauernhof beschert. Ein positiver Nebeneffekt: mehr Verständnis zwischen Produzenten und Konsumenten.

5 Wie ernähren wir uns?

ERNÄHREN WIR UNS FALSCH?

Mehr Hirn

Hunger war ein immer wiederkehrender Bestandteil der Menschheitsgeschichte. Hunger und Mangelernährung sind in weiten Teilen der Erde immer noch Bestandteil des täglichen Lebens. Auch in Deutschland wurde kriegsbedingt noch im 20. Jahrhundert gehungert. Heute leben wir zumindest in Mitteleuropa in einer Welt des Überflusses. Nur rund 14 Prozent unserer Konsumausgaben geben wir für Nahrungsmittel, Getränke und Tabak aus, ohne Alkohol und Tabak sind es lediglich ca. 11 Prozent, um 1900 waren es noch über 50 Prozent. Das verdeutlicht den erheblich erweiterten Konsumspielraum, über den wir heute verfügen. Für Küchen wenden die Deutschen durchschnittlich stattliche 10.000 Euro auf, gespart wird dann eher bei Lebensmitteln. Gerne bereiten wir billige Lebensmittel in teuren Küchen zu.

Zunehmend interessieren sich Menschen aber für die Frage, wie wir uns ernähren. Ernährungsverhalten ist in Teilen der heutigen Gesellschaft zum Lifestyle geworden. Hinzu kommt: Nahrungsmittelproduktion und -konsum stehen hinsichtlich ihrer Umweltauswirkungen unter kritischer Beobachtung.

Das Ernährungsverhalten hat sich in der Geschichte der Menschheit erheblich geändert. Aus umherziehenden Jägern und Sammlern wurden sesshafte Bauern, die Ackerbau und Viehzucht betrieben – und das immer besser im Laufe der Jahrtausende. Gutes Essen hat unser Gehirn wachsen lassen. Umso bedenklicher, dass inzwischen Wissenschaftler vor einer Schrumpfung der Gehirne aufgrund ungesunder Ernährung warnen. Dabei sind die Bereiche des Gehirns betroffen, die man für das Gedächtnis und für Lernprozesse braucht. Auf jeden Fall ernähren wir uns zu reichhaltig, das Thema Übergewicht betrifft mehr als die Hälfte der Bevölkerung.

Zu fett, zu salzig, zu süß

Wir essen zu viel, wir essen insbesondere zu viel Fleisch, Ernährungswissenschaftler empfehlen nahezu eine Halbierung des Fleischkonsums auf 30 Kilogramm pro Jahr. Ein überhöhter Fleischkonsum macht anfälliger für Diabetes Typ 2 und für Herz-Kreislauf-Krankheiten. Wir essen darüber hinaus zu fett, zu salzig, zu süß. Wir konsumieren auch zu viele Genussmittel, wie Alkohol und Tabak. Zwar sollen Lebensfreude und Genuss nicht auf der Strecke bleiben, allerdings veranschlagen Gesundheitsökonomen die Folgekosten unserer Ernährungsweise für die Volkswirtschaft auf einen zweistelligen Milliardenbetrag – jedes Jahr. Doch es geht hier nicht nur um Kosten, sondern vor allem um sinkende Lebenserwartung und schwindende Lebensqualität.

Parallel zur großen Zahl von „Fehlernährern" steigt allerdings auch die Zahl der Gesundheitsbewussten. Gesunde Ernährung: Das kann, muss aber nicht vegetarische oder vegane Kost sein. Es müssen auch keine Bioprodukte sein, die diese Menschen vornehmlich zu sich nehmen. Gesund ernähren funktioniert auch mit konventionellen Produkten. Mit der Einführung der freiwilligen Kennzeichnung Nutri-Score können Verbraucherinnen und Verbraucher inzwischen den gesundheitlichen Wert von Nahrungsmitteln besser erkennen. Nutri-Score besteht aus einer Farbskala mit fünf Stufen mit den Buchstaben A bis E. Die beste Nährwertbilanz haben Produkte mit dem grünen A, die schlechteste Produkte mit dem roten E. Die EU-Kommission hat in diesem Zusammenhang einen Vorschlag für eine verpflichtende Kennzeichnung angekündigt. Wirtschaftskreise mobilisieren bereits den Widerstand.

Problemfall Zucker

Besonders im Visier der Ernährungswissenschaftler und Mediziner ist der hohe Zuckerkonsum. Über 30 Kilogramm pro Jahr verzehrt der Durchschnittsdeutsche. Dabei erfolgt der der Konsum häufig unbemerkt zum Beispiel über Fertiggerichte und Softdrinks. Zucker ist in vielen Nahrungsmitteln enthalten, in denen man Zucker nicht unbedingt vermutet, wie Ketchup, Barbecue-Soßen oder häufig auch im Fertigsalat in der Kantine. Ernährungswissenschaftler sagen, wenn Produkten Zucker beifügt wird, essen die Menschen mehr davon. Das steigert den Umsatz der Nahrungsmittelhersteller und erhöht die Energiezufuhr beim Konsumenten. Das wiederum führt zu Übergewicht und steigert das Risiko von Herz-Kreislauf-Erkrankungen. Ernährungswissenschaftler sind sich einig, Zucker sollte nur in Maßen verzehrt werden. Die Diskussion über Möglichkeiten der Reduzierung des zu hohen Zuckerkonsums ist in Deutschland noch nicht beendet. Unlängst wurde wenigstens der Zusatz von Zucker und anderen süßenden Zutaten in Säuglings- und Kleinkindertees verboten. Erste Erfolge verzeichnet auch die von der früheren Bundesministerin Julia Klöckner initiierte Selbstverpflichtung der Lebensmittelwirtschaft, die Nationale Reduktions- und Innovationsstrategie. Ziel dieser Strategie ist es, Zucker, Salz und Fette in den Produkten zu reduzieren, um zu gesünderen Produkten zu kommen.

Der derzeitige für Ernährungsfragen zuständige Minister Cem Özdemir (seit Dezember 2021) möchte noch weitergehen. Er plant zum Schutz von Kindern Werbebeschränkungen bis hin zu Werbeverboten für ungesündere Produkte.

Zu gut für die Tonne

Defizite gibt es nicht nur in der Ernährung, sondern auch im Einkauf. Wir kaufen zu viel ein. Pro Person werden in Deutschland allein in Privathaushalten jährlich 78 Kilogramm Lebensmittel weggeworfen, insgesamt mehr als 6 Millionen Tonnen. Diese Lebensmittel haben einen Gesamtwert von rund 20 Milliarden Euro. Dafür sind wir als Konsumenten verantwortlich. Es ist zudem Ausdruck mangelnden Respekts gegenüber all den Menschen, die am Produktionsprozess der Nahrungsmittel beteiligt waren. Insgesamt beträgt die Abfallmenge unter Einbeziehung des Handels, der Gastronomie etc. bei Lebensmitteln fast 12 Millionen Tonnen. Die Umweltorganisation WWF (World Wide Fund For Nature) geht sogar von einer Lebensmittelverschwendung in Deutschland von rund 18 Millionen Tonnen aus. 10 Millionen Tonnen davon wären laut WWF vermeidbar. Lebensmittelverschwendung ist eine zusätzliche Quelle für Treibhausgas-Emissionen. Das Thema Lebensmittelverschwendung erfährt somit angesichts der Klimakrise zusätzliche Brisanz und wird unter anderem von jungen Aktivisten, die ihre Bewegung „Letzte Generation" nennen, öffentlichkeitswirksam, aber mit umstrittenen Methoden vertreten. Die Bunderegierung versucht mit einer Kampagne „Zu gut für die Tonne" die Verbraucher zu sensibilisieren und zu einem verantwortungsbewussteren Verhalten zu motivieren.

Gemüse statt Fleisch

Alle vier Jahre gibt die Deutsche Gesellschaft für Ernährung (DGE) einen Bericht über die Ernährungssituation in Deutschland heraus. Der Bericht enthält neben der Darstellung der Ernährungssituation Empfehlungen für die Ernährungs- und Gesundheitspolitik. Der 2020 vorgelegte Bericht bilanziert, dass sich die Ernährungssituation in Deutschland in einigen Punkten verbessert hat. Wir konsumieren mehr Gemüse, Mineralwasser, Kräuter- und Früchtetees, und wir konsumieren weniger Schweinefleisch und Alkohol. Der zu verzeichnende Rückgang beim Verbrauch von Obst, Getreideerzeugnissen und frischen Kartoffeln sowie die Zunahme bei Käse und beim Verzehr von Rind-, Kalb- und Geflügelfleisch stehen allerdings im Widerspruch zu einer stärker pflanzenbetonten Ernährung, wie sie die DGE empfiehlt. Der Wert einer pflanzenbetonten Ernährung wird von der DGE besonders hervorgehoben, da sie nicht nur gesundheitsfördernd, sondern auch klimafreundlich ist. Zur Erreichung des Ziels einer stärker pflanzenbetonten Ernährungsweise muss laut DGE der Verbrauch von Gemüse inklusive Hülsenfrüchte, Obst, Getreide, Kartoffeln und Nüssen noch erheblich steigen und der Verbrauch von tierischen Lebensmitteln deutlich sinken. Die Bundesregierung hat im Herbst 2022 Eckpunkte einer geplanten Ernährungsstrategie vorgelegt. Sie will damit die Voraussetzungen für eine stärker pflanzenbasierte und nachhaltige Ernährung in der Bevölkerung schaffen. Ein Hauptziel besteht darin, weniger tierische Lebensmittel zu konsumieren.

Folgen ungesunder Ernährung sind vor allem Übergewicht, Bluthochdruck und Diabetes. Zur ungesunden Ernährung werden auch industriell hochverarbeitete Lebensmittel gezählt. Wissenschaftler belegen einen Zusammenhang zwischen dem Konsum hochverarbeiteter Lebensmittel und dem Auftreten von Übergewicht und Fettleibigkeit.

Krankenkassen schlagen Alarm

Klartext zum Thema Ernährung schreibt die Interessenvertretung der Betriebskrankenkassen (BKK). Ihren Angaben zufolge werden in Deutschland etwa 30 Prozent der Gesundheitskosten durch ernährungsbedingte Krankheiten verursacht. Gerade in Deutschland, so die BKK, sind die Ernährungsgewohnheiten vor allem durch ein Übermaß und eine teilweise falsche Zusammensetzung der Ernährung geprägt. Das hinterlässt tiefe Spuren. 67 Prozent der Männer und 53 Prozent der Frauen sind in Deutschland übergewichtig, 23 Prozent der Männer und 24 Prozent der Frauen sind sogar stark übergewichtig, also adipös, so die Zahlen des Robert-Koch-Instituts. Diese Zahlen sind allein schon alarmierend. Noch alarmierender ist jedoch, dass sie eine steigende Tendenz aufweisen. Dabei sagt die Wissenschaft eindeutig, dass es kein gesundes Übergewicht gibt. Unser Ernährungsverhalten ist also hochgradig besorgniserregend.

Zu viele Kalorien und zu wenig Bewegung, das sind die wesentlichen Fehler unserer Lebensweise. Bisherige Bemühungen, über eine verstärkte Ernährungsbildung bei uns und in benachbarten Staaten Verhaltensänderungen herbeizuführen, hatten noch keinen durchschlagenden Erfolg. Die Weltgesundheitsorganisation drückt es so aus: Übergewicht in Europa ist eine Epidemie.

Vertrauen ist gut, Kontrolle ist besser

Mit der Nahrungsmittelqualität sind die deutschen Verbraucherinnen und Verbraucher nach einer vom Bundeslandwirtschaftsministerium in Auftrag gegebenen Umfrage zu 60 Prozent zufrieden und zu 31 Prozent sogar sehr zufrieden. Besonderes Vertrauen genießen in der Lebensmittelkette die Bauern, weniger Vertrauen wird der Lebensmittelindustrie entgegengebracht. Diverse Skandale in den vergangenen Jahren haben hier offenbar Spuren hinterlassen.

Die Nahrungsmittelproduktion unterliegt in Deutschland einer intensiven Kontrolle. Die Eigenkontrollen der Wirtschaft werden durch amtliche Kontrollen der Behörden ergänzt. Zuständig für die Lebensmittelüberwachung sind die Bundesländer, die diese Aufgabe in der Regel an die Landkreise und Städte übertragen haben. Mehr Verwaltungseffizienz und mehr Verwaltungsqualität könnte man sicherlich durch eine stärkere Zentralisierung dieser Aufgaben erzielen. Ein wesentliches Element der Kontrollen ist die Rückverfolgbarkeit der Produkte über alle Handelsstufen. Bei besonderen Vorkommnissen hat die Verwaltung somit effiziente und schnelle Handlungsmöglichkeiten – von Rückrufaktionen bis zu Betriebsschließungen. Gewichtige Vorkommnisse werden zudem veröffentlicht.

Entgegen mancherlei Verlautbarungen in der Öffentlichkeit unterliegen Importprodukte hinsichtlich der einzuhaltenden Rückstandsgrenzwerte denselben Bestimmungen wie heimische Produkte. Dessen ungeachtet haben deutsche Verbraucherinnen und Verbraucher laut Umfragen größeres Vertrauen in heimische, insbesondere regionale Nahrungsmittel als in ausländische Ware. Besonders groß ist die Skepsis gegenüber Produkten, die außerhalb der Europäischen Union hergestellt wurden. Diese Erkenntnisse könnte sich die heimische Nahrungsmittelwirtschaft stärker bei der Entwicklung ihrer Marketingstrategien zunutze machen.

Positive Effekte

Erste Staaten, zum Beispiel die USA, verzeichnen eine auch durch Fehlernährung verursachte sinkende Lebenserwartung, trotz aller medizinischen Fortschritte. Diesen Weg sollten wir in Deutschland nicht gehen. Bemühungen, das Ernährungsverhalten zu verbessern, müssen vermehrt in Kindertagesstätten und Schulen ansetzen. In jungen Jahren bildet sich das spätere Ernährungsverhalten heraus. 2022 ist das Jahr des Anstiegs der Verbraucherpreise, insbesondere Lebensmittel verteuerten sich. Erste Hinweise deuten auf einen Rückgang beim Kauf hochpreisiger Lebensmittel hin. Die Teuerung könnte den Anreiz geben, weniger Lebensmittel zu kaufen und anschließend wegzuwerfen und möglicherweise auch das Essverhalten zu ändern. Dann hätte der Anstieg der Nahrungsmittelpreise sogar positive gesundheitliche und klimaseitige Effekte.

FAZIT: Unser Ernährungsverhalten ist besorgniserregend. Zu viele Menschen essen zu viel, zu süß, zu fettig und zu salzig. Dadurch wird unser Gesundheitssystem mit hohen Kosten belastet, die betroffenen Menschen verlieren Lebensqualität. Wir gehen auch nicht sorgsam mit Lebensmitteln um. Essen im Wert von Milliarden Euro wird jährlich in Deutschland weggeworfen.

REGIONAL ALS ERSTE WAHL?

Weder definiert noch geschützt

83 Prozent der Konsumenten sagen, es sei ihnen wichtig oder sehr wichtig, dass Nahrungsmittel aus der Region kommen. Dies gilt vor allem für frisches Gemüse, Obst und Eier. Und 78 Prozent der Verbraucher legen Wert darauf, dass Gemüse oder Obst Saison haben, so der vom Bundeslandwirtschaftsministerium herausgegebene Ernährungsreport. Beim Einkauf selbst wird aber offenbar nicht so sehr auf Regionalität geachtet. Auch hier beobachten wir den „Consumer-Citizen-Gap“, die Abweichung der Einstellungen der Menschen von ihrem Kaufverhalten. Regionale Lebensmittel sind Erzeugnisse, die in derselben Region erzeugt und verbraucht werden. Eine Schwierigkeit ist dabei allerdings, dass der Begriff „Region“ weder definiert noch geschützt ist. Er kann eine Gemeinde, einen Landkreis, ein Bundesland oder einen Naturraum wie Harz oder Allgäu umfassen. Es gibt keine allgemein verbindliche Norm. Orientierung bietet immerhin das 2014 eingeführte „Regionalfenster“. Dieses Siegel für regionale Herkunft tragen inzwischen mehr als 5.000 Produkte, und zwar nicht nur Lebensmittel, sondern auch Blumen und Zierpflanzen. Im Rahmen der freiwilligen Kennzeichnung gibt das Regionalfenster Auskunft darüber, woher die Hauptzutaten eines Produktes stammen und wo diese verarbeitet wurden. Nebenzutaten können auch aus anderen Regionen bezogen werden, zum Beispiel Gewürze bei verarbeiteten Lebensmitteln. Am stärksten ist beim Regionalfenster die Warengruppe Obst, Gemüse und Kräuter vertreten, gefolgt von Fleisch- und Wurstwaren sowie Milch und Molkereiprodukten.

Nicht täuschen lassen

Lebensmittel befinden sich aufgrund der nach wie vor vergleichsweise niedrigen Transportkosten und der technisch ausgereiften Kühl- und Lagermöglichkeiten in einem globalen Wettbewerb. Die Regale und Kühltruhen in den Supermärkten führen uns das täglich vor Augen. Wer regional einkaufen möchte, kann dieses außer beim Bauern seines Vertrauens zunehmend auch in Supermärkten tun, die einen Teil ihres Warenangebotes in gesonderten Bereichen für Produkte aus der Region anbieten. Vorreiter waren hier Bioläden und Biosupermärkte. Die Kombination „Bio" und „Regional" steht hoch im Kurs, wobei die meisten Verbraucher der regionalen Herkunft die höchste Bedeutung beimessen. In einer Bündelung des Angebotes gegenüber dem Handel liegen Chancen für Landwirte, Verbraucher, aber auch den Handel selbst. Zunehmend profilieren sich auch gastronomische Betriebe mit regionalen Speisen.

Die Verbraucherzentralen warnen allerdings davor, sich von unbestimmten Werbebegriffen, wie „aus der Region" oder „von hier" täuschen zu lassen und empfehlen, auf konkrete Regionsangaben zu schauen, die Angaben im Regionalfenster zu beachten oder direkt beim Bauern einzukaufen. Neben der Regionalität weisen einige Regionalzeichen auf weitere Merkmale hin, wie qualitative und ökologische Kriterien. Eindeutig Auskunft über die Herkunft eines Lebensmittels gibt das EU-Kennzeichen „geschützte Ursprungsbezeichnung". Die auf europäischer Ebene hierfür eingetragenen Lebensmittel müssen im festgelegten Gebiet nach bestimmten Kriterien erzeugt, verarbeitet und hergestellt werden. Allerdings ist dieses Zeichen wegen seiner hohen Anforderungen und der aufwändigen Beantragung noch wenig verbreitet.

Ein neues Verkaufslogo hat die Bundesvereinigung der Erzeugerorganisationen Obst und Gemüse entwickelt, um heimisches Obst und Gemüse erfolgreicher zu bewerben. Mit einer schwarz-rot-goldenen Deutschlandkarte und dem Schriftzug „Geerntet in Deutschland" wird dem Verbraucher eine einfache Orientierung geboten. Dieses Logo grenzt allerdings nur heimische Ware von ausländischer Ware ab, nicht mehr. Schließlich haben die meisten Bundesländer eigene Qualitätszeichen entwickelt, die mit Herkunft und Qualität werben. Sie arbeiten allerdings nicht immer mit ambitionierten Kriterien und erhöhen die schon kritisierte Labelvielfalt.

Gut fürs Klima

Was macht nun den Charme der Regionalität aus? Die Kunden schätzen das Vertraute, sie präferieren heimische Produkte gegenüber Importen, wohl wissend, dass sich nicht alle Marktsegmente mit hiesigen Produkten bedienen lassen, man denke nur an den beliebten Kaffee. Somit wird Regionalität für den Lebensmittelhandel zum Marketinginstrument. Politik schätzt Regionalmarketing ohnehin, dient es doch der Imagebildung einer Region. Produktfrische, geringe Transportwege, Steigerung der regionalen Wertschöpfung sind weitere Attribute, die für regionale Produkte ins Feld geführt werden.

Als zusätzliches Argument für Regionalität gewinnt der Klimaschutz immer stärker an Zugkraft. Eine 2022 veröffentlichte Studie der Universität Sydney kommt zu dem Ergebnis, dass 19 Prozent der weltweiten Treibhausgasemissionen des Ernährungssystems durch den Transport verursacht werden. Die Autoren schlussfolgern daraus, dass der Verzehr von lokal angebauten und produzierten Lebensmitteln Priorität haben sollte. Die geringeren Transportentfernungen sprechen somit eindeutig für regionale Lebensmittel, auch wenn sie nicht von vorneherein qualitativ hochwertiger sind als Produkte aus entfernteren Gegenden. Leider wird durch die Vielfalt in der Kennzeichnung von Regionalprodukten und der dahinterstehenden Kriterien der Durchblick für den Verbraucher erschwert. Unter Verzicht auf produkt- und regionalspezifische Egoismen könnte man hier noch Sinnvolles tun.

FAZIT: Der Konsum von Regionalprodukten ist gut fürs Klima. Regionale Lebensmittel sind allerdings wegen der Labelvielfalt nicht ganz einfach zu identifizieren. Hilfreich ist das 2014 eingeführte Regionalfenster.

ÖKO – TEURER, ABER AUCH BESSER?

Lange Geschichte

1984 wurden in Deutschland Rahmenrichtlinien zum ökologischen Landbau erlassen. 2000 führte die EU ein einheitliches Biosiegel ein.

Die Anfänge des Ökolandbaus gehen sogar bereits auf die 1920er Jahre zurück. Damals bildete sich die gegen eine zunehmende Urbanisierung ausgerichtete Lebensreformbewegung. Daraus entwickelte sich in den 1930er Jahren der „Natürliche Landbau". In der Folge etablierten sich zwei Hauptströmungen des ökologischen Landbaus.

Die biologisch-dynamische Wirtschaftsweise auf der Basis der anthroposophischen Weltanschauung, geprägt von den Lehren Rudolf Steiners. Die Lehren Steiners mit spirituellem Charakter, er bezeichnete sich selber als Okkultisten und Hellseher, finden ihren Niederschlag im Demeter-Verband, der besonders strenge Produktionsregeln definiert und seine Produkte hochpreisig verkauft.

Der organisch-biologische Landbau wurde in den 1940er und 1950er Jahren in der Schweiz entwickelt, angestoßen durch den Natürlichen Landbau. Im Vordergrund stehen hier die Erhaltung und Verbesserung der Bodenfruchtbarkeit und der Einklang der Landwirtschaft mit der Natur und den Menschen. Diese Richtung wird durch den Verband Bioland vertreten.

Die Vielfalt der Anschauungen innerhalb des ökologischen Landbaus zeigt sich auch in der Zahl von neun ökologischen Anbauverbänden in Deutschland, die sich überwiegend in den 1960er und 1970er Jahren gründeten. Sie unterscheiden sich unter anderem hinsichtlich ihres Tätigkeitsbereiches und ihrer regionalen Ausbreitung. Immerhin ist es der Branche schon vor zwanzig Jahren gelungen, die Interessen der Erzeuger, Verarbeiter und Händler von Biolebensmitteln in einem Dachverband zu bündeln, dem Bund Ökologische Lebensmittelwirtschaft (BÖLW).

Alles Öko oder was?

Die Politik übertrifft sich in der Festlegung von Zielsetzungen bezüglich der Ausdehnung des Ökolandbaus. 25 Prozent Flächenanteil strebt die Europäische Kommission bis 2030 an. 30 Prozent der landwirtschaftlichen Nutzfläche sollen 2030 in Deutschland laut aktueller Koalitionsvereinbarung ökologisch bewirtschaftet werden. Ein ehrgeiziges Ziel, wenn man bedenkt, dass es derzeit lediglich ca. 11 Prozent sind. In nicht mal einem Jahrzehnt soll nun also das Ziel 30 Prozent erreicht werden. Das ist außerordentlich ambitioniert und nach den bisherigen Erfahrungen kaum zu schaffen. Immerhin hat es zwanzig Jahre gebraucht, den Anteil der ökologisch bewirtschafteten Flächen in Deutschland von 3 auf 11 Prozent zu steigern. Schon das Flächenziel der früheren Bundesregierung mit 20 Prozent galt als ehrgeizig. Bayern hat allerdings schon vor der Bildung der neuen Bundesregierung das 30-Prozent-Ziel für den Freistaat definiert. In benachbarten Österreich, mit einem Deutschland vergleichbaren Wohlstandsniveau, werden inzwischen bereits 25 Prozent der Flächen ökologisch bewirtschaftet. Damit liegt Österreich weltweit an der Spitze.

Der Markt entscheidet

Der Anteil der in Deutschland ökologisch wirtschaftenden Betriebe ist höher als der Flächenanteil von 11 Prozent. Rund 14 Prozent der landwirtschaftlichen Betriebe wirtschaften nach den Grundsätzen des ökologischen Landbaus, wie sie in der EU festgelegt oder von den Anbauverbänden ihren Mitgliedern vorgegeben werden. Ökobauern haben also eine unterdurchschnittliche Flächenausstattung. Werden nun zukünftig Landwirte in der politisch erwünschten Zahl Ökolandbau betreiben? Entscheidend wird sein, ob ein ausreichend hoher Anteil der Konsumenten bereit und in der Lage sein wird, die in der Regel zu deutlich höheren Preisen angebotenen Ökoprodukte zu kaufen. Bisher nahm die Nachfrage nach Biolebensmitteln stetig zu, die Corona-Pandemie hat der Nachfrage noch einen zusätzlichen

Schub verliehen, davon profitierten besonders Direktvermarkter und Hofläden. 2021 stieg der Umsatz von Biolebensmitteln auf rund 16 Milliarden Euro, das entspricht einem Marktanteil von 6,8 Prozent, 2010 lag der Umsatz noch bei 6 Milliarden Euro. 2022 musste die Branche erstmalig einen Umsatzrückgang von über 3 Prozent hinnehmen, allerdings konnten Discounter im Biosegment eine Umsatzsteigerung von 11 Prozent verbuchen. Insbesondere günstige Eigenmarken wurden hier stärker nachgefragt. Die Konsumenten blieben den Ökoprodukten treu, allerdings zu niedrigeren Kosten. Einen völlig preis- und wohlstandsunabhängigen Trend scheint es hier nicht zu geben.

Den höchsten Anteil an der Gesamtverkaufsmenge machen Bioeier mit 15 Prozent aus, gefolgt von Mehl und Milch. Besondere Zahlungsbereitschaft entwickeln Ökokunden bei regionalen Produkten. Der Biomarkt hat darüber hinaus seine Besonderheiten. Obwohl der Selbstversorgungsgrad in Deutschland bei Milch deutlich über 100 Prozent liegt, beträgt der Importanteil bei Butter, Käse und Trinkmilch aus biologischer Produktion etwa 30 Prozent. Hier werden Marktchancen offenbar nicht genutzt.

Geringere Schadstoffbelastung

Wie steht es nun um den Ernährungswert der Ökoprodukte? Sind sie gesünder? Der entscheidende Vorteil von Lebensmitteln aus ökologischer Produktion besteht aus Sicht der Lebensmittelwissenschaft in der geringeren Schadstoffbelastung. Das betrifft sowohl Pflanzenschutzmittelrückstände als auch Schwermetallrückstände aus der Ausbringung von Klärschlämmen. Klärschlammeinsatz ist im Ökolandbau verboten, wird allerdings in der konventionellen Landwirtschaft gestattet. Die geltenden Rückstandshöchstgehalte werden aber nur selten überschritten. Kuhmilch aus ökologischer Haltung enthält etwas mehr Omega-3-Fettsäuren als Kuhmilch aus konventioneller Haltung. Schweine aus ökologischer Haltung wachsen langsamer und werden in höherem Lebensalter geschlachtet als Tiere in der konventionellen Haltung. Das erzeugt eine andere Fleischqualität. Obst und Gemüse aus der Ökoproduktion enthalten weniger Wasser, das wirkt sich auf den Geschmack und die Lagerfähigkeit der Produkte aus.

Nicht alles glänzt

Dennoch, Mediziner tun sich schwer, den Ökoprodukten generell einen höheren gesundheitlichen Wert zuzuschreiben. Süßigkeiten und Fastfood aus ökologischer Produktion befördern ebenfalls Übergewicht und Diabetes. Der Mehrwert der ökologischen Produktion wird eher in ihrem Nutzen für Artenvielfalt, Gewässerschutz, Bodenfruchtbarkeit und Tierwohl gesehen. Allerdings kann auch Biogetreide von riesigen Monokulturfeldern stammen und Biopaprika aus einer Plastikplanenlandwirtschaft in Spanien.

Hinsichtlich der Klimawirkungen des Ökolandbaus gehen die Auffassungen auseinander. Für die Produktion einer Tonne Biogetreide oder Biokartoffeln wird nun einmal mehr Fläche benötigt als für eine Tonne aus konventioneller Produktion. Besonders kritisch wird es aus Sicht des Klimaschutzes dann, wenn der durch Ökoproduktion verursachte zusätzliche Bedarf an Flächen durch Abholzung von Wäldern oder Trockenlegung von Mooren gedeckt wird. Vertreter des Ökolandbaus verweisen in solchen Diskussionen darauf, dass klimaseitig der hohe und global zunehmende Fleischkonsum das Problem sei und eine Umstellung der Ernährung auf Produkte mit pflanzlicher Basis zusätzlichen Flächenbedarf verhindern könne.

Öko besser oder nur anders?

Produkte aus dem Ökolandbau sollen gesünder sein, die Umwelt schützen und dem Wohl der Tiere dienen, so die Aussagen der Vertreter des ökologischen Landbaus. Der Bio-Spitzenverband „Bund Ökologische Lebensmittelwirtschaft“ antwortet auf die Frage „Was ist Ökologische Landwirtschaft?“: Das sei wirtschaften im Einklang mit den Menschen, den Tieren und natürlichen Ressourcen. Das Bundeslandwirtschaftsministerium spricht von einer besonders ressourcenschonenden und umweltverträglichen Wirtschaftsform, die sich am Prinzip der Nachhaltigkeit orientiert. Die neue Leitung des BMEL von der Partei BÜNDNIS 90/DIE GRÜNEN hat inzwischen den Ökolandbau zu ihrem Leitbild erklärt und will ihre Agrarpolitik daran ausrichten.

Die ökologische Landwirtschaft verzichtet weitgehend auf synthetisch hergestellte Pflanzenschutzmittel, Mineraldünger und – wie die konventionelle Landwirtschaft in Deutschland derzeit auch – auf grüne Gentechnik. Allerdings sind einzelne Pflanzenschutzmittel laut einer EU-Verordnung unter Einhaltung bestimmter Verwendungsvorschriften für den ökologischen Landbau zugelassen. Die Lebensmittel aus der ökologischen Landwirtschaft dürfen keine Geschmacksverstärker, künstliche Aromen, künstliche Farb- oder künstliche Konservierungsstoffe enthalten. Lebensmittel aus der ökologischen Landwirtschaft werden laut EU-Bezeichnungsrecht als Biolebensmittel bezeichnet.

Problemfall Kontrolle

Aber auch die Biobranche steht in der Kritik. Ökobetriebe werden durch private, behördlich zugelassene Kontrollstellen hinsichtlich der Einhaltung der Produktionsauflagen kontrolliert. Die Biokontrollstellen sind private Unternehmen, die Landwirte können sich ihre Kontrollstelle aussuchen und auch die Kontrollstelle wechseln, bezahlt werden die Kontrolleure von den Landwirten. Das gibt Anlass zu Misstrauen und Argwohn. Von Zeit zu Zeit berichten Medien über Verstöße oder gar „Skandale" auf Ökobetrieben. Nachbarstaaten wie Dänemark und die Niederlande verfügen über staatlich organisierte Kontrollstellen. Von der Branche in Deutschland sind keine Veränderungen des bisherigen Systems gewünscht, auch die Politik sieht bisher keinen Änderungsbedarf. Allerdings wäre ein staatliches Kontrollsystem weniger angreifbar, obwohl auch ein staatliches System keinen kompletten Schutz gegenüber Verstößen gewährleisten könnte.

Öko rechnet sich

Die zunehmende Verbreitung des ökologischen Landbaus wird durch attraktive Förderprogramme unterstützt, die sowohl die Umstellung auf als auch die Beibehaltung des ökologischen Landbaus finanziell begleiten. Das trägt mit dazu bei, dass die ökologisch wirtschaftenden Landwirte bei vergleichbarer Betriebsgröße und Faktorausstattung im Durchschnitt mehr verdienen als ihre konventionell wirtschaftenden Kollegen. Die vergleichsweise bessere Einkommenssituation der Ökobetriebe und das bei zunehmenden Anbauflächen ansteigende Finanzvolumen für die Förderung des Ökolandbaus wecken Zweifel, ob die bisherige Förderung so fortgesetzt werden kann und wird. Hinzu kommt die Gefahr, die auch Ökobauern und ihre Verbände einräumen, dass ein steigendes Angebot an Ökoprodukten bei nicht gleichzeitig wachsender Nachfrage zu einem Preisverfall führen kann. Insofern ist ein ambitionierter Ausbau der Ökolandwirtschaft sehr wohl mit Einkommensrisiken für die Ökobauern verbunden.

Können wir mit Ökoprodukten die Welt ernähren?

Unbestritten ist, dass der Ökolandbau die Artenvielfalt fördert und das Tierwohl stärker berücksichtigt als die konventionelle Landwirtschaft. Ist aber eine Umstellung der Landwirtschaft weltweit auf Ökolandbau ein erstrebenswertes Ziel? Die Flächenerträge sind eindeutig niedriger als in der konventionellen Landwirtschaft, ebenso die Leistungen in der tierischen Produktion, zum Beispiel die Milchleistung je Kuh und Jahr. Ist es also verantwortbar angesichts von Hunger und Unterernährung die Agrarproduktion künftig weltweit nach den Vorgaben des ökologischen Landbaus zu betreiben? Felix Prinz zu Löwenstein, bis Ende 2021 Vorstandsvorsitzender des Bundes Ökologische Lebensmittelwirtschaft, hat sein 2015 erschienenes

Buch mit dem Titel versehen „Es ist genug da. Für alle. Wenn wir den Hunger bekämpfen, nicht die Natur“. Löwenstein kommt sogar zu der Schlussfolgerung, dass ohne Umstellung auf ökologischen Landbau der Welthunger zunehmen wird, da die industrielle Landwirtschaft auf Dauer immer größere Probleme bekommen werde.

Von den auf der Welt erzeugten Kalorien her betrachtet, könnten wir uns auch unter Berücksichtigung der geringeren Erträge des ökologischen Landbaus vom Ökolandbau ernähren. Die Voraussetzung wäre allerdings, grundlegende Veränderungen herbeizuführen. Die Ernährung müsste weitgehend auf pflanzliche Kost umgestellt werden, weil die Veredlung über den Tiermagen Kalorien kostet. Auch die Verwendung der Früchte des Ackers für energetische Zwecke müsste deutlich eingeschränkt werden, der Teller bekäme Vorrang vor dem Tank. Zudem müssten wir die Lebensmittelverschwendung durch Wegwerfen vermindern. Ebenso wäre es erforderlich, durch eine erheblich verbesserte Logistik Ernte-, Transport- und Lagerverluste massiv zu reduzieren. Wir müssen also viele Dinge auf dieser Welt ändern, wenn der Hunger erfolgreich bekämpft werden soll, ob nun mit ökologischer oder konventioneller Landwirtschaft. Die Änderungsnotwendigkeiten sind bei rein ökologischer Landwirtschaft natürlich größer als bei vorwiegend konventioneller Landwirtschaft. Zweifel sind angebracht, ob sich die genannten Voraussetzungen realisieren lassen. Eine Steigerung der Flächenproduktivität wird angesichts von Hunger, Unterernährung und wachsender Weltbevölkerung unumgänglich sein, um eine globale Versorgung mit Lebensmitteln zu gewährleisten.

Klar ist aber auch, die Landwirtschaft insgesamt muss sich ändern, wenn ambitionierte Ziele für den Erhalt der Artenvielfalt und zur Verbesserung des Tierwohls erreicht werden sollen. Kein seriöser Branchenkenner zweifelt heute noch daran, dass die konventionelle Landwirtschaft ökologischer werden muss. Das muss einhergehen mit einer hohen Produktivität.

Gentechnik für die Ökos?

Es bleibt festzuhalten, der Ökolandbau hat bei steigender Produktnachfrage eine gute Zukunft. Als Modell für die globale Landwirtschaft ist er allerdings nur unter bestimmten Voraussetzungen geeignet. Eine stärkere Offenheit gegenüber neuen gentechnologischen Züchtungsmethoden, wie CRISPR/Cas, der gezielten punktuellen Genomveränderung, könnte einen Beitrag leisten, Ertragsrückstände gegenüber dem konventionellen Landbau zu verkleinern und den Ökolandbau effizienter zu machen. Die Biologin und Nobelpreisträgerin Christiane Nüsslein-Volhard erklärt, warum wir aus ökologischen Gründen die grüne Gentechnik brauchen. Eine Öffnung der Ökobranche in diese Richtung erscheint derzeit allerdings wenig wahrscheinlich. Sie wäre zudem mit Risiken für den Absatz verbunden, gehört doch die Absage an gentechnische Methoden seit vielen Jahren zu den Grundfesten der ökologischen Wirtschaftsweise.

FAZIT: Die Politik setzt sich auf allen Ebenen ambitionierte Ziele zur Ausweitung des Ökolandbaus. Letztlich wird aber die Nachfrage nach Ökoprodukten über den Produktionsumfang entscheiden, und die ist nach jüngsten Erfahrungen doch preis- und einkommenssensibel. Was den gesundheitlichen Wert der Ökoprodukte angeht, tun Mediziner sich schwer, Ökoprodukten generell ein besseres Zeugnis auszustellen, verwiesen wird aber auf die geringere Schadstoffbelastung. Es bleibt als Kaufargument, die umweltschonendere und tierwohlgerechtere Wirtschaftsweise. Als Modell für die Ernährung der Welt ist Ökolandbau nur bei Realisierung diverser, kaum zu erfüllender Voraussetzungen tauglich.

WERDEN WIR ZU PFLANZENESSERN?

Der Mensch und das liebe Vieh

Der Verzehr von Tieren und tierischen Produkten ist Bestandteil unserer Menschheitsgeschichte. Der Durchschnittsbürger in Deutschland verzehrt im Laufe seines Lebens schätzungsweise 1.094 Tiere in folgender Zusammensetzung: 4 Rinder, 4 Schafe, 12 Gänse, 37 Enten, 46 Schweine, 46 Puten und 945 Hühner. Der Umgang mit Tieren ist auch unter ethischen Aspekten ein beständiges Thema in Religion und Philosophie. Einzelne Religionen lehnen den Verzehr von Schweinefleisch ab, der Hinduismus steht dem Vegetarismus nahe.

Ohne die dort niedergelegte tierethische Debatte hier wiederzugeben, kommt auch der Wissenschaftliche Beirat für Agrarpolitik, Ernährung und gesundheitlichen Verbraucherschutz (WBAE) beim BMEL in seinem 2015 publizierten Gutachten zu dem Ergebnis, dass sich das Verhältnis der Menschen zu den Nutztieren gewandelt hat, und belegt dies unter anderem durch eine zunehmende Zahl von Buchneuerscheinungen zur Diskussion um moralische Aspekte der Nutztierhaltung. Die breite Verankerung des Tierschutzgedankens in der Gesellschaft wird auch deutlich an der Zahl von mehr als 800.000 Mitgliedern des Deutschen Tierschutzbundes. Die Tierschutzbewegung setzt auf die Reform von Institutionen und Praktiken, während die Tierrechtsbewegung weitergehende Forderungen erhebt, die auf eine Abschaffung der Nutztierhaltung abzielen. Doch nicht nur in Deutschland wird über die gesellschaftlichen Anforderungen an die Nutztierhaltung diskutiert. Die Debatte hat viele Industriestaaten, insbesondere in Nordwesteuropa, erreicht.

Immer mehr Menschen, vor allem Jüngere und Frauen, werden inzwischen in Deutschland zu Vegetariern. Bundesweit ernähren sich mittlerweile rund 8 Millionen Menschen fleischlos, mit steigender Tendenz. Das spiegelt sich in den Zahlen zum sinkenden Konsum von Fleisch und Fleischprodukten wider. In den vergangenen zehn Jahren reduzierte sich der Fleischkonsum in Deutschland von 63 Kilogramm auf 52 Kilogramm. Insbesondere der Verzehr von Schweinefleisch ist gesunken, der Rind- und Kalbfleischverzehr blieb etwa konstant, allerdings stieg der Konsum von Geflügelfleisch. Während 2015 noch 34 Prozent der Bevölkerung täglich Wurst und Fleisch aßen, ist dieser Anteil inzwischen auf 26 Prozent gesunken. Der Anteil der Flexitarier, die bewusst seltener als früher Fleisch und Fleischprodukte konsumieren, liegt in Deutschland inzwischen bei 30 Prozent. Weltweit wird die Zahl der Vegetarier einschließlich Veganer auf eine Milliarde, ca. 12 Prozent der Weltbevölkerung geschätzt.

Ursprünge

Seinen Ursprung hat der Vegetarismus in Indien und im antiken griechischen Kulturraum. Im Mittelalter verzichteten viele Mönche aus asketischen Gründen auf den Verzehr von Fleisch, verschiedene Ordensregeln enthielten Fleischverbote. Vertreter eines ethisch begründeten Fleischverzehrs war unter anderem Leonardo da Vinci. Im 18. Jahrhundert propagierten kleine christliche Gruppen in England und Nordamerika aus asketischen und ethischen Gründen den Verzicht auf Fleischkonsum. Der erste Vegetarierverein wurde 1801 in London gegründet, dem folgten weitere Gründungen in anderen britischen Städten. 1847 etablierte sich die „Vegetarian Society" im englischen Ramsgate. Auch in Deutschland gewann die vegetarische Bewegung Anhänger. Der Mediziner Rudolf Virchow bilanzierte 1868 in seinem Werk über Nahrungs- und Genussmittel: „In den letzten Jahren hat sich unter dem Namen Vegetarianer eine, wenn auch unzusammenhängende und wenig zahlreiche, so doch recht thätige Sekte erhoben, welche mit allen Hülfsmitteln der Wissenschaft und mit allem Ernste eines tief sittlichen Strebens das Fleischessen als eine der schlimmsten und widernatürlichsten Verirrungen des Menschengeschlechtes bekämpft und durch ein eigenes Beispiel zu liefern bestrebt ist, dass die Pflanzennahrung genügt, um dem menschlichen Körper Gesundheit und Kraft zu erhalten."

Im letzten Drittel des 19. Jahrhunderts wurden in etlichen deutschen Städten Vegetariervereine gegründet. Der Deutsche Vegetarier-Bund etablierte sich 1892 mit Sitz in Leipzig, 1908 bildete sich die Internationale Vegetarier-Union anlässlich des ersten Welt-Vegetarier-Kongresses in Dresden. Prominente Befürworter der fleischlosen Ernährung waren der Komponist Richard Wagner und der Mediziner Albert Schweitzer, die beide aber erst gegen Lebensende zu einer fleischlosen Ernährung übergingen. Seit den 1970er Jahren steigt der Anteil vegetarisch lebender Menschen in den westlichen Industriestaaten stetig. In Deutschland sind es inzwischen fast 10 Prozent der Bevölkerung, die weder Fleisch noch Fisch essen. Vegetarismus findet sich in allen sozialen Schichten, zunehmend verbreitet ist die fleischlose Ernährung bei jungen Menschen. Die Motive der fleischlosen Lebensweise sind unterschiedlich und einem zeitlichen Wandel unterworfen. Spielten früher philosophische und religiöse Gründe eine stärkere Rolle, sind es heutzutage vornehmlich gesundheitliche, umweltbezogene und tierschutzrelevante Motive. Vegetarier ist aber längst nicht mehr gleich Vegetarier. Ovo-Vegetarier verzichten auf Fleisch, Fisch und Milch, sie essen aber Eier. Lakto-Vegetarier essen kein Fleisch, keinen Fisch und keine Eier, sie verzehren aber Milchprodukte. Ovo-Lakto-Vegetarier ernähren sich von pflanzlichen Produkten, Eiern und Milch, Pesco-Vegetarier verzichten auf Fleisch, sie konsumieren jedoch Fisch.

Angesagt bei den Jungen

Wie steht es nun um die gesundheitlichen Wirkungen der fleischlosen Ernährung? Das Bild ist nicht eindeutig. Zwar weisen etliche Studien eine höhere Lebenserwartung bei Vegetariern aus, doch Vegetarier sind auch körperlich aktiver, dünner und verzichten eher auf Genussmittel wie Alkohol und Nikotin als ihre Mitbürger, die Fleisch essen. Allenfalls eine etwas geringere Anfälligkeit für Herz-Kreislauf-Erkrankungen ist bei Vegetariern nachweisbar. Die Bundesanstalt für Landwirtschaft und Ernährung informiert, dass auch mit einer ovo-lakto-vegetarischen Ernährung der Körper gut mit Nährstoffen versorgt werden kann. Solche und ähnliche wissenschaftlich basierte Einschätzungen werden zu einer weiteren Verbreitung der fleischlosen Ernährung beitragen. Der Anteil der Vegetarier an der Gesamtbevölkerung dürfte auch deshalb weiterwachsen, weil insbesondere unter jungen Menschen vegetarische Ernährung praktiziert wird, die diese Ernährungsform dann an die nachfolgende Generation weitergeben.

Vegan & Co.

Menschen, die sich vegan ernähren, verzichten auf den Konsum aller tierischen Produkte, auch auf Produkte, die von Tieren produziert werden, etwa Honig. Zudem lehnen Veganer die Nutzung von Produkten, die von Tieren gewonnen wurden, wie zum Beispiel Wolle oder Leder, ab. Veganer meiden auch Kosmetika, die tierische Stoffe enthalten. Spezialformen der veganen Ernährung sind die biovegane Ernährung, die aus Ökoprodukten besteht, oder die frugane Ernährung, die aus dem Konsum von Produkten besteht, die nicht eine Zerstörung der Pflanze zur Folge haben. Es werden also nur Nahrungsmittel konsumiert, die von der Pflanze „freiwillig“ hergegeben werden, wie Obst, Nüsse und Samen. Die sogenannten „Pudding-Veganer“ ernähren sich primär von stark verarbeiteten pflanzlichen Nahrungsmitteln. Bei dieser Gruppe sind gesundheitliche Aspekte der Ernährung offenbar nachrangig. Eine rechtsverbindliche Definition des Begriffs vegan wurde bisher nicht verabschiedet. Zur Kenntlichmachung veganer Produkte vergeben nichtstaatliche Organisationen Siegel, die ausweisen, ob verarbeitete Nahrungsmittel oder Fertigprodukte für die vegane Ernährung geeignet sind.

Motive

Laut Ernährungsreport der Bundesregierung ernähren sich in Deutschland ca. 2 Prozent der Menschen vegan, mit steigender

Tendenz. Viele Veganer waren zuvor Vegetarier. Ein wesentliches Motiv für die vegane Lebensweise ist der Klimaschutz. Daneben führen Veganer häufig ethische Motive als Begründung an, warum sie keine tierischen Lebensmittel verzehren. Die Veganer teilen ihre historische Entwicklung mit den Vegetariern. Zur Gründung einer speziellen Organisation, der Vegan Society, kam es 1944 in England in Birmingham. Die Motive der Initiatoren waren weniger religiöser Natur, wie bei den Vegetariern, sondern bestanden primär darin, Leid, konkret Tierleid, zu minimieren. 2010 wurde die Vegane Gesellschaft Deutschland gegründet. Die Debatte um Veganismus konzentriert sich auf ethische und tierrechtliche Fragen sowie zunehmend auf Umweltfragen.

Defizite

Unter gesundheitlichen Aspekten wird die vegane Ernährungsweise durchaus kritisch gesehen. Die Deutsche Gesellschaft für Ernährung (DGE) kommuniziert, dass bei einer rein pflanzlichen Ernährung die ausreichende Versorgung mit bestimmten Nährstoffen nicht oder nur schwer möglich ist. Dazu zählen bestimmte Vitamine, Proteine und Mineralstoffe. Insbesondere kann die streng vegane Ernährung zu einem Vitamin-B12-Mangel führen. Die DGE rät Veganern, sehr gezielt nährstoffdichte und angereicherte Lebensmittel auszuwählen. Laut DGE empfiehlt sich eine vegane Ernährung für Schwangere, Stillende, Säuglinge, Kinder und Jugendliche nicht. Der Trend zu einer veganen Lebensweise ist aber ungebrochen. Sicherlich hat auch die durch die Corona-Pandemie bedingte veränderte Lebenssituation mit verstärkter kritischer Reflexion des eigenen Ernährungsverhaltens dazu beigetragen. Angesichts der in der Gesellschaft zunehmend geführten Diskussion um tierethische und Umweltfragen ist davon auszugehen, dass der Trend zum Konsum veganer Produkte anhält.

LEBENSMITTEL AUS DEM LABOR

Reaktorprodukte

Unterschieden werden muss zwischen Reaktorprodukten und Ersatzprodukten. Reaktorprodukte befinden sich heute noch weitgehend im Versuchsstadium und sind sehr teuer in der Produktion. Insbesondere in den USA, den Niederlanden und in Israel wird zu diesem Thema geforscht. Neuartige Lebensmittel werden im Labor kreiert. Tieren werden Zellen entnommen, die man in einem Bioreaktor vermehrt. Letztlich wird aus einem Zellklumpen künstliches Fleisch. Fleischprodukte aus dem Bioreaktor können unter bestimmten Voraussetzungen sogar die gesündere Alternative zum Original sein. Zum Beispiel ist die Gefahr von Keimen und anderen Krankheitserregern geringer als bei herkömmlicher Produktion und Schlachtung.

In Israel wurde inzwischen ein Steak aus einem 3D-Drucker präsentiert. Fleisch aus dem Labor ist noch nicht serienreif, allerdings wird es eine Frage der Zeit sein, wann eine Serienreife unter Kosten- und Geschmacksaspekten erreicht ist. Produktzulassungen durch die Lebensmittelüberwachungsbehörden erfolgten inzwischen in Singapur und in den USA.

In Deutschland ist in nächster Zeit nicht mit derartigen Produkten zu rechnen. Finanziert wird die Forschung auf diesem Gebiet unter anderem von dem amerikanischen Unternehmer Bill Gates, aber auch vom Geflügelkonzern Wiesenhof.

Ersatzprodukte sind im Kommen

Forscher setzen auf Laborpilze als Fleischersatz oder auf pflanzenbasierte Produkte. Auch Käse wird inzwischen aus der Retorte oder mit Ersatzrohstoffen produziert, zum Beispiel Camembert auf der Basis von Cashewnüssen. Diese neuartigen Nahrungsmittel schonen das Klima und die Umwelt, das Thema Tierwohl stellt sich beim Fleisch aus dem Labor oder Ersatzprodukten nicht. Wer aus ethischen Gründen das Töten von Tieren für Nahrungszwecke ablehnt, kann beruhigt das Retortenschnitzel verzehren. Soja- und Erbsenprotein dienen unter anderem als Rohstoffe für Fleischersatzprodukte, die somit einen kleineren ökologischen Fußabdruck hinterlassen als die originalen Fleischprodukte.

Auf den Geschmack kommt es an

Technisch geht vieles, der Umwelt kann es dienen, und es ließen sich mehr Menschen satt bekommen. Branchenvertreter investieren viel Kapital und sprechen von gewaltigen Wachstumschancen der Märkte für Ersatzprodukte. Etablierte Fleischverarbeiter und Molkereien haben längst vegetarische Alternativen im Sortiment. Die Rügenwalder Mühle im norddeutschen Bad Zwischenahn, ursprünglich ein reiner Fleischverarbeiter, erzielte 2020 erstmals mehr Umsatz mit Fleischersatzprodukten als mit traditionellen Wurstwaren.

Die Märkte für Fleisch- und Milchersatzprodukte wachsen dynamisch. Geschmack und Konsistenz der Produkte müssen aber stimmen. Vitamine werden künstlich zugesetzt, ebenso Zusatzstoffe. Damit Fleischersatzprodukte wie Fleisch aussehen und schmecken, werden in erheblichem Umfang Zusatzstoffe benötigt, wie Farbstoffe, Emulgatoren, Geschmacksverstärker, Konservierungsstoffe, Verdickungsmittel, Zucker, Fett und Salz.

Auch Säureregulatoren, Raucharomen, Methylcellulose und Phosphate finden sich auf den Zutatenlisten dieser Nahrungsmittel. Algen und Johannisbrotkernmehl dienen zum Beispiel als Verdickungsmittel. Die bei manchen Produkten erhebliche Verwendung von Zusatzstoffen wird von Ernährungsmedizinern kritisch gesehen. Ohne Zusatzstoffe kommen viele Ersatzprodukte aber nicht aus, damit sie schmecken und ansprechend aussehen.

Stetige qualitative Fortschritte und der Umweltbonus machen Ersatzprodukte aber zu einem Wachstumsmarkt. Gerade angesichts des steigenden Anteils gut ausgebildeter junger Menschen, die sich zunehmend auch von Ersatzprodukten ernähren und ihr Ernährungsverhalten auf die nachfolgende Generation übertragen, hat diese Branche Perspektiven.

FAZIT: Die Zukunft unserer Ernährung wird vielseitiger. Fleisch und Milch aus der Tierhaltung, also die Originale, werden nach wie vor gefragt sein, aber die Märkte werden eine zunehmende Ergänzung und damit auch Konkurrenz durch neue Produkte erfahren. Je jünger, je städtischer und je höher der Bildungsabschluss, desto beliebter sind Ersatzprodukte, trotz der zum Teil umfänglichen Verwendung von Zusatzstoffen in der Herstellung.

6 Wie funktioniert Agrarpolitik?

WER HAT WAS ZU SAGEN – EU, BUND, LAND

Kompliziertes Geflecht

Agrarpolitik ist ein kompliziertes Geflecht. Das Lexikon der Wirtschaft definiert Agrarpolitik als den Bereich der Wirtschaftspolitik, der die Verhältnisse in der Land- und Forstwirtschaft sowie der Fischerei beeinflusst. Bemerkenswert daran ist, dass Agrarpolitik als ein Bereich der Wirtschaftspolitik gesehen wird, nicht als ein eigenständiger Politikbereich. Dieses Verständnis findet sich inzwischen in mehreren Bundesländern, in denen die Zuständigkeiten für Agrarpolitik im Wirtschaftsministerium angesiedelt sind. Staatliche Eingriffe in und Unterstützung für den Sektor spielten und spielen in der Agrarpolitik eine weit größere Rolle als in anderen Wirtschaftsbereichen. EU, Bund und Länder haben im Laufe der Jahre ein vielschichtiges Regel- und Fördergeflecht entwickelt. Das macht Agrarpolitik zu einem schwer durchschaubaren und damit nicht nur für Laien schwer verständlichen Politikbereich.

Europäische Union: Agrarpolitik als Vorreiter

Der Ursprung der Gemeinsamen Agrarpolitik der EU (GAP) reicht bis ins Jahr 1962 zurück. Die Agrarpolitik war somit der erste vollintegrierte Politikbereich der Europäischen Union. Ihr kam eine Vorreiterrolle beim Zusammenwachsen der Staatengemeinschaft zu. Die Ausgaben für Agrarpolitik und den ländlichen Raum stellen nach wie vor mit fast 40 Prozent den größten Kostenblock im Haushalt der EU dar, allerdings mit abnehmender Tendenz. Anfang der 1980er Jahre entfielen noch ca. 70 Prozent des EU-Haushaltes auf die sogenannte GAP. Früher waren staatliche Garantien für Erzeugerpreise das wesentliche Instrument zur Stützung der landwirtschaftlichen Einkommen. Zu Beginn der 1990er Jahre wurden die Preisgarantien, die zu erheblichen Überschüssen in der Produktion und damit zu kostspieligen Getreide- und Butterbergen geführt hatten, durch direkte Einkommenstransfers zugunsten der Betriebe abgelöst. Agrarökonomen hatten diesen Kurswechsel schon seit den 1970er Jahren gefordert. Sie hatten freilich vorgeschlagen, die Transfers nicht auf Dauer zu gewähren, sondern lediglich für eine begrenzte Zeit, um den Landwirten die Chance zu geben, sich an die neue Marktsituation anzupassen. In der Politik fand das keinen Niederschlag. Die GAP ist seither eine Dauerbaustelle geblieben, ohne dass ein für alle Seiten zufriedenstellendes Ergebnis gefunden wäre. Immerhin, die Agrarpolitik wandelt sich. Inzwischen besteht sie im Wesentlichen aus zwei Säulen. Die erste Säule setzt sich zusammen aus den 1992 eingeführten Direktzahlungen sowie verschiedenen Marktmaßnahmen, die in erster Linie in Marktkrisen greifen sollen. Rund zwei Drittel der fast 60 Milliarden Euro umfassenden jährlichen Ausgaben für die Gemeinsame Agrarpolitik fließen in die Direktzahlungen zugunsten der landwirtschaftlichen Betriebe. Über die zweite Säule werden Maßnahmen im Umwelt- und Klimaschutz sowie im Bereich der ländlichen Entwicklung gefördert.

Tagungen des Agrarrates: Floskelhafte Sprechzettel

Das Vorschlagsrecht für Rechtsetzungsverfahren in der Gemeinsamen Agrarpolitik hat die EU-Kommission mit dem zuständigen Agrarkommissar. Beschlüsse müssen seit 2009 mit Inkrafttreten der Lissaboner Verträge sowohl vom Europäischen Parlament als auch vom Agrarrat, der Versammlung der EU-Agrarminister, getroffen werden. Vorbereitende Gremien sind der Agrarausschuss des Europäischen Parlaments und der Sonderausschuss Landwirtschaft für den Agrarrat. Die mehrfach im Jahr stattfindenden Tagungen des

Agrarrats sind stark ritualisiert, wie ich in Vertretung des Ministers oder der Ministerin mehrfach erleben durfte. Das mag auch an der sehr weitgehenden Vorbereitung der Sitzungen auf Beamtenebene im „Sonderausschuss Landwirtschaft" liegen. Da die Statements der nationalen Vertreter durch eine regierungsinterne Abstimmung sorgfältig vorbereitet werden, bestehen Agrarratstagungen in wesentlichen Teilen aus dem Verlesen von manchmal floskelhaften Sprechzetteln. Abstimmungen zwischen Ressorts bis unmittelbar vor Sitzungsbeginn sind nicht unüblich, naturgemäß finden die konfliktträchtigsten Abstimmungen zwischen dem Landwirtschaftsministerium und dem Umweltministerium statt.

Von diesen Sprechzetteln, die die Regierungslinie widerspiegeln, darf nicht abgewichen werden. Andernfalls droht zu Hause „Regierungsärger", zum Beispiel wenn ein Ministerium, das an der Abstimmung des Sprechzettels beteiligt war, der Auffassung ist, dass die Regierungslinie in der Ratssitzung nicht richtig wiedergegeben wurde. Dies musste der damalige Bundeslandwirtschaftsminister Christian Schmidt 2017 erfahren, der für eine Verlängerung der Nutzung des Unkrautbekämpfungsmittels Glyphosat votiert hatte, was nicht mit dem Bundesumweltministerium abgestimmt war. Zum aktuellen Stand in dieser Angelegenheit: Die Europäische Behörde für Lebensmittelsicherheit (EFSA) sieht 2023 in einer Neubewertung durch Dutzende Wissenschaftler eine erneute Zulassung von Glyphosat unkritisch.

EU-Gelder: Komplizierte Verteilung

Die Umsetzung der EU-Beschlüsse liegt bei den Mitgliedstaaten. Die Grundsätze der Agrarpolitik werden für jeweils sieben Jahre festgelegt. Man administriert also in Sieben-Jahres-Rhythmen, leider mit einem zunehmenden bürokratischen Aufwand. Innerhalb eines von der EU gesteckten Rahmens müssen sich die Mitgliedstaaten Pläne zur Verwendung der EU-Gelder von der EU genehmigen lassen. Die gleichzeitige Verfolgung mehrerer Ziele, wie zum

Beispiel Einkommensstützung und Erhalt der Artenvielfalt auf den Flächen, macht die Verteilung von Fördermitteln kompliziert. Die Gewährung der Direktzahlungen wird zunehmend an die Einhaltung von Vorschriften zum Umwelt- und Tierschutz gebunden. Weitere Vorschriften zum Bodenschutz, zur Lebensmittelsicherheit und zum Wasserrecht sind zu beachten. Neben einer Basisprämie je Hektar werden konkrete Umweltleistungen honoriert. Dann gilt es, die sogenannte Umverteilungsprämie zugunsten kleinerer Betriebe umzusetzen, ebenso die Zusatzförderung für Junglandwirte. Zu verwalten ist weiterhin die Kleinerzeugerregelung, die kleine Betriebe von bestimmten Umweltvorschriften ausnimmt.

Auf die Verwaltung kommt es an

Um all dieses zu verwalten, bedarf es einer leistungsfähigen Administration in den Mitgliedstaaten. Die ist allein deshalb angebracht, weil die EU mit ihren Kontrolleuren die ordnungsgemäße Umsetzung der Programmvielfalt prüft. Sowohl Fördermittelempfänger als auch Verwaltungen unterliegen dabei einem Anlastungsrisiko. Das heißt, bei Nichteinhaltung von Vorgaben kommt es zu Mittelkürzungen oder Rückforderungen der EU und als Folge zu politischem Ärger.

Die nationale Rechtssetzung in der Agrarpolitik besteht weitgehend in der Umsetzung der auf EU-Ebene gefassten Beschlüsse. Es lässt sich auch einfacher ausdrücken: Die Mitgliedstaaten haben in der Agrarpolitik nur noch begrenzte Zuständigkeiten. Die für die Branche wichtigen Entscheidungen werden auf EU-Ebene getroffen. Die Mitgliedstaaten nehmen aber über den Agrarrat und ihre Abgeordneten im Europäischen Parlament sehr wohl Einfluss auf Wohl und Wehe ihrer Landwirtschaft.

Agrarverwaltung in Deutschland mit langer Tradition

Die eigenständige Agraradministration auf ministerieller Ebene hat in Deutschland eine über hundertjährige Tradition. Dabei ist die Landwirtschaft in unserer Volkswirtschaft, wie in anderen Industriestaaten, eine Branche mit einem kontinuierlich abnehmenden Anteil an Beschäftigten und am Bruttoinlandsprodukt. Dieser schrumpfenden Branche wird auf Bundesebene auch im 21. Jahrhundert noch ein eigenes Ministerium zugestanden. Zur Bewältigung der Organisation der Ernährung der Bevölkerung nach dem Zweiten Weltkrieg, als noch fast ein Viertel der Bevölkerung in der Landwirtschaft Beschäftigung fand, war ein eigenständiges Ministerium kein Diskussionspunkt. Mit einem Beschäftigtenanteil von 1,3 Prozent und einem Anteil an der Bruttowertschöpfung von 0,7 Prozent – 1950 waren es noch 11 Prozent – wird diese privilegierte politische Behandlung der Agrarbranche in Deutschland heutzutage stärker hinterfragt. Allerdings sind eigenständige Agrarressorts in anderen EU-Staaten und darüber hinaus weltweit ebenfalls üblich. Landwirtschaft mit ihren lebensnotwendigen Produkten, mit ihrer Bedeutung für den ländlichen Raum und ihren Auswirkungen auf Natur und Umwelt spielt unabhängig von statistischen Kennzahlen eine Sonderrolle in jeder Gesellschaft. Es gibt deshalb gute Gründe für diese politische Wertschätzung, die sich durch ein eigenes Ressort ausdrückt. Diese Wertschätzung kam in Deutschland auch bei der jüngsten Regierungsbildung durch eher agrarferne Parteien erneut zum Ausdruck.

Sonderrolle gerechtfertigt

Die Themen Landwirtschaft und Ernährung sind hinsichtlich ihrer politischen und gesellschaftlichen Bedeutung wichtiger als es eine Bewertung aufgrund volkswirtschaftlicher Kennzahlen ausdrückt. Es sind im Wesentlichen vier Faktoren, die eine Sonderstellung der Agrarbranche rechtfertigen.

Erstens ist Landwirtschaft, wie dargestellt, systemrelevant, Essen und Trinken sind unverzichtbar. Der Agrarsektor liefert die Grundlagen für unser Leben.

Zweitens geht es um die wirtschaftliche Bedeutung des Gesamtkomplexes „Landwirtschaft und Ernährung“. Sie misst man sinnvollerweise nicht nur anhand der Daten der landwirtschaftlichen Urproduktion. Stattdessen bedarf es hierbei auch einer Betrachtung des vor- und nachgelagerten Bereichs. Landwirtschaft setzt Produktionsmittel ein, wie Gebäude, Technik, Düngemittel und andere. Landwirtschaftliche Rohstoffe werden in immer stärkerem Umfang weiterverarbeitet, zum Beispiel in Molkereien, Schlachtereien, Brotfabriken. Vorgefertigte Mahlzeiten gewinnen immer mehr an Bedeutung. Die Wirtschaftsleistung des sogenannten vor- und nachgelagerten Bereichs ist also mit zu berücksichtigen, wenn die Branche Landwirtschaft und Ernährung hinsichtlich ihrer wirtschaftlichen Bedeutung beurteilt wird. Der Agrarsektor mit seiner Wertschöpfungskette vom Acker bis zum Teller wird in seiner gesamten volkswirtschaftlichen Bedeutung häufig unterschätzt. Die deutsche Landwirtschaft, einschließlich Forstwirtschaft und Fischerei, erzielt allein einen jährlichen Produktionswert von etwa 60 Milliarden Euro, deutlich mehr als zum Beispiel die pharmazeutische Industrie. Das sogenannte Agribusiness umfasst die gesamte Lebensmittelkette von der Urproduktion zum Verbraucher mit ca. 700.000 Betrieben und etwa 4,6 Millionen Beschäftigten. Jeder zehnte Arbeitsplatz steht nach dieser Rechnung mit dem Agribusiness in Verbindung.

Drittens bleiben die Umweltwirkungen, deren monetäre Auswirkungen schwer bewertbar sind, die aber dazu beitragen, eine administrative Sonderbehandlung zu rechtfertigen. Immerhin ist die Landwirtschaft der größte Flächennutzer mit ca. 50 Prozent. Die Forstwirtschaft, für die das Bundeslandwirtschaftsministerium ebenfalls zuständig ist, trägt für rund 30 Prozent der Fläche Verantwortung. Land- und Forstwirtschaft sind Branchen, die wie keine anderen mit der Natur arbeiten und von der Natur leben. Insoweit haben sie ein Alleinstellungsmerkmal gegenüber anderen Branchen.

Viertens schließlich gewinnt die Ernährungspolitik einen immer höheren Stellenwert. Die Ankündigung der Ampelkoalition, bis Ende 2023 eine Ernährungsstrategie zu beschließen, ist dafür ein Indiz. Es lässt sich bereits absehen, dass die Unterstützung einer nachhaltigeren und pflanzenbetonteren Ernährung mittel- und langfristig auch die Agrarpolitik und damit den gesamten Sektor verändern wird, möglicherweise stärker als bisherige Reformen der Gemeinsamen Agrarpolitik. Aus diesem und den zuvor genannten Gründen ist es gerechtfertigt, auf Bundesebene ein gesondertes Ressort für den Agrarbereich und die damit zusammenhängenden politischen und administrativen Fragen vorzuhalten. Politik aus einem Guss ist damit natürlich noch nicht zu machen.

Politik aus einem Guss

Wegen der Besonderheiten der Branche, der Bedeutung des Komplexes Landwirtschaft für den ländlichen Raum insgesamt und der Bezüge zwischen Landwirtschaft und Umwelt sind die Zuständigkeiten für Landwirtschaft und Umwelt in etlichen Bundesländern in einem Ministerium angesiedelt. In einigen Ländern wurden diesen Ressorts auch die Zuständigkeiten für die Entwicklung des ländlichen Raumes zugeordnet. Das ist ein Ressortzuschnitt, der nach meiner Erfahrung auch auf Bundesebene Sinn machen könnte. Aufwändige, vor allem zeitraubende Abstimmungsprozesse zwischen verschiedenen Bundesressorts könnten reduziert werden. Ein Ministerium mit den Zuständigkeiten für Agrar- und Umweltpolitik, verbunden mit der Zuständigkeit für den ländlichen Raum, könnte eine effizientere Politik des Bundes aus einem Guss ermöglichen.

Auf Landesebene beschreitet man derzeit andere Wege. Die Landtagswahlen in Sachsen-Anhalt, Schleswig-Holstein und Nordrhein-Westfalen haben bei der Regierungsbildung dazu geführt, die Zuständigkeiten für Landwirtschaft und Umwelt wieder in unterschiedliche Ressorts zu verlagern. Damit läuft man Gefahr, dass Abstimmungen aufwändiger und womöglich alte Gräben zwischen Agrar- und Umweltseite wieder aufgerissen werden.

Agrarpolitik in Deutschland: Tradition staatlicher Eingriffe

Landwirtschaft erfreute sich schon seit dem 19. Jahrhundert der besonderen staatlichen Zuwendung. Mit dem Beginn der Industrialisierung, die mit einer Abnahme der in der Landwirtschaft tätigen Bevölkerung und einer sich verstärkenden Arbeitsteilung in der Wirtschaft verbunden war, wurde der Ruf nach staatlicher Unterstützung der Landwirtschaft lauter. Nach den für die Landwirtschaft vorteilhaften ersten Jahrzehnten des 19. Jahrhunderts lösten Transportkostensenkungen und eine zunehmende Importkonkurrenz in den 1870er Jahren Niedrigpreise bei Agrarprodukten aus. Als Konsequenz wurde aus landwirtschaftlichen Reihen Forderungen zur Einführung von Zöllen zum Schutz der heimischen Produktion vor Importen immer lauter. Diesen Forderungen wurde schließlich 1879 unter Bismarck mit der Einführung der Getreidezölle in Deutschland Rechnung getragen.

1919 wurde erstmalig ein gesondertes Ministerium für Agrarfragen errichtet, auch ein Ergebnis der Versorgungsprobleme nach dem Ersten Weltkrieg und des Verlustes agrarisch bedeutsamer Gebiete im Osten. Infolge der Kriegsereignisse wurde 1919 das heute noch geltende Reichssiedlungsgesetz verabschiedet. Es regelt die Beschaffung von Siedlungsland als Voraussetzung für den Aufbau bäuerlicher Hofstellen. Mit dieser Regelung gelang es damals, Jahr für Jahr mehreren Tausend Bauernfamilien eine Existenzgrundlage zu geben.

1929 verstärkte die Reichsregierung über Außenhandelsregelungen den Schutz der heimischen Landwirtschaft. Der Agrarmarkt wurde nahezu vollständig vom Weltmarkt und den dortigen Preisen abgeschottet. Eine verbleibende Lücke für Ölfrüchte und Ölsaaten wurde 1933 geschlossen.

Mit der Machtübernahme der Nationalsozialisten 1933 begann die Umsetzung der nationalsozialistischen Zielsetzung, die Landwirtschaft aus dem Kapitalismus herauszulösen. Es folgte die

Bildung des „Reichsnährstandes" und die Einführung des Reichserbhofgesetzes. Der „Reichsnährstand" war nach eigener Verlautbarung ein „Zwangssyndikat der gesamten Landwirtschaft". Es umfasste die gesamte Wertschöpfungskette Landwirtschaft mit der Zielsetzung der Kontrolle der Produktion, des Vertriebs und der Preise. Das Reichserbhofgesetz sollte landwirtschaftliche Betriebe vor Überschuldung und Zersplitterung schützen. Veräußerungen und Belastungen von Erbhöfen waren nicht gestattet. Das Reichserbhofgesetz war Ausdruck der Blut-und-Boden-Ideologie, die die nationalsozialistische Agrarpolitik bestimmte und die insbesondere in den eroberten Gebieten im Osten mit großer Brutalität durchgezogen wurde. Für die Nationalsozialisten spielte der Agrarsektor eine besondere Rolle. Kennzeichen waren massive staatliche Eingriffe in die Wirtschaftsabläufe und eine starke Bevormundung der Betriebe. Dadurch wurde dem Agrar- und Ernährungssektor ein deutlich engerer Handlungsrahmen als anderen Branchen zugestanden.

Besonderer Stellenwert auf allen Ebenen

Mit Gründung der Bundesrepublik Deutschland (BRD) und der Deutschen Demokratischen Republik (DDR) richteten beide Staaten eigenständige Agrarressorts ein. Angesichts der schwierigen Versorgungslage der Bevölkerung wurde in beiden Teilen Deutschlands Lebensmittelkarten eingeführt, die in der Bundesrepublik 1950 und in der DDR 1958 wieder abgeschafft wurden. Lebensmittelkarten berechtigten zum Kauf einer bestimmten Menge eines bestimmten Lebensmittels.

In der DDR war die Kollektivierung der Landwirtschaft mit der angeordneten Überführung der privaten Betriebe in Genossenschaften eine besonders einschneidende agrarpolitische Maßnahme. Diese zum Teil gegen den erbitterten Widerstand der Betroffenen durchgesetzten Schritte führten in der Tier- und Pflanzenproduktion zu Großbetrieben mit mehreren Tausend

Hektar und Großbeständen in der Tierhaltung, die die Größenordnungen im Westen um ein Vielfaches überstiegen. Die landwirtschaftlichen Produktionsgenossenschaften (LPG) und die volkseigenen Güter (VEG) litten aber an der mangelnden Verfügbarkeit von Produktionsmitteln, so dass sie die in sie gesetzten Erwartungen zumeist nicht erfüllen konnten. Insbesondere in der Spätphase der DDR traten die Defizite der sozialistischen Landwirtschaft zutage.

Für den Agrarsektor der Bundesrepublik Deutschland war die Europäisierung der Agrarpolitik mit der Bildung eines gemeinsamen Agrarmarktes von herausragender Bedeutung. Damit nahm die Landwirtschaft eine Vorreiterrolle ein. Der gemeinsame Binnenmarkt für alle Wirtschaftsbereiche folgte erst Jahrzehnte später. Die Schaffung von Marktordnungen mit festgesetzten Preisen und komplizierten Währungsausgleichsmechanismen, der Euro war noch in weiter Ferne, führten zu einer wachsenden Agrarbürokratie und zur Verfestigung der Sonderrolle der Landwirtschaft in der Volkswirtschaft.

Die Gesetzgebung der Bundesrepublik gab 1955 mit dem vom Bundestag verabschiedeten Landwirtschaftsgesetz das Ziel vor, die soziale Lage der in der Landwirtschaft tätigen Menschen an die vergleichbarer Berufsgruppen anzugleichen. Als weitere Ziele gelten seither, der Landwirtschaft eine Teilnahme an der fortschreitenden Entwicklung der deutschen Volkswirtschaft zu ermöglichen und der Bevölkerung die bestmögliche Versorgung mit Nahrungsmitteln zu sichern. Das Landwirtschaftsgesetz verpflichtet die Bundesregierung obendrein, die wirtschaftlichen Ergebnisse von repräsentativen landwirtschaftlichen Betrieben zu ermitteln und darzulegen, wie eventuelle Einkommensdisparitäten behoben werden können. Die Einführung des heute noch mit geringfügigen Änderungen gültigen Gesetzes war ein Erfolg der Agrarlobby. Allerdings wird das im Landwirtschaftsgesetz definierte Einkommensziel für die Landwirtschaft regelmäßig verfehlt.

Im vereinten Deutschland wurde die Sonderrolle der Landwirtschaft durch die Beibehaltung eines für Agrarfragen zuständigen Ressorts in den administrativen Strukturen beibehalten. Auf EU-Ebene gibt es nach wie vor einen „Agrarkommissar", und in den Bundesländern findet sich fast überall die Nennung der „Landwirtschaft" in den Bezeichnungen der für Landwirtschaft zuständigen Ressorts. Durch die politisch administrativen Strukturen, von der EU-Ebene bis zur örtlichen Ebene mit Landwirtschaftsämtern oder Landwirtschaftskammern, erfolgt eine Unterstreichung des besonderen Stellenwertes dieser Branche.

Beim Geld fängt die Freundschaft an

Branchenbezogene Regelungen für die Landwirtschaft finden sich nicht nur in den Verwaltungsstrukturen, sondern darüber hinaus in der nationalen Rechtssetzung, wie im Erbrecht, im Steuerrecht und in der Sozialpolitik. Der Agrarsektor steht also im besonderen Fokus der Politik, wohlwollend kann man daraus auch eine besondere Wertschätzung ableiten, die jedoch von den Betroffenen häufig nicht als solche empfunden wird. Ein weiteres Argument für diese Wertschätzung: Der Haushaltsplan des Bundesministeriums für Ernährung und Landwirtschaft (BMEL) erhöhte sich in den vergangenen beiden Legislaturperioden um rund 45 Prozent. Das war weit überdurchschnittlich im Vergleich zu anderen Ressorts. Dieses Geld kommt zwar nicht ausschließlich den landwirtschaftlichen Betrieben zugute, dennoch lässt sich aus dem Zuwachs des Agraretats eine „Sensibilität" des Haushaltsgesetzgebers für die Situation der Landwirtschaft und des ländlichen Raumes ableiten. Nach der Corona-bedingten Aufblähung des Gesamthaushalts werden künftig Sparmaßnahmen unvermeidlich sein. Davon wird auch der Etat des Bundeslandwirtschaftsministeriums nicht verschont bleiben. Das zeigt sich schon im Haushalt des BMEL für das Jahr 2022, der deutlich niedriger ausfiel als der Haushalt 2021 der Vorgängerregierung. Was dies für kostspielige Vorhaben bedeutet, wie sie die 2020 noch unter Bundeskanzlerin Merkel eingesetzte Zukunftskommission Landwirtschaft vorschlägt, bleibt abzuwarten. Dies gilt umso mehr, als auch andere Sektoren wie die Energieerzeugung oder der Verkehrsbereich vor grundlegenden und teuren Veränderungen stehen. Als neue und kostenintensive Herausforderungen für den Bundeshaushalt kommen neben Corona die ökonomischen und sozialen Folgen des Ukraine-Krieges und der Wille zur verstärkten Verteidigungsbereitschaft hinzu.

Bund und Länder

Die Bundesländer sind in der Agrarpolitik primär ausführende Organe, ihr agrarpolitischer Gestaltungsspielraum beschränkt sich weitgehend innerhalb des von der EU und dem Bund vorgegebenen Rahmens. Länder können nur in begrenztem Umfang eigene agrarpolitische Akzente setzen. Sie haben im Wesentlichen das zu administrieren, was in Brüssel und/oder Berlin unter ihrer Mitwirkung beschlossen wurde. Spielräume gibt es jedoch bei der Gestaltung bestimmter Förderprogramme, die einer sogenannten Mischfinanzierung unterliegen, wie bei der Gemeinschaftsaufgabe „Verbesserung der Agrarstruktur und des Küstenschutzes", dem wichtigsten nationalen Förderinstrument für Agrarstruktur- und Infrastrukturmaßnahmen. Die gemeinschaftliche Finanzierung kommt bereits im Namen zum Ausdruck. Bei Agrarstrukturmaßnahmen übernimmt der Bund 60 Prozent der Ausgaben, beim Küstenschutz 70 Prozent. Das bedeutet, das Landesagrarressort muss das Finanzressort und das Parlament von der Notwendigkeit dieser Programme überzeugen. Hier können die Länder entscheiden, ob sie diese Programme, zum Beispiel im Bereich der investiven Förderung für landwirtschaftliche Betriebe, in Anspruch nehmen und anbieten wollen. Ansonsten verfallen die für das jeweilige Bundesland vorgesehenen Mittel und kommen anderen Ländern zugute. Das kann man auch als gesunden föderalen Wettbewerb bezeichnen. Allerdings verfügen die Länder seit 2006 über die wichtigen Zuständigkeiten im

Bodenrecht. Davon haben bisher allerdings nur Baden-Württemberg und Niedersachsen Gebrauch gemacht.

Viele Beschlüsse der zweimal jährlich tagenden Agrarministerkonferenzen der Länder, an denen der Bund als Gast teilnimmt, beginnen mit dem Satz: „Die Bundesregierung wird gebeten …“ Diese Bitte bezieht sich sowohl auf bundespolitische Maßnahmen als auch auf Anliegen, die die Bundesregierung auf EU-Ebene vertreten soll. Wollen die Landesminister weniger freundlich mit dem Bund umgehen, fordern sie ihn auf, anstatt ihn zu bitten. Die Agrarministerkonferenz ist in den zurückliegenden Jahren politisch bunter geworden. Waren es im vergangenen Jahrhundert noch überwiegend CDU/CSU- und SPD-Politiker, die die Agrarressorts ihrer Länder vertraten und die fachlich wenig trennte, stellen inzwischen die Grünen die meisten Agrarressortchefs. Das hat zu einer Belebung der Debatten und zu einer Verlagerung der Themenschwerpunkte geführt. Tierwohlfragen und Umweltthemen beherrschen inzwischen die Tagesordnung, früher waren es vornehmlich Einkommens- und Förderfragen, die diskutiert wurden.

Lebhafte Diskussionen

Im Gegensatz zum Brüsseler Agrarministerrat wird auf den Agrarministerkonferenzen (AMK) der Länder regelmäßig heftig und kontrovers diskutiert. Ein besonderes Ritual stellt die Fertigung der AMK-Protokolle dar. Stundenlang ringen zunächst Beamte, später auch die Ressortchefs um Formulierungen, um Beschlüsse zu erreichen. Dieses Verfahren ist dem Einstimmigkeitsprinzip geschuldet, das heißt, Beschlüsse können nur einstimmig gefasst werden. Gerne werden Auszeiten beantragt und genommen, um im kleinen Kreis Lösungen zu suchen und sich auf Formulierungen zu einigen. Ist das nicht möglich, werden von einzelnen oder mehreren Ländern Protokollnotizen eingebracht. Bisweilen sind die Protokollnotizen umfänglicher als die Beschlussformulierungen.

Ein noch offenerer Austausch auf Ministerebene findet bei den vertraulichen „Kamingesprächen“ statt, die am Vorabend der Konferenzen durchgeführt werden. Zugelassen sind nur Minister und Senatoren beziehungsweise im Verhinderungsfall ihre Stellvertreter. Diese Abende sollen und können der konstruktiven Vorbereitung der eigentlichen Konferenz dienen. Die begrenzte Teilnehmerzahl, das Fehlen von Anschlussterminen und manchmal auch ein guter Wein sind dabei behilflich. Bisweilen mussten aber Beamte mit viel Feingefühl Ministerverabredungen wieder korrigieren, weil bestimmte rechtliche Hürden auch vor Ministern nicht halt machen. Die Bedeutung der Kaminabende mag man auch daran erkennen, dass bisweilen vor dem Konferenzraum oder in der Hotelbar Lobbyisten auf das Ende des „Kamins“ warteten, um zu versuchen, dem einen oder anderen Minister Inhalte der eigentlich vertraulichen Runde zu entlocken.

Wenig zu sagen

Trotz dieser Rituale, Landespolitik hat nur wenig in der Agrarpolitik zu sagen. Den Unmut über die Agrarpolitik an der landwirtschaftlichen Basis spüren die Bundesländer und die verantwortlichen Ressortchefs jedoch hautnah, Berlin und Brüssel sind eben weiter weg. Dabei haben die Bundesländer nur begrenzte Spielräume, den vorgegebenen Rahmen, zum Beispiel bei Agrarumweltmaßnahmen, mit eigenen Akzenten zu versehen.

Gerne wird der Bund von den Ländern aufgefordert, bestimmte Programme aufzulegen und zu finanzieren. Das ist aber in allen Politikbereichen so. Im Verhältnis zwischen Bund und Ländern gilt schon längst nicht mehr der Grundsatz, „wer bestellt, muss auch zahlen“. Mischfinanzierungen nehmen in fast allen Politikbereichen zu, um politische Ziele durchzusetzen. Die Zustimmung der Länder wird dabei bisweilen durch den Bund erkauft. Das hatten sich die Verfasser unserer föderalen Ordnung wohl anders vorgestellt.

FAZIT: Agrarpolitik ist ein kompliziertes Geflecht zwischen EU, Ländern und Bund. Auf EU-Ebene werden die wesentlichen Entscheidungen getroffen, die in den Nationalstaaten umgesetzt werden müssen. Dafür sind in Deutschland primär die Bundesländer zuständig. Die gesonderte Agrarverwaltung hat bei uns eine lange Tradition, ebenso wie staatliche Eingriffe und eine staatliche Unterstützung des Agrarsektors.

WER SIND DIE LANDWIRTSCHAFTLICHEN INTERESSENVERTRETER?

Von der Einheit zur Vielfalt

„Interessenverbände sind unersättlich. Aber genauso, wie es legitim ist, dass die Interessenverbände ihre Interessen einseitig vertreten, ist es notwendig, dass die Regierung die Interessen der Allgemeinheit vertritt.“ Diese Sätze stammen von dem erfahrenen Bundes- und Landespolitiker Thomas de Maizière, der darüber hinaus in einem Interview die Rolle des Staates folgendermaßen definierte: „Der Staat ist wichtiger als die Wirtschaft und Verbände und NGOs und Bewegungen. Der Staat hat eine ordnende Funktion. Er muss das vorletzte Wort haben. Das letzte hat Gott.“ Thomas de Maizière hat hier sehr treffend formuliert.

13.000 Lobbyisten umschwärmen den Bundestag und die Bundesministerien. Landwirtschaftliche Interessenvertreter gelten seit jeher als erfolgreich arbeitende Lobbyisten. Legendäre langjährige Bauernführer wie der Niedersachse Edmund Rehwinkel oder der Westfale Constantin Freiherr Heereman von Zuydtwyck waren in der Bundesrepublik nicht nur in der Landwirtschaft, sondern der breiten Bevölkerung bekannt. Sie verkörperten von den Nachkriegsjahren bis zum Ende des letzten Jahrhunderts als Präsidenten des Deutschen Bauernverbandes den landwirtschaftlichen Berufsstand und gaben den Bauern eine Stimme gegenüber der Politik und in der Öffentlichkeit. Die eine Stimme der Bauern gibt es heute nicht mehr, obwohl ein hoher Integrationsgrad für den Bauernverband immer ein prioritäres Ziel war. Die Zahl der landwirtschaftlichen Interessenvertretungen ist in den vergangenen Jahrzehnten gestiegen. Die Ursache könnte darin liegen, dass „zwischen Landwirtschaft und Gesellschaft, aber auch innerhalb der Landwirtschaft jede Menge ungelöste Konflikte schwelen", wie es der hallische Agrarökonom Alfons Balmann beschreibt. Der Bauernverband hat zwar seine Monopolstellung verloren, sieht sich aber weiterhin und mit einiger Berechtigung als Ansprechpartner Nummer eins für Politik und Medien. Übrigens sind die meisten landwirtschaftlichen Fachzeitschriften und deren Verlage mit dem Deutschen Bauernverband, seinen Landesbauernverbänden und anderen landwirtschaftlichen Organisationen verflochten. Wer daraus eine automatische redaktionelle Abhängigkeit ableitet, unterschätzt allerdings die Eigenständigkeit und das Berufsethos der meisten Agrarjournalisten.

Vom Landwirt bis zur Landfrau

Der Deutsche Bauernverband (DBV) ist die Dachorganisation von 18 Landesbauernverbänden. Nach eigenen Angaben sind 90 Prozent der landwirtschaftlichen Betriebe in Deutschland Mitglied im DBV. Mitglieder im Bauernverband sind auch der Deutsche Raiffeisenverband und der Bundesverband landwirtschaftliche Fachbildung. Daneben zählt der DBV weitere 43 Verbände und Organisationen zu seinen assoziierten Mitgliedern, die thematisch unter anderem den Gartenbau, die Tierzucht oder die Interessen der Waldbesitzer vertreten. Assoziierte Mitglieder sind auch die Reiter, die Ziegenzüchter, die Hopfenanbauer und die Fischer, aber auch der mitgliederstarke Landfrauenverband und die Landjugend. Bemerkenswert sind die

Mitgliedschaften von Versicherungsunternehmen und das assoziierte Mitglied Messe Berlin. Der Deutsche Bauernverband ist offenbar aus guten Gründen bestrebt, möglichst die Verbände und Organisationen einzubinden, die mit dem Agrarsektor zu tun haben. Nicht zuletzt darauf beruht seine Stärke und politischer Einfluss.

Weniger Bauern in den Parlamenten

Früher fand diese Stärke auch im Deutschen Bundestag ihren Niederschlag. Land- und Forstwirte – in der Regel Mitglieder und häufig auch Funktionsträger im DBV – bildeten traditionell eine beachtliche Gruppe unter den Parlamentariern. Dies hat sich allerdings geändert – zum Leidwesen des Bauernverbandes und der ihm nahestehenden Organisationen. In der vorletzten Legislaturperiode waren unter den 709 Abgeordneten noch 13, die eine landwirtschaftliche oder forstliche Vorbildung aufwiesen – und überwiegend der CDU/CSU angehörten. Mit der Bundestagswahl 2021 ist diese Zahl nochmals deutlich zurückgegangen. Im neugewählten Bundestag sind es bei einer weiter gestiegenen Abgeordnetenzahl auf 735 gerade mal 6, die ihre beruflichen Wurzeln in der Land- oder Forstwirtschaft haben. Der direkte parlamentarische Einfluss des Agrarsektors ist also gesunken. Das könnte die Gräben zwischen Politik und Praktikern noch weiter vergrößern, meint Julia Löhr von der „Frankfurter Allgemeinen Zeitung". Dennoch wird der landwirtschaftlichen Interessenvertretung nach wie vor erheblicher politischer Einfluss zugeschrieben. Dies gilt unabhängig davon, dass sich die Verbandsstrukturen in den letzten dreißig Jahren stärker differenziert haben, nicht zuletzt eine Folge der deutschen Wiedervereinigung und des Zusammenführens zweier unterschiedlicher Agrarsysteme.

Interessenkonflikte?

Abgeordnete aus dem Agrarbereich nehmen häufig neben ihrem Mandat noch Lobbytätigkeiten war und sind in Aufsichtsräten tätig, was die Organisation „Lobbycontrol" im Hinblick auf mögliche Interessenkonflikte als hochproblematisch ansieht. Auch Wissenschaft und Medien widmen sich dieser Thematik. Aufsichtsratsmandate im vor- und nachgelagerten Bereich waren und sind bei führenden Agrarvertretern üblich, auch wenn sie dem Bundestag angehören. Dagegen ist zunächst einmal nichts einzuwenden, weil landwirtschaftlicher Sachverstand in Unternehmen und Institutionen des Agrarbereichs kein Manko, sondern im Gegenteil unerlässlich ist. Gleichwohl stellt sich die Frage, ob die gebotene Unabhängigkeit durch solche Posten gefährdet sein kann. Mandate in Aufsichtsgremien verpflichten, zum Wohle des Unternehmens zu agieren. Allerdings sind die Interessen eines Landtechnikunternehmens, einer Versicherung oder eines Schlachtunternehmens nicht von vornherein deckungsgleich mit den Interessen der Landwirte. Landtechnikunternehmen sind zum Beispiel an ihren Umsätzen und Gewinnen und damit an hohen Verkaufszahlen interessiert. Ein Landwirt sollte jedoch aus betriebswirtschaftlicher Sicht nur die erforderliche Technik anschaffen. Der alte Traktor oder Mähdrescher tut es häufig auch noch, und er tut es oft ökonomischer.

Neue Mitglieder mit altem Denken

Die Aufsplitterung der agrarischen Verbändelandschaft ist auch eine Folge der deutschen Wiedervereinigung. Die Bildung neuer Verbände und Organisationen auf dem Gebiet der ehemaligen DDR hatte ihre Ursache vor allem in den Interessengegensätzen zwischen den Nachfolgebetrieben der DDR-Landwirtschaft einerseits sowie den sich wieder etablierenden bäuerlichen Familienbetrieben, den sogenannten Wiedereinrichtern und Neueinrichtern, andererseits. Parteien und Bauernverband schrieben Ende der 1980er Jahre in der alten Bundesrepublik noch engagiert Papiere, wie die Schweine- und Geflügelhaltung für die bäuerliche Landwirtschaft zu sichern sei. Skepsis gegenüber großen Produktionseinheiten wurde mehr oder minder offen bekundet. Im vereinigten Deutschland sah man sich jedoch unversehens mit Größenordnungen von Tierbeständen konfrontiert, die aus westdeutscher Sicht eigentlich unvorstellbar waren und bis dahin auch nicht geschätzt wurden. Sie ließen sich beim besten Willen auch nicht im Handumdrehen in Familienbetriebe westlicher Prägung umwandeln.

Der Bauernverband hatte ein Interesse daran, im Zuge der Wende schnell im Osten flächendeckend präsent zu sein. Da bot sich die Zusammenarbeit mit der dort bestehenden Vereinigung der gegenseitigen Bauernhilfe (VdgB) an. Die Mitgliederstruktur repräsentierte weitgehend die DDR-Landwirtschaft mit ihren überwiegend flächenstarken Betrieben. Es gab bereits zu DDR-Zeiten regelmäßige Kontakte zwischen dem Bauernverband und der VdgB. Also arrangierte sich der DBV mit den bestehenden und völlig andersartigen Agrarverhältnissen in der ehemaligen DDR und übernahm quasi den dortigen Verband und den Großteil seines Vermögens. Das führte dazu, dass auf Bauerntagen der stockkonservative Bayer und der einst stramme SED-Genosse aus Sachsen beieinandersaßen und über die Zukunft der Landwirtschaft stritten. Dass man dabei gemeinsame Nenner fand, erstaunt nur auf den ersten Blick, von Bauer zu Bauer fanden sich schnell Gemeinsamkeiten. Der Führung des Bauernverbandes unter Freiherr Heereman von Zuydtwyck gelang es daher auch, zumindest nach außen hin, vorhandene Gegensätze zu überbrücken.

Die Nachfolgebetriebe in der ehemaligen DDR wurden nach der Friedlichen Revolution noch zu einem erheblichen Anteil von Funktionsträgern des alten Systems geführt. Aus dieser Gruppe rekrutierte sich dann zumindest zum Teil die Leitung der neugegründeten ostdeutschen Landesbauernverbände. Parallel dazu lieferten sich viele dieser Nachfolgebetriebe bisweilen erbitterte Auseinandersetzungen um das betriebliche Vermögen insbesondere mit denjenigen unter ihren früheren Mitgliedern, die sich nach 1990 als Wieder- und Neueinrichter eine landwirtschaftliche Existenz aufbauten.

Landvolk - Bauernbund - Freie Bauern

Durch die vom Deutschen Bauernverband stets bestrittene, jedoch eigentlich offenkundige Ausrichtung der ostdeutschen Landesbauernverbände auf die Nachfolgebetriebe fühlten sich viele Wieder- und Neueinrichter nicht angemessen durch den Bauernverband vertreten. Das lag nicht zuletzt auch daran, dass die Führungen der Landesbauernverbände in Sachsen, Sachsen-Anhalt, Thüringen, Brandenburg und Mecklenburg-Vorpommern überwiegend aus den Nachfolgebetrieben stammten und damit in den Augen der um ihre Rechte kämpfenden Einzelbauern „die Gegenseite" vertraten. Aus der Reihe der Einzelbauern wurde daher bereits unmittelbar nach der Friedlichen Revolution, im Jahr 1990 der „Landvolkverband" gegründet, zunächst in Sachsen-Anhalt, später auch in anderen Ostbundesländern. Galionsfigur und Gesicht des später unter „Bauernbund" firmierenden Landvolkverbandes war Kurt-Henning Klamroth aus Westerhausen bei Quedlinburg. Klamroth hat die bäuerliche Interessenvertretung in den ostdeutschen Bundesländern seit den 1990er Jahren bis zu seinem Rückzug aus der Verbandsführung 2021 maßgeblich geprägt. Inzwischen hat sich aus dem Bauernbund der Verband „Freie Bauern" abgespalten, der ausschließlich bäuerliche Familienbetriebe vertreten will und in scharfer Opposition zum Deutschen Bauernverband mit teilweise sehr entschiedenen Positionen bundesweit Fuß zu fassen versucht. Der Verband versteht sich unter anderem als Stimme gegen „Wachstumswahn und Ökoterror".

Groß und klein

In Opposition zum DBV steht auch die 1980 gegründete Arbeitsgemeinschaft bäuerliche Landwirtschaft (AbL). In ihr haben sich ausgehend von Westfalen und mittlerweile in allen Teilen des Bundesgebiets mehrheitlich kleine und mittlere landwirtschaftliche Betriebe zusammengeschlossen. Als ein wesentliches Ziel gibt die AbL an, die soziale Frage in der Landwirtschaft in das Bewusstsein zu rücken. Damit steht für die AbL die Betriebsgröße im Mittelpunkt der innerlandwirtschaftlichen und politischen Auseinandersetzung. Auch die Lösung der ökologischen Probleme der Landwirtschaft verknüpft die AbL mit der Betriebsgröße und dem aus ihrer Sicht schädlichen Wandel hin zu immer größeren und spezialisierteren Unternehmen. Den Deutschen Bauernverband bezichtigt die AbL seit jeher der einseitigen Interessenvertretung eben jener landwirtschaftlichen Großbetriebe sowie der Unterstützung einer Politik des „Wachsen oder Weichens" in der Landwirtschaft. Die AbL tritt unter anderem dafür ein, Direktzahlungen nur kleinen und mittleren Höfen zu gewähren und den landwirtschaftlichen Bodenmarkt streng zu regulieren, um den Aufkauf von Flächen durch landwirtschaftsfremde Investoren zu unterbinden.

Neue Konkurrenz

Neben dem Deutschen Bauerverband existieren zahlreiche Fachverbände, die bestimmte Produktionsrichtungen vertreten. Geflügel- und Schweineproduzenten haben sich in eigenen Verbänden zusammengeschlossen, ebenso wie Zuckerrübenanbauer, Saatguterzeuger und weitere Branchen der Landwirtschaft. Trotz der zum Teil engen Kooperation mit dem DBV ist dessen umfassender Alleinvertretungsanspruch allein dadurch nicht mehr ohne weiteres gegeben. Entglitten sind dem Bauernverband die agrarpolitischen Zügel im Herbst 2019. Die Stimmung zwischen Berufsstand und Politik sowie innerhalb der Landwirtschaft war ohnehin aufgeladen. Ursächlich waren erbitterte Diskussionen um die von der Europäischen Kommission vehement eingeforderte und unumgängliche Umsetzung der EU-Nitratrichtlinie zur Reduzierung der Grundwasserverunreinigung. Hinzu kam, dass der Bauernverband heftige Kritik an einer Kabinettsentscheidung der Bundesregierung übte, die ein zuvor innerhalb der Großen Koalition ausgehandeltes Paket zum Insektenschutz, zum Tierwohl sowie zu einer maßvollen Umschichtung der Direktzahlungen zugunsten der Finanzierung von

Agrarumweltmaßnahmen beinhaltete. In harschen Worten machte die DBV-Spitze vor allem das Bundeslandwirtschaftsministerium für diese Entscheidungen verantwortlich, die aus Sicht des Verbandes unzumutbare Belastungen für seine Klientel mit sich brachten. Damit schürte der Verband weiteren Unmut unter den Landwirten, der sich in der Folge in spontan organisierten Demonstrationen entlud, und zwar lokal, auf Landesebene und in zuvor nicht gekannter Dimension in Berlin. Zu diesen Demonstrationen hatte der Bauernverband allerdings weder, wie in der Vergangenheit, aufgerufen, noch hatte er sie organisiert. Stattdessen ging die Initiative von der neuen, im Wesentlichen über die sozialen Medien gebildete Organisation „Land schafft Verbindung" (LsV) aus. Seit dieser Zeit steht der Bauernverband vor der bis heute nicht gelösten Aufgabe, wie er mit dieser neuen, agilen und völlig anders agierenden Konkurrenz umgehen soll und seinen Einfluss wahren kann. Dies gilt umso mehr, als ein Großteil der demonstrierenden, überwiegend jungen Landwirtinnen und Landwirte selbst Mitglied im Bauernverband ist oder zumindest war. Der seit einiger Zeit proklamierte Anspruch des DBV, jünger und weiblicher werden zu wollen, rührt nicht zuletzt aus dieser Konkurrenz.

Schwieriges Geschäft

Die Situation war im Herbst 2019 auch deshalb schwierig, weil der DBV selbst – anders als die kampfeslustigen Bauernverbände im benachbarten Frankreich – Schlepperdemonstrationen und Verkehrsblockaden schon länger als nicht mehr zeitgemäß und wenig erfolgversprechend tief unten in seinem politischen Instrumentenkasten verstaut hatte. Plötzlich waren es die eigenen Mitglieder, die mit diesem als stumpf erachteten Schwert in den politischen Kampf bis vor das Kanzleramt in Berlin zogen. So erstaunlich es war, wie schnell, effektiv und umfassend es LsV gelang, Bauern auf die Straße zu bekommen, so schwierig war es jedoch für die führenden Akteure dieser „losen Vereinigung", die neue Bewegung nach dem

Ende der Demonstrationen am Laufen zu halten. Politische Richtungskämpfe, persönliche Fehden und die Mühen der Ebenen erreichten auch LsV. Die Zukunft der so fulminant gestarteten Initiative scheint inzwischen alles andere als gesichert. Das liegt auch daran, dass die an der Spitze handelnden Personen in Land schafft Verbindung häufig wechseln, sich über die Zeit Parallelgruppierungen bildeten und eine Kontinuität in der Arbeit erkennbar nicht gegeben ist.

Zudem sind Tendenzen zur Radikalisierung unter dem Dach der neuen Gruppierungen unverkennbar. Einzelne Vertreter trugen bei Demonstrationen das Symbol der „Landvolk"-Bewegung aus den 1920er Jahren. Diese offen nationalistisch-völkische Bewegung trat damals zunächst in Norddeutschland mit radikalen Forderungen in Erscheinung. Der Protest mündete in Sprengstoffanschlägen auf öffentliche Einrichtungen und Behörden.

Kein Wunder also, dass die vereinzelt erkennbare Landvolksymbolik im Herbst 2019 und den Folgemonaten auf großes öffentliches Interesse stieß. Die Vielfalt des neuen bäuerlichen Protestes kam auch in der Haltung gegenüber dem DBV zum Ausdruck. Ein Teil der neuen LsV-Akteure steht für eine Bauernbewegung, die sich scharf vom Bauernverband abgrenzt und dabei der Konfrontation mit dem etablierten Verband nicht aus dem Wege geht. Andere LsV-Vertreter suchen aktiv die Zusammenarbeit mit dem Bauernverband. Auch wenn die Entwicklung nicht abgeschlossen ist, zeichnet sich momentan nicht ab, dass dem DBV mit LsV eine ernsthafte Konkurrenz erwächst. Ein handfester Grund ist nicht zuletzt das vielfältige Angebot an Serviceleistungen, die der Bauernverband mit den regionalen Strukturen und speziell gegründeten Gesellschaften seinen Mitgliedern bietet. Dieses Angebot erstreckt sich von der Rechtsberatung, der Steuerberatung und Buchführung bis zur Mediation zur Lösung von Konflikten und dem Vertrieb von Versicherungen. Dennoch – die Spontandemos unter der Regie des LsV haben den DBV ins Mark getroffen. Sie werden langfristige

Nachwirkungen sowohl verbandsintern als auch hinsichtlich des Umgangs mit der Politik haben. Ohnehin fühlte sich in einer Forsa-Umfrage von 2019 mehr als die Hälfte der Bauern schlecht oder eher schlecht durch den DBV vertreten.

Konfrontation statt Kooperation

Dazu mag auch die Verteidigung von Positionen beigetragen haben, die nicht mehr haltbar waren. Dadurch wurden bei den Mitgliedern nicht erfüllbare Erwartungen geweckt. Fehleinschätzungen unterlag der Bauernverband beispielsweise bei seinem Widerstand gegen eine EU-konforme Umsetzung der EU-Nitratrichtlinie, bei der Kritik an einer Verschärfung von Tierschutzvorgaben infolge eines Gerichtsurteiles zur Haltung von Sauen in Kastenständen sowie bei seiner Positionierung im Zusammenhang mit dem Verbot der betäubungslosen Ferkelkastration. Diese Themen stehen exemplarisch dafür, dass der Bauernverband im falschen Glauben an seine unerschütterliche eigene Stärke zu sehr auf Konfrontation mit der Politik gesetzt hat. Dieser erstaunlichen Fehleinschätzung, der Politik seinen politischen Willen aufzwingen zu können, erlag der Bauernverband, obwohl er in engem Austausch mit Spitzen aus Politik und Verwaltung stand. Eine stärker vermittelnde Position der Interessenvertretung zwischen Politik und Bauernschaft bereits im Herbst 2019 hätte der Wertschätzung des Verbandes und der Bauern in der Gesellschaft gutgetan. Gerade diese Wertschätzung fordern Bauern für ihre Arbeit immer wieder ein.

Bis heute tut sich die landwirtschaftliche Interessenvertretung schwer mit der in jüngster Zeit intensiver geführten gesellschaftlichen Debatte über den Agrarsektor. Schwarze Schafe in den einigen Reihen werden nach wie vor geduldet. Das Korpsdenken ist trotz gegenteiliger Behauptungen noch immer nicht verschwunden. Der Verband versteht sich nach wie vor in Teilen als Schicksalsgemeinschaft. Allerdings ist unbestreitbar Bewegung in die eigenen Reihen gekommen.

Die Art der Mitarbeit in der Zukunftskommission Landwirtschaft (ZKL) ist ein hoffnungsvolles Signal dafür, dass der Bauernverband die Zeichen der Zeit erkannt hat und seine Arbeit künftig von altbewährter Konfrontation auf Kooperation mit anderen gesellschaftlichen Gruppen sowie der Politik umstellt. Dialogbereitschaft könnte das Motto einer erfolgversprechenden Verbandstätigkeit der Zukunft sein. Diese Dialogbereitschaft ist offenbar gewachsen. In einem Interview mit „Agra Europe" zum Jahresbeginn 2023 bekundete der Präsident des DBV, Joachim Rukwied, befragt zum Agieren gegenüber dem Bundeslandwirtschaftsminister, es gehe um die Sache, und dann sei es nicht zielführend, sich gegenseitig anzugreifen.

Zur Ausrichtung des DBV bemerkt der Soziologe Rolf G. Heinze, „je ausgeprägter die Unterschiede im Agrarsektor werden, desto stärker wird die strategische Positionierung der Verbandspolitik des DBV sichtbar, die traditionell stets zugunsten der ökonomisch starken Betriebe ausgerichtet war". Vielleicht fühlen sich auch deshalb so viele Betriebe nicht zufriedenstellend vom Bauernverband vertreten. Es sollte zum Beispiel eine offenere Diskussion über die Verteilung der Direktzahlungen erfolgen. Betriebswirtschaftlich lässt sich eine Reduzierung für flächenstarke Betriebe rechtfertigen, da sie im Vergleich zu kleineren Betrieben zu geringeren Kosten wirtschaften und über Vorteile im Ein- und Verkauf verfügen. Auch in Zusammenhang mit der immer wieder erhobenen Forderung nach einem abgebremsten Strukturwandel wäre das ein strukturpolitisches Signal in die Branche. Eine Stabilisierung kleinerer und mittlerer landwirtschaftlicher Betriebe hätte positive Auswirkungen auf Wertschöpfung und Beschäftigungsquote, würde sich positiv auf das Sozialgefüge auswirken und könnte zu verbesserter Akzeptanz der Landwirtschaft in der Gesellschaft führen. Die derzeitige Verteilung der Direktzahlungen stört zudem das Gerechtigkeitsempfinden vieler Landwirte, selbst mancher Verbandsfunktionär trägt die Linie des DBV nur mit der sprichwörtlichen geballten Faust in der Tasche mit.

Organisationen mit Tradition

Weiteren Organisationen aus dem Agrarbereich kommt eine herausgehobene Bedeutung zu. Zu nennen ist zunächst die 1885 gegründete Deutsche Landwirtschafts-Gesellschaft (DLG), deren Zweck die Förderung des wissenschaftlichen Fortschritts in Land- und Ernährungswirtschaft ist. Der gemeinnützige Verein mit rund 30.000 Mitgliedern finanziert sich über Einnahmen für Dienstleistungen, Mitgliedsbeiträge und öffentliche Zuschüsse. Eine wesentliche Einnahmequelle war pandemiebedingt zwischenzeitlich weggefallen, ist aber im Herbst 2022 mit der EuroTier wieder angelaufen – das Messegeschäft mit der Durchführung der weltweit beachteten DLG-Ausstellungen. Hauptsächliches Anliegen der DLG ist die Umsetzung wissenschaftlicher Erkenntnisse in die landwirtschaftliche Praxis sowie die Qualitätsförderung in Land- und Ernährungswirtschaft. Dazu tragen unter anderem die für ihr hohes fachliches Niveau bekannten Tagungen der DLG bei.

Tagungen mit qualitativ hohem Niveau veranstaltet auch die 1947 gegründete Agrarsoziale Gesellschaft mit Sitz in Göttingen, die als Vordenker in agrarsozialen Fragen gilt und sich in besonderer Weise Themen des ländlichen Raumes widmet.

Beachtenswert im Spektrum der landwirtschaftlichen Organisationen sind die Familienbetriebe Land und Forst, ehemals Arbeitsgemeinschaft der Grundbesitzerverbände. Als oberste Ziele des Verbandsengagements werden der Schutz und die Verteidigung des Eigentums genannt. Nach eigenen Angaben vertritt der Verband die Interessen von rund 2.000 Betrieben, hinter denen 50.000 Familienmitglieder, Mitarbeiter und Eigentümer stehen. In diesem Verband ist vornehmlich der größere Grundbesitz mit einem vergleichsweise hohen Anteil aus dem Adel stammender Mitglieder organisiert. Vehement wehrt sich der Verband gegen die in einigen Bundesländern diskutierten Änderungen des Bodenrechts, die außerlandwirtschaftlichen Investoren den Einstieg in die Landwirtschaft erschweren sollen.

Einer für alle – alle für einen?

Eine Organisation mit besonderer Historie ist der Deutsche Raiffeisenverband (DRV). Namensgeber des Verbandes ist Friedrich Wilhelm Raiffeisen, der „Vater" der sich im 19. Jahrhundert etablierenden Genossenschaften. In ihnen sah Raiffeisen einen Weg, die soziale Lage in der Landwirtschaft zu verbessern. Für die Bauern wurde der Bezug von Betriebsmitteln und der Absatz von Erzeugnissen gemeinschaftlich von Genossenschaften ohne eigenes Gewinnstreben übernommen. Der DRV ist der Dachverband der genossenschaftlich organisierten Unternehmen der deutschen Agrar- und Ernährungswirtschaft und die Interessenvertretung gegenüber Politik und Administration. Die über 1.700 Mitgliedsunternehmen aus den Bereichen Agrarhandel sowie Verarbeitung pflanzlicher und tierischer Erzeugnisse erzielten 2021 einen Umsatz von über 68 Milliarden Euro. Genossenschaftliche Unternehmen verarbeiten zwei Drittel der in Deutschland produzierten Milch und sind verantwortlich für die Hälfte des Getreide- und Rapshandels. Ob und inwieweit sich genossenschaftliche Unternehmen inzwischen von der landwirtschaftlichen Basis entfernt haben, ist ein unter Bauern beliebtes Gesprächsthema. Unübersehbar sind Entwicklungen in der „Genossenschaftsfamilie", die den Interessen ihrer bäuerlichen Eigentümer zuwiderlaufen. Ein Indiz dafür sind Ermittlungen des Bundeskartellamtes gegen ein Pflanzenschutzmittelkartell unter Beteiligung von genossenschaftlichen Firmen, die zu Bußgeldern in dreistelliger Millionenhöhe für die involvierten Unternehmen führten. Inzwischen hat sich unter Koordination des Berufsstandes eine Gemeinschaft der Geschädigten gebildet, um eventuelle Ansprüche betroffener Landwirte gegenüber den verurteilten Firmen durchzusetzen. Dass in diesem Zusammenhang durch landwirtschaftliche Fachzeitschriften Landwirte über ihre Rechte gegenüber genossenschaftlichen Unternehmen, also eigentlich ihren Unternehmen, aufgeklärt werden, könnte darauf hindeuten, dass der ursprüngliche Ansatz Raiffeisens zwischenzeitlich hier und da in den Hintergrund getreten ist.

Mit kartellrechtlichen Problemen hatte auch die Zuckerwirtschaft zu tun. Die drei wichtigsten Zuckerproduzenten mussten vor einigen Jahren 280 Millionen Euro Kartellstrafe bezahlen. Millionenschwere Klagen auf Schadenersatz aus der Lebensmittelbranche sind noch anhängig. Die landwirtschaftlichen Vertreter in den Aufsichtsgremien dieser Unternehmen sollten das Agieren ihrer Vorstände einer intensiveren Kontrolle unterziehen. Denn den Reputationsschaden durch solche Verfahren erleidet der gesamte Sektor. Die Verwicklung agrarischer Unternehmen in Kartellverfahren wirft kein gutes Licht auf die Branche. Hier bedarf es eines reinen Tisches innerhalb des Berufsstandes, auch wenn es offenkundig schwerfällt und mitunter schmerzhaft ist. Aber viele Bauern an der Basis warten darauf.

FAZIT: Die landwirtschaftlichen Interessenvertretungen sind vielfältiger geworden. Die ehemals beherrschende Stellung des Deutschen Bauernverbandes hat Risse bekommen, sein politischer Einfluss ist geschrumpft. Neue Spieler sind auf dem Feld. Ob sie Erfolg haben werden, wird auch davon abhängen, wie es dem Bauernverband gelingt, jünger, weiblicher sowie gegenüber gesellschaftlich relevanten Themen aufgeschlossener und damit moderner zu werden.

WIE IST DAS MIT DEN SUBVENTIONEN?

Alle tun es

Nahezu alle Staaten auf der Welt stützen den Agrarsektor auf unterschiedliche Art und Weise. Subventionen zugunsten der Landwirtschaft haben eine lange und internationale Geschichte. Sie umfassen eine ganze Bandbreite von Politikinstrumenten, wie direkten finanziellen Zuwendungen, Markteingriffen, Verbilligung von Betriebsmitteln, steuerlichen Vorteilen, Hilfen bei Katastrophen oder Handelsbarrieren. Subventionen finden in Industrieländern stärkere Anwendung als in Entwicklungsländern, was zu einer Schwächung der Position und damit der Entwicklungschancen dieser Staaten führt. Aus diesem Grunde haben sich vergangene Welthandelsrunden immer wieder um eine Reduzierung der Subventionen bemüht, allerdings ohne durchschlagenden Erfolg.

Worin besteht nun die Rechtfertigung für eine Subventionierung des Agrarsektors? Bei der Betrachtung der Daten zur volkswirtschaftlichen Bedeutung des sogenannten Primärsektors, der Landwirtschaft, fällt Folgendes auf: Der Anteil der Beschäftigten war und ist in Deutschland doppelt so hoch wie der Anteil an der Bruttowertschöpfung. Das bedeutet, der volkswirtschaftliche Beitrag je Beschäftigten ist nur etwa halb so hoch wie in der übrigen Wirtschaft. Daran hat auch der massive Strukturwandel mit dem Trend zu mehr Flächen und größeren Viehbeständen in den Betrieben nichts ändern können. Geringere Wertschöpfung bedeutet auch geringeres Einkommen und erklärt, dass die Politik sich veranlasst sieht, zugunsten der Branche korrigierend einzugreifen, zum Beispiel durch Direktzahlungen und weitere Instrumente. Die EU belegt im internationalen Vergleich der Agrarsubventionen eine mittlere Position. Höher subventioniert werden die Landwirte zum Beispiel in den Nicht-EU-Staaten Schweiz und Norwegen, also in reichen Staaten mit vergleichsweise wenigen und kleinen landwirtschaftlichen Betrieben.

Sechs Milliarden aus Brüssel

Die in Deutschland ausgereichten Agrarzahlungen der EU betragen jährlich über 6,5 Milliarden Euro, sie werden an mehr als 300.000 Begünstigte verteilt. Zu den Begünstigten zählen unter anderem auch Behörden sowie Unternehmen aus den der Landwirtschaft vor- und nachgelagerten Bereichen. Gerechtfertigt werden diese Zahlungen unter anderem als Ausgleich für höhere Standards in der EU in den Bereichen Umwelt-, Tier- und Verbraucherschutz. Das sind in Deutschland die bereits erwähnten durchschnittlich rund 23.000 Euro je Betrieb. Da sich die Zahlungen nach wie vor an den betrieblichen Flächen orientieren, erhalten besonders flächenstarke Unternehmen alljährlich Summen im siebenstelligen Bereich. Inzwischen werden diese Zahlungen vor allem mit umweltbezogenen Auflagen versehen. Die EU beteiligt sich darüber hinaus im Rahmen der bereits angeführten „zweiten Säule" an der Finanzierung von Investitionsmaßnahmen und umweltorientierten Programmen. Ergänzend zur Förderung der landwirtschaftlichen Betriebe durch die EU existieren diverse Unterstützungen zugunsten der Landwirtschaft auf nationaler Ebene. Auskunft geben hier die Subventionsberichte der Bundesregierung, der jüngste Subventionsbericht stammt aus dem Jahr 2021. Laut Eigendarstellung der Bundesregierung ist die Subventionspolitik Bestandteil ihrer zukunftsorientierten Finanzpolitik. In der Aufzählung der Kernanliegen wie Klimaschutz, Wohnungsbau, Digitalisierung und Mobilität fehlt allerdings die Landwirtschaft.

Subventionen des Bundes

Unter Finanzhilfen werden Geldleistungen des Bundes verstanden, die privaten Unternehmen und Wirtschaftszweigen zugutekommen. Demgegenüber handelt es sich bei Steuervergünstigungen um spezielle steuerliche Ausnahmeregelungen, die für die öffentliche Hand zu Mindereinnahmen führen. So viel zur Methodik.

Nun zu den Zahlen: Das Subventionsvolumen des Bundes stieg im Berichtszeitraum von 24,6 Milliarden Euro in 2019 auf 47,2 Milliarden Euro in 2022. Vor allem die Ausweitung des Energie- und Klimafonds sowie die Zukunftsinvestitionen zur Bewältigung der Corona-Pandemie führten zu dieser erheblichen Erhöhung der Finanzhilfen. Die gewerbliche Wirtschaft ist der bedeutendste Subventionsempfänger mit einem Volumen von ca. 22 Milliarden Euro für 2022, für den Agrarbereich wurden 1,64 Milliarden Euro veranschlagt. Der Hauptanteil entfällt auf die Gemeinschaftsaufgabe „Verbesserung der Agrarstruktur und des Küstenschutzes" (GAK). Die über die GAK durch Bund und Länder finanzierten Maßnahmen sind zu einem erheblichen Teil Investitionshilfen. Sie dienen dazu, eine leistungsfähige, auf künftige Anforderungen ausgerichtete Land- und Forstwirtschaft zu gewährleisten, ihre Wettbewerbsfähigkeit im Gemeinsamen Markt der Europäischen Union zu ermöglichen sowie die nachhaltige Leistungsfähigkeit ländlicher Gebiete zu gewährleisten. So ist es im Gemeinschaftsaufgabengesetz festgehalten. Ein Teil der Gelder wird für außerlandwirtschaftliche Zwecke verwandt, zum Beispiel für den Hochwasserschutz und den Küstenschutz, Maßnahmen, die natürlich auch der Landwirtschaft nützen.

Weitere Mittel entfallen auf das Investitions- und Zukunftsprogramm Landwirtschaft, unter anderem zur Förderung der Anschaffung von Maschinen und Geräten zur Düngeausbringung, zur mechanischen Unkrautbekämpfung und zum Pflanzenschutz sowie zur Errichtung von Lagerstätten für Wirtschaftsdünger. Dieses Programm hat es unter dem Namen „Bauernmilliarde" auch über die Landwirtschaft hinaus zu einiger Bekanntheit gebracht. Es wurde insbesondere auf Betreiben der CSU als Reaktion auf die Bauerndemonstrationen im Herbst 2019 aufgelegt und soll Landwirte in die Lage versetzen, besonders umweltschonend zu wirtschaften.

Die Steuervergünstigungen in Höhe von 1,06 Milliarden Euro ergeben sich im Wesentlichen aus der Steuerbefreiung für Zugmaschinen und Anhänger und einer Steuerbegünstigung beim Agrardiesel. Im zweistelligen Millionenbereich liegt das Volumen der Begünstigung aus dem gesonderten landwirtschaftlichen Freibetrag bei der Einkommenssteuer in Höhe von 900 bzw. 1.800 Euro bei Ehegatten bei Gesamteinkünften von maximal 30.700 Euro. Weitere Vergünstigungen bestehen unter anderem in einer Steuerermäßigung für Hagelversicherungen und Mehrgefahrenversicherungen, die zur Reduzierung der Risiken der Landwirtschaft dienen. Zu den sonstigen steuerlichen Regelungen zählt der Subventionsbericht den Ansatz von niedrigen Ertragswerten im Rahmen der Bewertung des land- und forstwirtschaftlichen Vermögens für Zwecke der Grunderwerbssteuer. Hingewiesen wird darüber hinaus auf das Erbschaftssteuer- und Schenkungssteuergesetz, das auch für den Agrarsektor eine Anzahl von Befreiungen und Ermäßigungen enthält, ohne deren finanzielle Auswirkungen zu beziffern.

Über die Hälfte des Haushalts für Soziales

Der Haushalt des BMEL umfasste 2021 eine Rekordhöhe von 7,7 Milliarden Euro, der größte Haushalt in der Geschichte des Ministeriums seit der Wiedervereinigung. Im Jahr 2018 betrug das Haushaltsvolumen noch 6,0 Milliarden Euro. Dieser Anstieg ist zwar zum Teil auf Maßnahmen zur Bekämpfung der Auswirkungen der Corona-Pandemie zurückzuführen, selbst unter Berücksichtigung dieser Sondersituation ist der Zuwachs allerdings beträchtlich und politisch keine Selbstverständlichkeit. 2022 reduzierte sich das Haushaltsvolumen wieder auf 7,1 Milliarden Euro.

Allerdings fließen die Mittel aus dem Agrarhaushalt des Bundes bei weitem nicht allein in die Taschen der Bauern. Das wird auch im Subventionsbericht der Bundesregierung deutlich. Für Ernährung, Landwirtschaft und Verbraucherschutz machten die Subventionen des Bundes 2019 rund 1,9 Milliarden Euro aus, 2022 waren 2,7 Milliarden Euro vorgesehen, davon 1,64 Milliarden an Finanzhilfen und 1,06 Milliarden an Steuervergünstigungen. Die Länder haben für das Jahr 2022 zusätzlich 2,66 Milliarden Euro an Finanzhilfen für Ernährung, Landwirtschaft und Forsten eingeplant. Als Begründung für die Maßnahmen im Bereich Ernährung und Landwirtschaft wird angeführt, dass sie insbesondere dazu dienen, die Existenz der land- und forstwirtschaftlichen Betriebe zu sichern und den Strukturwandel sozial zu flankieren. Addieren wir dazu die 6 Milliarden

Euro aus den EU-Kassen und die 2,7 Milliarden Euro aus dem Subventionsbericht des Bundes, so ergeben sich gut 11 Milliarden Euro an Finanzhilfen und Steuervergünstigungen aus EU-, Bundes- und Landeskassen. War es das? Methodisch kann man intensiv darüber streiten, was sonst noch einbezogen werden könnte oder muss, um eine objektive Darstellung der Situation zu geben. Wie verhält es sich zum Beispiel mit den Bundesmitteln für Agrarforschung im dreistelligen Millionenbereich? Oder sind auch die Ausgaben in der landwirtschaftlichen Sozialpolitik in der Gesamtgrößenordnung von etwa 4 Milliarden Euro jährlich zu berücksichtigen? Sie dienen größtenteils der Unterstützung der gesonderten berufsständischen Systeme der Alterssicherung und der Krankenversicherung für landwirtschaftliche Familien, die wegen des Strukturwandels auf immer weniger Beitragszahler zurückgreifen können. Allerdings ist auch die allgemeine Rentenversicherung in zunehmendem Maße steuerfinanziert.

Kein Grund zur Klage?

Wir lernen, die Addition staatlicher Leistungen für den Agrarsektor ist kompliziert. Über die präzise Zuordnung einzelner Positionen lässt sich trefflich diskutieren. Eine Studie des Bündnisses „Gemeinsam gegen die Tierindustrie“ mit dem reißerischen Titel „Milliarden für die Tierindustrie. Wie der Staat öffentliche Gelder in eine zerstörerische Branche leitet“ hat sämtliche öffentliche Förderungen der Tierwirtschaft zusammengefasst und quantifiziert. Sie kommt zu dem Ergebnis, dass jedes Jahr mehr als 13,2 Milliarden Euro allein in die Tierwirtschaft fließen. Die Summe ergibt sich unter Einbeziehung von Forschungs- und Beratungsleistungen bis zu Einsparungen bei der EEG-Umlage. Kenner der Szene halten die Zahlen in der Größenordnung für richtig. Die Intention der Studie ist aber auch eindeutig, die Autoren wollen die Tierhaltung bis 2030 um mindestens 80 Prozent reduzieren. Selbst wenn man die letztgenannten Zahlen aus guten Gründen als interessengeleitet wertet, über mangelnde Gunst seitens der Politik zumindest im fiskalischen Sinne dürften sich Bauern bisher nicht beklagen. Aber trotz erheblicher Zuwendungen, steuerlicher Vergünstigungen etc. zeigen die Statistiken für den Durchschnitt der landwirtschaftlichen Betriebe, wie bereits dargestellt, keine hohen Einkommen. Ohne staatliche Unterstützung wären sie noch bescheidener und der Strukturwandel dynamischer. Fragen stellen sich natürlich, beispielsweise ob die vielfältigen Instrumente zielsicher wirken, ob sie sich nicht in ihrer Wirkung widersprechen und ob sie, ein vordringliches Anliegen der Bauern, nicht unbürokratischer gewährt werden können. Wir bewegen uns dabei allerdings in einem schwierigen Zuständigkeitsgeflecht. Die EU verfügt über die grundsätzlichen Zuständigkeiten, die Bundesregierung und ergänzend die Landesregierungen setzen eigene agrarpolitische Akzente, die aber von der EU abgesegnet werden müssen. Mein Appell geht dennoch an die Verantwortlichen in Politik und Verwaltung auf allen Ebenen, die Bemühungen um einen gezielteren und weniger bürokratischen Instrumenteneinsatz zu intensivieren.

FAZIT: Der Agrarbereich in Deutschland erhält über vielfältige Programme und Vergünstigungen staatliche Zuwendungen in einer Größenordnung von mehr als 11 Milliarden Euro jährlich. Dennoch sind die durchschnittlichen Einkommen aus landwirtschaftlicher Tätigkeit vergleichsweise bescheiden. Ein gezielterer und unbürokratischerer Einsatz der eingesetzten Instrumente muss angestrebt werden.

WARUM SIND UNSERE BAUERN SO UNZUFRIEDEN?

Immer größere Erwartungen

Der Agrarsektor unterscheidet sich in vielerlei Hinsicht von anderen Branchen. Landwirtschaft bedeutet Umgang mit der Natur, Umgang mit Tieren und Pflanzen sowie Kontakt zu Verbraucherinnen und Verbrauchern. Land- und Forstwirten kommt eine enorme Mitverantwortung für den Zustand unserer Natur und den Umgang mit Lebewesen zu. Diese Mitverantwortung betrifft unter anderem die Grundwasserqualität, den Zustand unserer Böden, die Artenvielfalt, die Qualität unserer Luft sowie eine den Bedürfnissen der Tiere angemessene Haltung.

Die Tätigkeit der Landwirte zielt zuallererst darauf ab, die Grundlagen unserer Ernährung zu sichern. Während Städter in der Beurteilung des Agrarsektors zunehmend auf die Umweltwirkungen und den Umgang mit Tieren abheben, betonen Landwirte und ihre Interessenvertreter insbesondere den Versorgungsaspekt. Das mündet dann in den Vorwurf, dass die Meinungsbildner aus den Großstädten den Landwirten und Landwirtinnen vorschreiben wollten, wie sie denn zu wirtschaften hätten, wie die Versorgung der Bevölkerung zu sichern sei. Landwirte beklagen den nach ihrer Auffassung geringen Stellenwert ihrer Arbeit in der Gesellschaft. Interessant sind in diesem Zusammenhang die Ergebnisse einer Umfrage, die im Auftrag der landwirtschaftlichen Wochenblätter durchgeführt wurde. Nur 15 Prozent der befragten Landwirte gaben an, sich von einem Großteil der Gesellschaft wertgeschätzt zu fühlen. Mit den verlangten Änderungen in ihrer Wirtschaftsweise fühlen sich viele Landwirte überfordert. Verunsicherung und Frustration machen sich breit. Was gestern noch von Beratern als richtig geraten wurde, wird heute in der Gesellschaft kritisiert und soll geändert werden. Wirtschaftlicher Druck, Arbeitsüberlastung und mangelnde Wertschätzung der geleisteten Arbeit führen in etlichen landwirtschaftlichen Familien zu Resignation, in manchen gar zu Depressionen.

Versuch einer Konsensbildung

Die geschilderten Interessenkonflikte sind nur schwer auflösbar. Ein Anfang wurde mit den Ergebnissen der Zukunftskommission Landwirtschaft gemacht, die sowohl in der Analyse als auch bezüglich der Schlussfolgerungen zu gemeinsam getragenen Erkenntnissen kam. Es ist ein beachtliches Resultat, die Vertreter der gesamten Wertschöpfungskette vom Acker bis zum Teller sowie Umweltverbände, Tierschutzorganisationen und Verbraucherschützer auf gemeinsame Empfehlungen zu verpflichten.

Abzuwarten ist, ob und inwieweit eine Berücksichtigung der Ergebnisse durch die Politik erfolgt, insbesondere ob Politik bereit ist, die in dem Bericht niedergelegten enormen zusätzlichen Haushaltsmittel für einen Umbau der Landwirtschaft zur Verfügung zu stellen. Bisher hat die Bundespolitik die Erfahrung machen müssen, dass sich trotz deutlicher Erhöhungen des Agraretats die Zufriedenheit der Bauern nicht erhöht hat, zumindest nicht die Zufriedenheit mit der CDU/CSU, die von 2005 bis 2021 das Agrarressort verantwortete. Die jüngste Bundestagswahl weist aus, dass nur noch 45 Prozent der Landwirte ihre Stimme der Union gaben, ein kontinuierlicher Abstieg des einstmals deutlich höheren Stimmenanteils in dieser Berufsgruppe.

Bauern und Politik, ein kompliziertes Verhältnis

Die Ursachen der Unzufriedenheit liegen aber tiefer. Ein wesentlicher Punkt ist der Entfremdungsprozess, der seit geraumer Zeit zwischen der Landwirtschaft und der übrigen Gesellschaft eingesetzt hat. Landwirte fühlen sich nicht mehr von den Konsumenten verstanden, und sie fühlen sich vielfach auch von der Politik nicht mehr verstanden. Die Wahrnehmung vieler Landwirte gegenüber der Politik ist inzwischen von tiefem Misstrauen geprägt. Politik gilt als Verursacher von ohnehin schon zu vielen und wirtschaftlich einschränkenden Regulierungen. Praxisfern und nicht nachvollziehbar sind noch höfliche Bezeichnungen für Maßnahmen im Bereich des Grundwasserschutzes oder des Insektenschutzes aus der landwirtschaftlichen Praxis und der Funktionärsebene. Offenbar ist die Kommunikation zwischen der Branche, den Interessenvertretern und der Politik nicht intakt. Das ist allerdings nichts Neues. Schon 1971 wurde der damalige Bundeslandwirtschaftsminister Josef Ertl, FDP, auf dem vom Deutschen Bauernverband veranstalteten Bauerntag in Kiel ausgepfiffen und daran gehindert, seine Rede zu halten. Ignaz Kiechle, CSU-Bundeslandwirtschaftsminister von 1983 bis 1993, ist 1985 sogar vom Deutschen Bauerntag ausgeladen worden, quasi die Höchststrafe für einen Bundeslandwirtschaftsminister. Ihm wurde die Teilnahme als Festredner verweigert, weil man mit den Ergebnissen der EU-Agrarpreisverhandlungen unzufrieden war. Schon damals galt: Was aus Verbandssicht wünschenswert sein mag, ist politisch nicht immer machbar oder auch politisch nicht gewollt.

Späte Öffnung

Erst spät, eigentlich erst in den Beratungen der Zukunftskommission Landwirtschaft in den Jahren 2020 und 2021, öffnete sich der Bauernverband wirklich gegenüber den Anliegen der Umweltverbände. Das im Abschlussbericht der ZKL angeführte Zugeständnis, die Landwirtschaft verursache jährlich in erheblichen Größenordnungen externe Kosten, verkörpert einen Paradigmenwechsel, den es nun auch gegenüber den Mitgliedern durchzuhalten gilt. Bisweilen ist es auch die Konfliktscheu gegenüber der Mitgliedschaft, die den Verband nicht mehr haltbare Positionen einnehmen ließ. Das wurde insbesondere bei der Auseinandersetzung bezüglich der Umsetzung der bereits 1991 verabschiedeten EU-Nitratrichtlinie deutlich. Ich gebe aber zu, auch für die Politik und damit nicht zuletzt für die CDU/CSU ist das Nitratthema kein Ruhmesblatt, wurde doch über Jahrzehnte auf Aussitzen der Probleme und Verzögern gesetzt, anstatt beherzt nach Lösungen zu suchen. Das Hickhack um die unzureichende Umsetzung der EU-Nitratrichtlinie hat dem Bild sowohl der Agrarpolitik als auch der Landwirtschaft in der Öffentlichkeit nachhaltig geschadet. Die landwirtschaftliche Branche fühlte sich unter Dauerbeobachtung.

Kaum eine Branche wird in ihrer Arbeit so intensiv von den Medien beobachtet und begleitet wie die Landwirtschaft. Manche Medienvertreter werfen der Branche und insbesondere dem Deutschen Bauernverband vor, Forderungen nach mehr Engagement für Umwelt, Tierschutz und Gesundheit nicht ernst genug zu nehmen. Eine plumpe Medienschelte ist hingegen nicht angebracht. Die Berichterstattung über Landwirtschaft ist beileibe nicht nur kritisch, wie häufig beklagt wird, sondern bisweilen ausgesprochen wohlwollend. Die Medien tragen damit dem gesteigerten Interesse der Gesellschaft am Umgang mit der Natur und den Folgen und Einflüssen unterschiedlicher Wirtschaftsweisen in der Landwirtschaft Rechnung. Und – die Menschen haben ein gestiegenes Interesse für Essen und Trinken entwickelt. Was auf den Tisch kommt, wie gesund es ist, welchen ökologischen Fußabdruck es hinterlässt, diese Fragen bewegen einen zunehmenden Anteil der Bevölkerung in unserer Gesellschaft. Und weil das so ist, gerät Politik unter Druck und muss sich diesen Themen stellen. Das führte dann zu der Entscheidung, Kommissionen einzusetzen, allerdings ohne jede Beteiligung von aktiven Politikern. Dazu zählen die Borchert-Kommission, die Vorschläge zum Thema Tierwohl erarbeitete, sowie die Zukunftskommission Landwirtschaft, die im Sommer 2021 einen Transformationspfad für die gesamte Landwirtschaft vorstellte.

Unsicherheit durch Ungewissheit

Bei alldem fragt sich der Landwirt auf seiner Scholle, ob in Ostfriesland, in Bayern oder in der Altmark: „Was haben die mit uns vor? Wie bin ich mit meiner Familie und meinem Betrieb von all diesen Vorschlägen betroffen?" Vor allem bei Landwirten in den Veredelungshochburgen Nordwestdeutschlands und Westfalens lösen Forderungen nach einer Reduzierung der Viehbestände Ängste aus. Weniger Tiere zu halten erscheint in dieser Region unvermeidlich, weil damit die durch Überdüngung hervorgerufenen Grundwasserbelastungen gemindert werden können. Insbesondere wegen der Diskussion um die Nitratbelastung stand und steht die intensive Viehhaltung in diesen Regionen in besonderer Weise in der Kritik. Inzwischen sinken die Schweinezahlen aufgrund der Marktverhältnisse allerdings bundesweit kontinuierlich.

Diese Ungewissheit erzeugt Unsicherheit und Frust auf den Betrieben, bisweilen bis zur Identitätskrise. Diese Ratlosigkeit erhöht bei vielen die Bereitschaft, auf die Straße zu „fahren" und zu demonstrieren, Auslieferungsläger des Handels zu blockieren oder ganz einfach das Wahlverhalten zu ändern, zuletzt etwa auch zugunsten der AfD.

Abhängigkeit vom Staat

Die vergangenen Dürrejahre haben, trotz staatlicher Hilfen für besonders betroffene Unternehmen, in vielen Betrieben ökonomische Spuren hinterlassen, ebenso wie das Auf und Ab des Schweinemarktes und die langjährig bescheidenen Milchpreise. Die realen Einkommenssteigerungen waren, abgesehen vom Wirtschaftsjahr 2021/22 gering, die ökonomischen Erwartungen der Branche wurden nicht erfüllt. Viele Betriebe haben in den letzten Jahren ihre Kapazitäten deutlich ausgeweitet, ohne dass sich die Einkommen gerade in diesen Betrieben signifikant verbesserten. Haben Landwirte nun objektiv Grund zur Unzufriedenheit? Die Einkommenszahlen zeigen, wie bereits dargestellt, ein differenziertes, aber überwiegend bescheidenes Bild. Mancher Landwirt ist zu Wohlstand gekommen, wenige Betriebe im Vergleich zu anderen Branchen sind in die Insolvenz gegangen. Das Gros bewegt sich zwischen diesen Extremen, allerdings mit einer durchschnittlich sehr geringen Verzinsung des eingesetzten Eigenkapitals. Es sind aber eher die Unsicherheiten, was „die Gesellschaft" denn noch alles von ihnen will, die den landwirtschaftlichen Betrieben und damit den Bauernfamilien besonders zu schaffen machen. Die Abhängigkeit vom staatlichen Wohlwollen ist groß. Das war schon früher so und hat sich mit Einführung der hektarbezogenen Direktzahlungen noch verstärkt. Wenn der Gewinn der Betriebe zur Hälfte aus staatlichen Transfers besteht, wenn aus Umweltsicht oder aus Gründen des Tierwohls zunehmend stärker regulierend in Produktionsabläufe eingegriffen wird, kann das von den Betroffenen als bedenklich oder gar bedrohlich empfunden werden. Die Erkenntnis, dass sich mit gesellschaftlich gewünschten Leistungen etwa im Umweltschutz Geld verdienen und Einkommen erwirtschaften lässt, ist noch nicht auf allen Höfen angekommen. Ein Grund dafür ist das fehlende Vertrauen in die Verlässlichkeit von Politik, die Finanzierung solcher nicht marktfähiger Leistungen langfristig zu sichern.

Erwartungslücke

Was die Gesellschaft von der Landwirtschaft erwartet, wird von Wissenschaftlern auch als Erwartungslücke bezeichnet. Diese Lücke zwischen gesellschaftlicher Erwartung und landwirtschaftlicher Realität ist in Deutschland laut dem Göttinger Agrarökonomen Professor Achim Spiller besonders groß, vor allem in der Schweine- und Geflügelhaltung. Spiller spricht vom „consumer-producer-gap". Ein gewisser Trost für den einzelnen Landwirt ist dabei, dass sich die verbreitete Kritik vor allem auf „das Agrarsystem" bezieht, weniger auf den einzelnen Landwirt.

Bilderbuchlandwirtschaft

Das Bild, das weite Teile der Bevölkerung von der heutigen Landwirtschaft haben, entspricht vielfach nicht der Realität auf den Betrieben. Den Technisierungsschub und den dadurch möglichen

Modernisierungsschub in der Landwirtschaft hat die Gesellschaft nicht nachvollzogen. Das führt zu dem Ergebnis, dass agrarromantische Vorstellungen weit verbreitet sind. Vorherrschend in vielen Köpfen ist eine „Bilderbuchlandwirtschaft“, die es so nicht mehr gibt, die aber beispielsweise von der Lebensmittelindustrie lange Zeit befördert wurde und teilweise immer noch wird. Auch in Kinder- und Schulbüchern vermittelte Informationen über die landwirtschaftliche Tätigkeit entsprechen häufig nicht der Wirklichkeit. Da bei vielen Menschen Kindheit und Schule nun schon viele Jahre zurückliegen, ist das seinerzeit Gelesene nach wie vor als Bild des bäuerlichen Daseins in den Köpfen präsent. Kontraproduktiv ist auch die Werbung mit romantisierenden Bildern, die nicht dem heutigen Bild der Landwirtschaft entsprechen. Masthähnchen werden nun mal nicht in kleinen Fachwerkhäuschen gehalten, und die Bäuerin mit Kopftuch und Schürze verkörpert auch keine zeitgemäße Form der Werbung für Milchprodukte. Trotz der mit viel Engagement und Erfolg durchgeführten Tage des offenen Hofes mangelt es vielen Menschen an direkten Kontakten mit der Landwirtschaft. Die Abnahme der Zahl der landwirtschaftlichen Betriebe führte in Verbindung mit der zunehmenden Urbanisierung inzwischen zu einer Entfremdung von der landwirtschaftlichen Produktion und den in der Landwirtschaft tätigen Menschen.

Realitätsschock

All diese Faktoren haben dazu geführt, dass sich weite Teile der Bevölkerung von der Wirklichkeit auf den Höfen entfernt haben. Die Landwirte und ihre Interessenverbände wiederum haben es jahrzehntelang versäumt, ihr Bild in der Öffentlichkeit an die Realität anzupassen. Kein Wunder, dass der Realitätsschock in weiten Teilen der Bevölkerung besonders groß ist, wenn sie erfahren, dass 5.000 oder gar 50.000 Schweine in einem Stallkomplex stehen und viele Kühe zwar nicht mehr angebunden sind, aber anders als manche Verpackung von Milchprodukten vermittelt, keinen Tag im Jahr auf der grünen Wiese verbringen.

Inzwischen läuft die Auseinandersetzung um die Zukunft der Landwirtschaft vornehmlich zwischen deren Vertretern und den Agrarinteressierten in den großen Städten, von denen vermeintlich der Mainstream ausgeht. Bei den Interessierten aus der Stadt paart sich ein großes Wohlwollen gegenüber einer „bäuerlichen Landwirtschaft“ häufig mit harscher Kritik an modernen Produktionsmethoden und -verfahren. Die Landwirtschaft muss sich dieser Kritik stellen, Aufklärung betreiben, aber auch Änderungen an ihren Produktionsmethoden vornehmen. Wie im Abschlussbericht der Zukunftskommission Landwirtschaft einvernehmlich und damit auch von Landwirtschaftsvertretern festgestellt wird, gibt es begründeten Anlass zur Kritik an der Landwirtschaft, wie sie heute größtenteils betrieben wird. Dass diese Kritik ernst zu nehmen ist und Konsequenzen erfordert für eine moderne, auf gesellschaftliche Akzeptanz angewiesene Agrarwirtschaft, müsste eigentlich unstrittig in der Branche sein, auch wenn das dort noch längst nicht alle wahrhaben wollen.

Härter als anderswo

Der Vorsitzende der Zukunftskommission Landwirtschaft, Professor Peter Strohschneider, zeigte sich überrascht, wie verbissen Auseinandersetzungen über Landwirtschaft geführt werden. In der Agrar- und Umweltpolitik, so Strohschneider, werde der gesellschaftliche Macht- und Interessenkampf härter geführt als etwa in der Wissenschaftspolitik, wo er herkomme. Innerhalb der Agrarbranche gibt es sehr unterschiedliche Auffassungen, wie auf die gesellschaftlichen Herausforderungen zu reagieren ist. DLG-Präsident Hubertus Paetow plädiert dafür, die Entwicklung aktiv mitzugestalten und klima- und biodiversitätskonformes Verhalten in die wirtschaftlich-produktiven Abläufe der Unternehmen zu integrieren und auf diese Weise die zwingend notwendige Entwicklung der

Landwirtschaft zur mehr Nachhaltigkeit voranzutreiben. Dagegen forderte „Land schafft Verbindung“ im Januar 2021 jenseits aller politischen und wirtschaftlichen Realität staatliche Preisfestsetzungen für landwirtschaftliche Produkte und eine Aussetzung aller 2020 beschlossenen Verordnungen und Gesetze, die den Ackerbau, die Feldfuttergewinnung und die Nutztierhaltung betreffen, also auch der umweltrelevanten Regelungen. Die Meinungen innerhalb der Branche gehen also weit auseinander.

Gesellschaftsvertrag

Gerne wird auch von der Notwendigkeit eines Gesellschaftsvertrages mit der Landwirtschaft gesprochen, so auch in den Schlussfolgerungen der Borchert-Kommission. Diverse Autoren haben ihre Ideen zu diesem Thema in einem umfassenden Werk mit dem Titel „Ein neuer Gesellschaftsvertrag für eine nachhaltige Landwirtschaft“ niedergelegt. Die Befürworter eines derartigen Vertrages halten es für möglich, einen Konsens darüber zu finden, wie die Landwirtschaft der Zukunft aussehen soll, und diesen Konsens dann in einem Gesellschaftsvertrag festzuhalten. Das ist bei 260.000 Betrieben schwierig vorstellbar. Zudem gehen die agrarpolitischen Vorstellungen der Parteien und vor allem der agrarischen Verbände erheblich auseinander. Wir dürfen jedoch bei allen nationalen Überlegungen und Zielsetzungen nicht vergessen, dass sich die Landwirte in einem gemeinsamen Agrarmarkt mit EU-weiten Rahmenbedingungen und einem EU-weiten Wettbewerb bewegen. Das sollten auch die Befürworter eines Gesellschaftsvertrages mit der Landwirtschaft im Hinterkopf haben. Politische Sonderwege müssen im Einklang mit dem EU-Recht stehen, das für nationale Alleingänge insbesondere in der Förderpolitik nur begrenzte Spielräume bietet.

Viele Protagonisten eines Gesellschaftsvertrages denken dabei an ein Regelwerk, das mit zusätzlichen Haushaltsmitteln für die Landwirtschaft verbunden ist. Letztlich entscheiden die gewählten

Volksvertreter für die Gesellschaft über den politischen Rahmen. Ob sich in einem Parlament mit einer einstelligen Zahl an Abgeordneten mit landwirtschaftlicher Vorbildung überhaupt Mehrheiten für einen Gesellschaftsvertrag mit einer Branche finden, die bereits in erheblichem Maße finanziell staatsabhängig ist, muss bezweifelt werden.

Diskutieren lässt sich das Thema „Gesellschaftsvertrag“ schon, doch welcher Inhalt ist mehrheitsfähig, und was würde er kosten? Und welche gesellschaftlichen Vertreter, also Parlamentarier, wollen und können sich in einem System von Legislaturperioden und wechselnden Regierungszusammensetzungen wie lange binden? Es ist fraglich, ob es jemals zu einem Gesellschaftsvertrag mit der Landwirtschaft kommen wird, auch wenn ein Konsens zivilgesellschaftlicher Gruppen in der bereits vielfach erwähnten Zukunftskommission möglich war. Deren Abschlussbericht stellt eine Grundlage für weitere Diskussionen und politisches Handeln dar. Allerdings ist der dort erzielte Konsens kostspielig, und viele der dort unterbreiteten Vorschläge haben den Praxistest noch nicht bestanden.

Die Gesellschaft für Wirtschafts- und Sozialwissenschaften des Landbaues veranstaltete 2017 ihre Jahrestagung unter der Überschrift „Agrar- und Ernährungswirtschaft zwischen Ressourceneffizienz und gesellschaftlichen Erwartungen“. Diverse Beiträge widmeten sich der Frage, ob und wie eine höhere gesellschaftliche Akzeptanz durch Änderungen der Produktionsstrategien und -systeme erreicht werden kann. An wissenschaftlichen Arbeiten und konstruktiven Vorschlägen zum Thema Landwirtschaft und Gesellschaft mangelt es also nicht. Bereits 2015 hat der Wissenschaftliche Beirat für Agrarpolitik beim Bundesministerium für Landwirtschaft mit seinem Gutachten „Wege zu einer gesellschaftlich akzeptierten Nutztierhaltung“ Perspektiven für eine zukunftsfähige Landwirtschaft aufgezeigt. Der Stellenwert dieses Gutachtens ist vielen erst in den letzten Jahren klar geworden, nachdem es zuvor in Politik und Verbänden weitgehend ignoriert und kritisiert wurde. Der

Agrarsektor hat dieser Diskussion bis vor einigen Jahren zu wenig Beachtung geschenkt. Erst in jüngerer Zeit wird sie auch vom landwirtschaftlichen Berufsstand aufgegriffen, und es werden Strategien zum Umgang mit diesen Herausforderungen entwickelt. Es wurde auch erkannt, dass die zum Teil erheblichen Fortschritte in der Tierhaltung, zum Beispiel der Wechsel in der Milchviehhaltung von der Anbindehaltung zur Haltung in Laufställen, besser kommuniziert werden müssen.

FAZIT: Bauern unterliegen einem erhöhten gesellschaftlichen Erwartungsdruck. Dieser Druck in Verbindung mit zunehmenden staatlichen Abhängigkeiten und ungewissen Erwartungen führt zu zunehmender Unzufriedenheit. Dadurch wurde die Diskussion um einen Gesellschaftsvertrag mit der Landwirtschaft befördert. Die Umsetzung dieses Vorhabens erscheint allerdings fraglich.

7 Was könnte politisch auf die Landwirtschaft zukommen?

Ankündigungen über bevorstehende Umwälzungen und Transformationsprozesse in der Landwirtschaft führen dazu, dass viele landwirtschaftliche Familien besorgt in die Zukunft blicken. Die aktuelle globale Situation mit den Auswirkungen des Ukraine-Krieges und den Folgen der Corona-Pandemie tut ihr Übriges. Die landwirtschaftlichen Betriebe, insbesondere die tierhaltenden Betriebe, sehen sich bereits seit geraumer Zeit einer erheblichen Politikunsicherheit gegenüber. Beklagt wird, dass Regierung und Parlament keine oder nur unzureichende Entscheidungen treffen. Dabei mangelt es nicht an Konzepten zur Zukunft der Landwirtschaft. Die Papiere der Zukunftskommission, der Borchert-Kommission, der Koalitionsvertrag und die Perspektivpapiere der EU-Kommission versuchen sich an Antworten, wurden aber vor dem Ukraine-Krieg geschrieben. Ob und inwieweit sie so oder verändert umgesetzt werden, das wissen wir noch nicht. Entscheidungen werden zu Recht vom Berufsstand angemahnt.

DIE ZUKUNFTSKOMMISSION

Die damalige Bundeskanzlerin Angela Merkel hat Ende 2019 Verbände des Agrarbereichs, aus der Umwelt- und Tierschutzbewegung sowie Organisationen aus dem gesamten gesellschaftlichen Spektrum an einen Tisch gebracht. In diesem Gespräch wurde die Idee geboren, eine Zukunftskommission Landwirtschaft einzurichten. Sie fand ihre Umsetzung 2020. Die schier unlösbare Aufgabe der Kommission bestand darin, Wege aus der Konfrontation zu finden und der Landwirtschaft in Deutschland verbesserte und langfristige Zukunftsperspektiven zu eröffnen. Insgesamt 32 Mitglieder wurden berufen, aus dem Agrarbereich, aus der mit der Landwirtschaft verbundenen Wirtschaft, aus den Verbraucher-, Umwelt- und Tierschutzverbänden sowie aus der Wissenschaft. Der Vertreter der Umweltorganisation Greenpeace zog sich aus der Arbeit des Gremiums zurück. Als Begründung gab er an, in Teilen der Bundesregierung fehle die Bereitschaft, die Empfehlungen der Kommission zur anstehenden Umsetzung der EU-Agrarförderung in Deutschland zu berücksichtigen.

Was zu Beginn kaum jemand für möglich gehalten hatte, haben die verbliebenen 31 Mitglieder der Zukunftskommission Landwirtschaft unter Leitung des Germanistikprofessors Peter Strohschneider geschafft. Sie haben sich in ihrer rund anderthalbjährigen Arbeit einvernehmlich auf eine Situationsbeschreibung verständigt und daraus gemeinsame Schlussfolgerungen zur Weiterentwicklung der politischen Rahmenbedingungen für die Branche gezogen. Die Vertreter der Landwirtschaft haben eingeräumt, dass es gravierende Defizite im Umweltbereich, im Klimaschutz und beim Tierwohl gibt. Im Gegenzug steht die Feststellung, dass die Landwirtschaft bei der Lösung der Probleme nicht allein gelassen werden kann, sondern dies eine „gesellschaftliche Aufgabe“ ist. Auf 170 Seiten wurden Empfehlungen und Leitlinien für den Transformationsprozess des Landwirtschafts- und Ernährungssystems formuliert. Der Landwirtschaft wird auch hier Systemrelevanz bescheinigt. Es ist die Rede von der ökonomischen Krise der Landwirtschaft und von Wirtschaftsweisen der Landwirte, die weder ökologisch noch ökonomisch oder sozial zukunftsfähig sind.

Ein Verdienst der Arbeit der Zukunftskommission besteht darin, dass ein Konsens hinsichtlich der Faktenlage erzielt werden konnte. Angesichts der Zusammensetzung der Kommission ist das keine Selbstverständlichkeit, insbesondere landwirtschaftliche

Vertreter haben sich wissenschaftlichen Positionen gegenüber geöffnet.

Die 31 ZKL-Mitglieder haben ein Ergebnispapier erarbeitet und einvernehmlich beschlossen. Das war deshalb erstaunlich, weil Vertreterinnen und Vertreter von Verbänden und Organisationen am Tisch saßen, deren Vorstellungen darüber, wie Landwirtschaft aussehen muss, um eine Zukunft zu haben, bislang meilenweit auseinandergingen. Allerdings haben die von der Kommission entwickelten Perspektiven auch einen Haken: Ihre Umsetzung erfordert Finanzmittel von bis zu 11 Milliarden Euro – jährlich! Vertreter des Finanzministeriums waren in der Kommission nicht vertreten, ebenso wenig wie Politiker. Trotzdem: Politik kümmert sich um Landwirtschaft. Für welche Berufsgruppe wurde schon einmal eine Zukunftskommission eingerichtet?

Öffentliches Geld für öffentliche Leistungen

In ihrem Abschlussbericht empfiehlt die Zukunftskommission einschließlich der darin vertretenen Repräsentanten landwirtschaftlicher Verbände, darunter der Deutsche Bauernverband, weniger Fleischkonsum, mehr pflanzliche Nahrung, Klimaschutz und eine ökologischere Landwirtschaft. Umstritten ist innerhalb der Landwirtschaft die im Abschlussbericht enthaltene Perspektive, dass Landwirte nur noch für gesellschaftliche Leistungen staatliche Zuwendungen erhalten sollen. Damit wird die Einkommensfunktion der Direktzahlungen aufgegeben und dem Prinzip öffentliches Geld für öffentliche Leistungen gefolgt. Die Direktzahlungen wurden, wie bereits dargestellt, zu Beginn der 1990er Jahre zur Abfederung der durch staatliche Garantiepreisabsenkungen befürchteten ökonomischen Auswirkungen eingeführt.

Externe Kosten

Insgesamt werden in dem Papier der Zukunftskommission dem bestehenden Agrar- und Ernährungssystem gravierende externe

Kosten zugeschrieben, also Kosten, die nicht von den verursachenden Wirtschaftssubjekten getragen, sondern der Gesellschaft oder Dritten aufgebürdet werden. Das betrifft insbesondere die Bereiche Klima, Biodiversität, Nährstoffausträge ins Grund- und Oberflächenwasser sowie Tierwohl. Zitiert wird im Papier der Zukunftskommission eine Studie, die die deutsche Landwirtschaft als Verursacher von externen Kosten in Höhe von mindestens 90 Milliarden Euro pro Jahr ansieht. Das ist eine gewaltige Summe, auch in Relation zum Produktionswert der deutschen Landwirtschaft, der bisher unter 60 Milliarden jährlich lag, wegen gestiegener Preise und Mengen 2022 aber auf ca. 70 Milliarden Euro anstieg. Im Berufsstand und in der Wissenschaft wird die Höhe dieser der Landwirtschaft zuzuschreibenden Belastungen teilweise kritisch gesehen. Hier hätte man sich eine differenziertere Betrachtungsweise gewünscht, zum Beispiel wer wo in welchem Umfang zu diesen immensen externen Kosten beiträgt. Der Agrarökonom Harald von Witzke, emeritierter Professor an der Humboldt-Universität Berlin, hält die Summe von 90 Milliarden Euro für nicht nachvollziehbar und um den Faktor 3 bis 4 zu hoch. Wie dem auch sei, festzuhalten bleibt, eine Branche, die zugesteht, dass ihr Produktionswert deutlich niedriger liegt als die von ihr verursachten gesellschaftlichen Kosten, kann sich gesellschaftlichen Forderungen nach notwendigen Änderungen kaum entziehen.

Umfassende Transformation

Eine unveränderte Fortführung des heutigen Agrar- und Ernährungssystems scheidet nach Auffassung der Autoren des Abschlussberichtes aus ökologischen und tierethischen wie auch aus ökonomischen Gründen aus. Sie sehen das Agrar- und Ernährungssystem am Beginn eines durchgreifenden Transformationsprozesses. Dieser Umbau wird als eine gesamtgesellschaftliche Aufgabe definiert. Die Kommission hat eine Vielzahl von Vorschlägen und Empfehlungen entwickelt, die einem gemeinsamen Prinzip folgen: „Die ökologische und ethische Verantwortbarkeit der Landwirtschaft ist am effektivsten und dauerhaftesten zu verbessern, indem die Vermeidung ihrer derzeitigen beträchtlichen Kosten in betriebswirtschaftlichen Nutzen überführt wird."

Die Zukunftskommission plädiert in diesem Zusammenhang für einen Umbau der Tierhaltung und für eine räumliche Entzerrung der regional hochkonzentrierten Tierhaltung in Deutschland. Sie sieht es als eine notwendige Begleitung für einen erfolgreichen Umbau der tierhaltenden Landwirtschaft an, dass der Konsum und damit einhergehend die Produktion tierischer Produkte zurückgeht. Das ist ein bemerkenswerter, ja fast revolutionärer Satz, wenn man bedenkt, dass landwirtschaftliche Interessenvertreter ihm zugestimmt haben. Bei aller Aufregung, die diese Aussage in der Landwirtschaft bis heute verursacht, bleibt doch festzuhalten, sie beschreibt lediglich die Realität, wie sie ist und wie sie sich weiter abzeichnet.

Darüber hinaus finden sich im Abschlussbericht die Empfehlungen, die Chancen von kleineren landwirtschaftlichen Betrieben zu verbessern, den landwirtschaftlichen Bodenmarkt stärker zu regulieren und bestehende Regeln besser durchzusetzen.

Wenn dann die Landwirtschaft in der EU zu höheren Standards produziert, soll laut Zukunftskommission ein Schutz vor Importen durch ein Grenzausgleichssystem erfolgen, wie es in Zusammenhang mit dem Thema Treibhausgase bereits diskutiert wird. Für eine Exportnation wie Deutschland sind solche Vorschläge allerdings überaus problematisch.

Im Vordergrund der Empfehlungen stehen die erwünschte ökologische Transformation der Agrar- und Ernährungswirtschaft und die Bereitschaft der Gesellschaft, diese Transformation zu ermöglichen. Das soll durch höhere Lebensmittelpreise und höhere staatliche Mittel gelingen. Der gesamte Finanzbedarf einer Nachhaltigkeitsorientierung, wie sie die Zukunftskommission vorschlägt, beläuft sich auf 7 bis 11 Milliarden Euro jährlich. Ein Teil davon könnte durch bestehende Programme aufgefangen werden. Kurzfristig verbleibt aber eine Finanzierungslücke von jährlich 5 bis 9 Milliarden Euro. Perspektivisch geht es um Mehrausgaben von 1,5 bis 5,5 Milliarden pro Jahr.

Kritik

Die Kommunikationsleistung des Vorsitzenden der Kommission mit dem Ergebnis eines gemeinsam getragenen Abschlussberichtes ist zu würdigen. Das war so nicht unbedingt zu erwarten. Bei den Schlussfolgerungen des Dokuments handelt es sich aber weitgehend um eine Addition der Wünsche der in der Kommission vertretenen Organisationen. Ob und inwieweit der erzielte Konsens hält, wird die Zukunft zeigen und davon abhängen, ob die Politik zumindest einen Teil der Empfehlungen aufgreift und umsetzt. Der Konsens in der Zukunftskommission kann zunächst ein Anfang sein, vorhandene Gräben zuzuschütten und an der Erreichung gemeinsam definierter Ziele zu arbeiten, auch wenn die erzielten Ergebnisse unter volkswirtschaftlichen und fiskalischen Gesichtspunkten hinterfragt werden müssen.

Kritik an den Ergebnissen kam sowohl aus der Wissenschaft als auch von der landwirtschaftlichen Basis. Die emeritierten Hochschullehrer Ulrich Koester und Michael Schmitz vertreten die Auffassung, dass die Umsetzung der Empfehlungen in Deutschland das System der Europäischen Agrarpolitik außer Kraft setzen würde. Der vorgeschlagene Weg würde zu einer Abkoppelung der deutschen Landwirtschaft vom internationalen Markt führen. Der Abschlussbericht sei aus ökonomischer und politischer Sicht nicht als Grundlage für eine Änderung der Agrarpolitik in Deutschland geeignet. Eine weitere politische Krise der EU-Agrarpolitik mit nicht im Voraus kalkulierbaren Kosten für Deutschland wäre die Folge, so die Agrarprofessoren. Das sind beachtliche Hinweise, die ernst genommen werden müssen.

Auch Agrarblogger kritisierten die Ergebnisse der Zukunftskommission. Die in dem Papier dargestellten von der Landwirtschaft verursachten „Schäden“ von jährlich 90 Milliarden Euro haben ebenso zu Irritationen geführt, wie die wenig konkreten Äußerungen zur Entschädigung der Landwirte für gesellschaftliche Leistungen.

Rechtfertigung

Der Präsident der DLG Hubertus Paetow reagierte auf Kritik aus der Praxis mit einem Beitrag in den „DLG-Mitteilungen“, der den Titel trug „Warum ich unterschrieben habe“. An der Basis waren viele Landwirte fassungslos, dass ihre Spitzenvertreter plötzlich Argumente der Umwelt- und Tierschutzverbände akzeptierten, die zuvor von landwirtschaftlicher Seite heftig attackiert worden waren. Man bemühte sich, diesen Schwenk unter anderem mit Hinweis auf die von der Gesellschaft zu erbringenden Leistungen von bis zu 11 Milliarden Euro zu erklären. In dem Abschlusspapier der Zukunftskommission erfolgte ja die Verständigung auf ein Paket, das zulasten der Steuerzahler und Verbraucher ein hohes zusätzliches jährliches Finanzvolumen erfordert. Der Präsident des Deutschen Bauernverbandes sprach in seiner Neujahrsbotschaft 2022 von einem tiefgreifenden Transformationsprozess und verlangte eine Umsetzung der Vorschläge der Zukunftskommission, allerdings ohne von den Berufskollegen dafür mit viel Beifall bedacht zu werden.

Nach meiner Einschätzung empfinden viele Bauern den vorgeschlagenen Transformationsprozess als eine weitere Bedrohung. Beteiligte Verbandsvertreter aller Seiten mühten und mühen sich, die Ergebnisse der Kommission offensiv zu vertreten. Viel Lob gab es seitens der Politik, die Umsetzung der Ergebnisse wurde aber nicht sehr engagiert in Angriff genommen. Bundeslandwirtschaftsminister Cem Özdemir will die Zukunftskommission nutzen. Er kündigte an, er wolle mit seiner Politik an den gemeinsamen Konsens anknüpfen und die Ergebnisse umsetzen. Was daraus wird, bleibt abzuwarten.

DIE BORCHERT-KOMMISSION

Nachdem sich die Große Koalition in der letzten Legislaturperiode nicht darauf verständigen konnte, ein Tierwohllabel als zentrales Element der Tierwohlstrategie auf den Weg zu bringen, wandte sich die damalige Bundeslandwirtschaftsministerin Julia Klöckner an einen ihrer Vorgänger. Sie bat Jochen Borchert, den Vorsitz des Kompetenznetzwerkes Nutztierhaltung zu übernehmen. Diese Kommission, die später allgemein mit den Namen ihres hochanerkannten Vorsitzenden verbunden wurde, bekam den Auftrag, eine Strategie zur Weiterentwicklung der Nutztierhaltung zu erarbeiten. Die Kommission setzt sich aus Vertretern des Agrarbereichs einschließlich der Wertschöpfungskette, des Tierschutzes und der Umweltseite zusammen. Das Verdienst der Arbeit auch dieser Kommission besteht primär darin, dass zwischen Akteuren sehr unterschiedlicher Prägung schließlich die Einigung auf ein Papier möglich war.

Die Empfehlungen

Die Anfang 2020 unterbreiteten Vorschläge stießen auf breite Zustimmung bei Verbänden und politischen Parteien. Die Borchert-Kommission spricht sich für einen grundlegenden Umbau der Tierhaltung in Deutschland innerhalb der nächsten zwanzig Jahre aus. Ziel soll es sein, die Tierhaltung in Einklang mit den gesellschaftlichen Erwartungen zu bringen und den Tierhaltern gleichzeitig eine wirtschaftliche Perspektive zu eröffnen. Zur Sicherung der Wettbewerbsfähigkeit und zum Ausgleich der anfallenden Mehrkosten bei höheren Produktionsstandards hält das Kompetenznetzwerk einen massiven und verlässlichen Ausbau der Tierwohlförderung für unerlässlich. Nötig seien, so die Kommission, eine Förderung von Investitionen und eine Tierwohlprämie zur weitgehenden Abdeckung der laufenden Mehrkosten von mehr Tierwohl. Dazu schlägt das Gremium vor, dass der Staat langfristige Verträge mit den Tierhaltern über die Förderung der Investitionen und die Erstattung der

Kosten während der Produktion abschließt. Diese Art der Förderung sehen die Autoren als Einstieg in einen Gesellschaftsvertrag, der für eine Versöhnung von Nutztierhaltung und Gesellschaft unerlässlich sei. Zur Finanzierung soll die Erhebung einer mengenbezogenen Verbrauchssteuer auf tierische Produkte, eine sogenannte Tierwohlabgabe, dienen.

Tücken

Ein 276 Seiten starkes Gutachten, von zehn Juristen, davon zwei mit einem Professorentitel, erstellt, widmet sich den rechtlichen Möglichkeiten und Risiken der Umsetzung der Vorschläge der Borchert-Kommission. Dabei geht es um viel Geld für mehr Tierwohl, zwischen 2,9 und 4,3 Milliarden Euro jährlich. Ähnliche Größenordnungen hatte 2015 bereits der Wissenschaftliche Beirat beim Bundeslandwirtschaftsministerium ermittelt. Die Autoren des Rechtsgutachtens haben neben der von der Borchert-Kommission präferierten Tierwohlabgabe auch eine Erhöhung der Mehrwertsteuer auf tierische Produkte sowie eine Tierwohlergänzungsabgabe, gewissermaßen ein Tierwohl-Soli, untersucht. Damit stehen drei Finanzierungsmodelle zur Debatte.

Ergebnis des Gutachtens: Alle Vorschläge haben ihre Tücken. Mehrwertsteuererhöhungen sind zwar denkbar, aber eine strikte Zweckbindung der Einnahmen ist rechtlich problematisch.

Tierwohlabgaben kollidieren mit EU-Bestimmungen. Sie würden bei ihrer Umsetzung auch auf Importe erhoben, von den Rückflüssen sollen aber nur Produzenten in Deutschland profitieren. Das ist eine Diskriminierung, die grundlegenden EU-Prinzipien widerspricht. Die komplizierte Mautdiskussion lässt grüßen. Auch hier wurden Mahnungen kompetenter Akteure nicht beachtet.

Auch Vegetarier und Veganer sollen zahlen

Primäres Handicap einer Tierwohlergänzungsabgabe ist die Belastung aller Bürger. Auch Vegetarier und Veganer würden zu Zahlungen herangezogen. Es ist kaum vorstellbar, dass eine derartige Abgabe rechtlich Bestand hätte. Im Ergebnis sind also die in der Diskussion befindlichen Vorschläge mit nicht unerheblichen Rechtsrisiken verbunden. Die Zurückhaltung der Bundesregierung bezüglich einer Eins-zu-eins-Umsetzung des Borchert-Planes resultiert sicherlich auch aus diesen rechtlichen Bedenken. Möglicherweise scheut man aber ferner die mit dem Einsammeln und der Verteilung von Geld verbundene Bürokratie. „Borchert-Plan faktisch abgehakt" überschrieb die „Bauernzeitung" im Spätherbst 2022 einen Beitrag.

Das bundeseigene Thünen-Institut erhielt den Auftrag einer Folgenabschätzung der Umsetzung der Borchert-Pläne zum Umbau der Nutztierhaltung. Die Wissenschaftler errechneten Mehrkosten für die Produktion von mindestens 10 bis zu 44 Prozent und schlugen zur Sensibilisierung der Verbraucher die Einführung einer Tierwohlkennzeichnung vor.

Als Einstieg in den Gesellschaftsvertrag plädiert das Thünen-Institut für den Abschluss eines Vertrages mit den in Tierwohl investierenden Landwirten mit einer Laufzeit von zwanzig Jahren. Ziel ist es, ihnen zumindest einen Teil der laufenden Mehraufwendungen zu erstatten. Dafür politische Mehrheiten zu organisieren und derartige Verträge rechtssicher zu administrieren, ist sehr schwer. Denn neben zusätzlichen Finanzmitteln müssen verschiedene rechtliche Fragen gelöst werden. Nicht alles, was Verbandsfunktionäre und Fachpolitiker als wünschenswert erachten, hat vor dem strengen Urteil der EU-Wettbewerbshüter Bestand.

Hinzu kommt folgendes Risiko. Eine mit höheren Standards zu höheren Verbraucherpreisen produzierende deutsche Landwirtschaft besteht möglicherweise nicht mit ihren Produkten am Markt, wenn Verbraucher angesichts offener Binnenmarktgrenzen in der EU günstigere Importware bevorzugen.

DER KOALITIONSVERTRAG 2021

Mehr Fortschritt wagen

„Mehr Fortschritt wagen", so lautet die Überschrift des 2021 zwischen der SPD, der FDP und Bündnis 90/Die Grünen im Bund abgeschlossenen Koalitionsvertrages. Dreieinhalb Seiten des ca. 140 Seiten umfassenden Papiers befassen sich mit Landwirtschaft und Ernährung, allerdings finden sich Bezüge zur Landwirtschaft auch im Umwelt- und Naturschutzteil der Vereinbarung. So soll im Sinne der europäischen Biodiversitätsstrategie der Flächenanteil von Schutzgebieten auf 30 Prozent der Fläche in der EU ausgedehnt und wirksam geschützt werden. Der Einsatz von Pestiziden soll deutlich verringert und die Entwicklung von natur- und umweltverträglichen Alternativen gefördert werden. Es ist vorgesehen, eine nationale Moorschutzstrategie zu verabschieden und zügig umzusetzen. Zum Wasserschutz sollen alle notwendigen Maßnahmen ergriffen werden, um europarechtliche Verpflichtungen zur Minderung von Stickstoffeinträgen in Wasser und Luft sicher zu erreichen und damit Strafzahlungen an die EU abzuwenden. Das Bundesbodenschutzrecht will die Ampelkoalition evaluieren und an die Herausforderungen des Klimaschutzes, der Klimaanpassung und den Erhalt der Biodiversität anpassen.

Mangelnde Klarheit

Der Agrarteil der Vereinbarung beginnt mit der Feststellung, dass eine nachhaltige Landwirtschaft zugleich den Interessen der Betriebe, des Tierwohls und der Natur dient und Grundlage einer gesunden Ernährung ist. Ab 2022 soll eine verbindliche Tierhaltungskennzeichnung eingeführt werden, die auch Transport und Schlachtung umfasst. Hier ist die Regierung bereits im Verzug. Die inzwischen beschlossene Haltungskennzeichnung für Schweinefleisch gilt ab 2024, allerdings ohne Einbeziehung von Transport und Schlachtung.

Zudem ist eine umfassende Herkunftskennzeichnung vorgesehen. Weil der nationale Spielraum hierfür sehr begrenzt ist, setzt die Bundesregierung mittlerweile auf eine europäische Lösung.

Die Entwicklung der Tierbestände soll sich an der Fläche orientieren und in Einklang mit den Zielen des Klima-, Gewässer- und Emissionsschutzes gebracht werden. Die Landwirte sollen beim artgerechten Umbau der Nutztierhaltung unterstützt werden. Dafür wird angestrebt, ein durch Marktteilnehmer getragenes finanzielles System zu entwickeln, mit dessen Einnahmen zweckgebunden die laufenden Kosten landwirtschaftlicher Betriebe ausgeglichen und Investitionen gefördert werden, ohne den Handel bürokratisch zu belasten.

Die Koalitionsvereinbarung zwischen SPD, FDP und Grünen lässt es also an Klarheit zur Zukunft der Tierhaltung wie zur Finanzierung von Tierwohlmaßnahmen vermissen. Kein Bekenntnis zu den Ergebnissen der Borchert-Kommission, kein Bekenntnis zu den Ergebnissen der Zukunftskommission Landwirtschaft, wie es die Branche gewünscht hatte. Ein verbindliches Votum zum Instrumentarium fehlt somit. Die Frage der Finanzierung eines Umbaus der Tierhaltung schon im Koalitionsvertrag konkret darzustellen, erschien den Koalitionären wohl zu gewagt, möglicherweise führten auch die EU-rechtlichen Risiken zur Zurückhaltung in den gewählten Formulierungen. Bei Akteuren und Betroffenen hinterlassen diese leeren Formulierungen allerdings Enttäuschung. Ein Anfang bezüglich der finanziellen Unterstützung der Tierhalter, die ihren Tieren mehr Tierwohl bieten, wurde inzwischen mit einer Milliarde Euro für vier Jahre gemacht. Damit bleibt die Bundesregierung allerdings weit hinter den von Wissenschaftlern und Kommissionen als notwendig ermittelten Werten zurück.

30 Prozent Ökolandbau bis 2030

Für die Weiterentwicklung der europäischen Agrarpolitik ab 2027 will die Ampel im Zuge einer Evaluierung ein Konzept vorlegen, wie die Direktzahlungen durch die Honorierung von Klima- und

Umweltleistungen angemessen ersetzt werden können. Von der Einkommensfunktion der Direktzahlungen will man sich offenbar verabschieden. Bis 2023 soll insbesondere mit Blick auf Kinder eine Ernährungsstrategie beschlossen werden, um eine gesunde Umgebung für Ernährung und Bewegung zu schaffen. Die Lebensmittelverschwendung soll gemeinsam mit allen Beteiligten verbindlich branchenspezifisch reduziert werden. Detailliert wird weiterhin dargelegt, wie der Einsatz von Pflanzenschutzmitteln auf das notwendige Maß beschränkt werden kann. Der Anteil des Ökolandbaus soll 2030 auf 30 Prozent ausgedehnt werden. Diese Neigung zum Detail hätte sich die Branche auch beim Thema Tierwohl gewünscht.

Samthandschuhe

Der Präsident des Deutschen Bauernverbandes, Joachim Rukwied, stellte in seiner Bewertung zu den Ergebnissen der Koalitionsverhandlungen fest, dass die Vereinbarung weitere gewaltige Herausforderungen für die Landwirtschaft zur Folge haben werde.

Rukwied kritisiert, dass der Koalitionsvertrag nur einen Teil der Empfehlungen der Zukunftskommission aufgreife. An einigen Stellen des Vertrages würde sich der Bauernverband mehr Verbindlichkeit wünschen. Die Bewertung der mitgliederstärksten Bauernorganisation fiel dennoch vergleichsweise milde aus. Auch die Ernennung des bekennenden Vegetariers Cem Özdemir, der bisher nicht als Agrarfachmann in Erscheinung trat, löste im Berufstand kaum Kritik, ja im Gegenteil sogar Erleichterung aus. Gilt doch Özdemir als konziliant und pragmatisch, jedoch keineswegs als ideologischer Hardliner. Rukwied verweist in einem Interview auf eine weitgehende Übereinstimmung mit dem Minister in den Zielen einer Transformation der Land- und Ernährungswirtschaft.

Ein Vertreter der Fachpresse urteilt Ende 2022: „Nach einem Jahr noch immer wenig Kontur.“ Zu viele Landwirtinnen und Landwirte können nicht erkennen, wo künftig ihr Platz sein kann und was ihre Aufgabe, so Ralf Stephan in der „Bauernzeitung".

BRÜSSELER PLÄNE

Die Zuständigkeiten für Agrarpolitik liegen bekanntlich primär bei der Europäischen Union. Sie setzt den Rahmen, der innerhalb bestimmter Bandbreiten von den Mitgliedstaaten ausgefüllt wird. Drei Überschriften bewegen in diesem Zusammenhang die Landwirte. Erstens die Umsetzung der EU-Beschlüsse für die bis 2027 laufende Förderperiode, zweitens die umweltpolitische Ausrichtung der EU, der Green Deal, und drittens deren Kernstrategie für den Ernährungsbereich „Farm to Fork".

Anhaltende Ungewissheit

Eigentlich hätten 2020 die Entscheidungen für die Förderperiode 2021 bis 2027 getroffen werden müssen. Doch auch im Jahr 2022 liefen noch Abstimmungen zwischen der EU-Kommission und der Bundesregierung. Zeitliche Verzögerungen bei der Umsetzung der Beschlüsse zur EU-Agrarpolitik sind allerdings nicht ungewöhnlich. Das deutsche Konzept zur Umsetzung der EU-Beschlüsse, genannt Strategieplan, wurde erst im Spätherbst 2022 von der EU-Kommission akzeptiert. Die Kommission machte am deutschen Strategieplan erhebliche Mängel geltend. Der deutsche Plan sei nicht am Green Deal ausgerichtet, so die Kommission. Deutschland musste also ambitioniertere Umweltziele festlegen, um den Segen der EU zu erhalten.

All das bedeutete für die Landwirte eine Phase der Unsicherheit bezüglich der zukünftigen Bewirtschaftungsauflagen und des zukünftigen Angebotes an Förderprogrammen. Wirtschaften unter unsicheren Perspektiven war angesagt.

Die Brüsseler Kommission machte mit ihrer Kritik am deutschen Strategieplan zugleich deutlich, dass umweltrelevante Fragen in der europäischen Agrarpolitik künftig eine noch größere Rolle spielen sollen. Dabei geht es aktuell um die Verwendung von EU-Fördermitteln für den Zeitraum 2023 bis 2027 in der Größenordnung von 30 Milliarden Euro für den ländlichen Raum und für die landwirtschaftlichen Betriebe.

Green Deal

2019 hat die Europäische Kommission mit dem European Green Deal ihre Antwort auf die Klimakrise und die damit verbundenen Herausforderungen vorgestellt. Ziel ist es, bis 2050 die Netto-Emissionen von Treibhausgasen in der EU auf null zu reduzieren und somit als erster Kontinent klimaneutral zu werden. Bis 2030 sollen die Treibhausgasemissionen um mindestens 55 Prozent gegenüber 1990 gesenkt werden.

Beim Green Deal geht es der EU-Kommission eigenen Angaben zufolge darum, uns und zukünftigen Generationen ein besseres und gesünderes Leben zu sichern. Voraussetzungen dafür sind saubere Luft, sauberes Wasser, gesunde Böden und Biodiversität, sanierte und energieeffiziente Gebäude, gesundes und bezahlbares Essen sowie mehr öffentliche Verkehrsmittel. Als weitere Vorteile werden saubere Energie und modernste saubere Technologien, langlebigere Produkte, die repariert, wiederverwertet und wiederverwendet werden können, zukunftsfähige Arbeitsplätze und eine weltweit wettbewerbsfähige und krisenfeste Industrie genannt. Zur Erreichung dieser ohne Frage erstrebenswerten Ziele ist ein Bündel unterschiedlicher Maßnahmen in den verschiedensten Politikbereichen vorgesehen. Bezüglich der Landwirtschaft steht die Zielsetzung im Vordergrund, ein nachhaltiges Lebensmittelsystem zu etablieren. Das in den Bereichen Sicherheit, Versorgungssicherheit, Ernährung und Qualität bereits Standards setzende Agrar- und Lebensmittelsystem der EU soll auch zum weltweiten Standard für Nachhaltigkeit werden. Dazu will man den ökologischen und klimatischen Fußabdruck des EU-Lebensmittelsystems verkleinern und das System krisenfester machen.

Farm to Fork

Die „Farm to Fork"-Strategie flankiert den Green Deal mit Vorschlägen für ein nachhaltiges Ernährungssystem. Im Agrarbereich, also vom Acker bis zur Gabel oder vom Hof auf den Tisch, soll die Strategie den Green Deal mit konkreten Maßnahmen umsetzen. Laut „Farm to Fork"-Strategie gehen Nachhaltigkeit und Versorgungssicherheit Hand in Hand. In knapp zehn Jahren sollen 80 Prozent der geschädigten Ökosysteme in Europa wiederhergestellt werden. Für die Landwirtschaft besonders einschneidend sind die vorgesehene Reduzierung des Mineraldüngereinsatzes um mindestens 20 Prozent sowie die Halbierung des Pflanzenschutzmitteleinsatzes und des Antibiotikaeinsatzes bis 2030. Der Ökolandbau soll auf 25 Prozent der Fläche in allen EU-Staaten ausgeweitet werden. 10 Prozent der Flächen sind zur Förderung der Artenvielfalt vorgesehen, umfängliche Land- und Meeresgebiete sollen unter strengen Schutz gestellt werden.

Im Bereich der Verbraucherpolitik ist die Einführung eines Nährwertkennzeichens geplant, auf dem Verbraucher in allen EU-Staaten sofort erkennen können, wie nährreich ein Lebensmittel ist. Ebenso soll der Lebensmittelverschwendung entgegengewirkt werden.

Ziele ambitioniert

Mit dem Green Deal und der damit verbundenen „Farm to Fork"-Strategie hat die EU-Kommission ihre Vorstellungen zum politischen Rahmen für die zukünftige Arbeit der Landwirte in Europa definiert. EU-Kommissionspräsidentin Ursula von der Leyen sprach davon, dass eine Serie von neuen Gesetzen die europäische Wirtschaft mit dem Planeten versöhnen werde. Die Ziele sind außerordentlich ambitioniert, die Maßnahmen werden von Vertretern der Landwirtschaft zum Teil als rigide empfunden. Antworten auf den Klimawandel und die Biodiversitätsverluste müssen aber gegeben werden. Es geht um den Schutz unserer natürlichen Lebensgrundlagen. Allerdings können höhere Standards in der EU zu Produktionsverlagerungen in Staaten außerhalb der EU führen. Im Hinblick auf globale umweltpolitische Ziele kann das sogar kontraproduktiv sein, wie Berechnungen des Berliner Agrarökonomen Harald von Witzke zeigen.

Die Umsetzung der „Farm to Fork"-Strategie führt bei hiesigen Landwirten zu Kostensteigerungen und wird nach Berechnungen von Professor Rainer Kühl von der Universität Gießen mit einem voraussichtlichen Rückgang der konventionellen pflanzlichen Agrarproduktion von etwa 10 Prozent verbunden sein. Über diese Auswirkungen muss diskutiert werden. Schließlich geht es um Nahrungsmittelproduktion und damit auch um einen Beitrag zur Bekämpfung des Hungers. Insofern ist eine umfassende Folgenabschätzung zum Green Deal nötig, wie sie vom Berufsstand gefordert wird.

Diese ambitionierten, aber unausweichlichen Klimaschutzziele mit den vielschichtigen Interessen in eine Gesamtabwägung zu bringen, wird eine Herausforderung der kommenden Jahre sein. Angesichts der Auswirkungen des Ukraine-Krieges wurden von berufsständischen Organisationen Aufweichungen des Green Deal und der „Farm to Fork"-Strategie gefordert. Die Kommission will jedoch an ihrer Strategie festhalten und damit den Forderungen der Umweltseite entsprechen und dem Klimaschutz Priorität geben.

FAZIT: Sowohl in der Borchert-Kommission als auch in der Zukunftskommission Landwirtschaft ist es gelungen, einen breiten Konsens über die Weiterentwicklung der Landwirtschaft zu erzielen. Aber beide Konzepte haben ihre rechtlichen und fiskalischen Tücken. Kein Zweifel, die Landwirtschaft steht vor Veränderungen, aber ob der Staat die von der Branche als erforderlich angesehenen Finanzmittel dafür aufbringen kann und will, ist fraglich. Wenig konkret bleibt die Koalitionsvereinbarung für die derzeitige Legislaturperiode. Die EU hat ambitionierte umweltpolitische Konzepte vorgeschlagen, die auch den Agrarsektor betreffen. Eine Umsetzung dieser Ziele wird im Umgang mit der landwirtschaftlichen Klientel viel Fingerspitzengefühl erfordern.

8 Warum stehen Bauern in der Kritik?

LANDWIRTSCHAFT UND UMWELT

Öffentlichkeit schaut hin

Die Menschheit muss aktuell gleichzeitig drei Prüfungen bestehen: den Klimawandel, das Artensterben und Pandemien. Josef Settele, Professor am Helmholtz-Zentrum für Umweltforschung in Halle (Saale) und Co-Vorsitzender des Weltrates für Biodiversität, spricht folgerichtig von der „Triple-Krise". Auch die landwirtschaftliche Tätigkeit ist dabei zunehmend in den Fokus der Öffentlichkeit gerückt. Die EU fördert zwar eine klimafreundliche Landwirtschaft, doch der Ausstoß an Treibhausgasen reduziert sich nicht. Sehr kritisch fällt ein im Sommer 2021 veröffentlichter Bericht des Europäischen Rechnungshofes aus. Die Luxemburger Rechnungsprüfer bemängeln, dass die Treibhausgasemissionen der Landwirtschaft in der EU seit 2010 nicht reduziert wurden, obwohl über ein Viertel aller EU-Agrarausgaben dem Bereich „Klimaschutz" zugutegekommen seien. Medien berichteten von einem vernichtenden Zeugnis, das der Rechnungshof der europäischen Agrarpolitik ausgestellt habe. Vor allem die Tierhaltung, die die Hälfte der Emissionen verursache, sei für die Probleme verantwortlich. Beim Thema Klima ist die Landwirtschaft allerdings nicht nur Mitverursacherin, sondern auch Betroffene. Vermehrte Extremwetterlagen und zeitliche Niederschlagsverschiebungen, auch in unseren Breitengraden, führen zu Mindererträgen und schlimmstenfalls zu Missernten. Bei einem ungebremsten Klimawandel wird das Risiko von Hitze- und Trockenperioden sowie Starkregen auch in Deutschland künftig stark ansteigen. Im Westen und Süden dürfte sich das Klima an stärksten verändern. Das ermittelte das Umweltbundesamt in einer 2021 veröffentlichten Klimawirkungs- und Risikoanalyse.

Landwirte am Pranger

„Zweifellos haben Landwirte in der Vergangenheit Fehler gemacht, die zu ihrem schlechten Ruf in Teilen der Gesellschaft beigetragen haben. Das gilt allen voran für ihren erbitterten Widerstand gegen die schärfere Düngeverordnung, obwohl vielerorts die Nitratwerte im Grundwasser zu hoch sind. Auch die schier endlose Diskussion über das Töten männlicher Küken und den Kastenstand von Sauen hat die Sympathien für diesen Berufsstand nicht erhöht", urteilte Julia Löhr 2020 in der „Frankfurter Allgemeinen Zeitung". Starke Kritik erfährt die Agrarbranche insbesondere durch Nichtregierungsorganisationen. Deren Positionen weisen erhebliche Schnittmengen mit denen der Grünen auf. Die Positionen des Berufsstandes, insbesondere der konventionell wirtschaftenden Betriebe, werden eher durch CDU/CSU und FDP vertreten. So durchzieht die kontroverse Bewertung der Landwirtschaft auch die Parteienlandschaft. Fernsehen, Radio und Printmedien widmen der Branche zunehmend Aufmerksamkeit, heftig verlaufen die Diskussionen zur heutigen Landwirtschaft auch in den sozialen Netzwerken. Das hinterlässt Spuren bei den Betroffenen. Landwirte und ihre Organisationen fühlen sich häufig zu Unrecht an den Pranger gestellt. Die Branche sucht nach Orientierung und mahnt zu Recht eine faktenbasierte Diskussion an. Sie spürt aber auch zunehmend, dass die Faktenlage Veränderungen unumgänglich macht.

Fakten der ZKL

Aufschlussreich ist in diesem Zusammenhang das Konsenspapier der Zukunftskommission Landwirtschaft. Detailliert werden in dem Papier wissenschaftliche Fakten zur Tierhaltung und zu den Umweltwirkungen der landwirtschaftlichen Produktion dargelegt.

Zur Wasserqualität wird bilanziert, dass 35 Prozent der Grundwasserkörper in einem schlechten chemischen Zustand sind. Zu knapp 80 Prozent sind zu hohe Nitrateinträge aus der Landwirtschaft dafür verantwortlich. Ausführlich wird in diesem Zusammenhang auf das Verfehlen der Ziele der EU-Nitratrichtlinie eingegangen. Hinsichtlich der Luftschadstoffe landwirtschaftlichen Ursprungs wird positiv registriert, dass unter anderem die Emissionen von Schwefeldioxid und Stickstoffoxiden deutlich zurückgegangen sind. Im Gegensatz dazu steht die in den vergangenen Jahrzehnten annähernd gleich gebliebene Freisetzung von Ammoniak. Davon stammen 95 Prozent aus landwirtschaftlichen Quellen, vor allem aus der Tierhaltung. Die Ammoniakemissionen in Deutschland überschreiten nach wie vor die in der Europäischen Union geltenden Grenzen.

Aussterbende Tier- und Pflanzenarten

Zur Entwicklung der Artenvielfalt stellt der Bericht der Zukunftskommission Folgendes fest: „Die unter anderem durch die Vergrößerung landwirtschaftlicher Bewirtschaftungseinheiten verursachte Verarmung der Landschaften – im Widerspruch zu allen Arten- und Naturschutzzielsetzungen – hat zu teilweise dramatischen Verlusten bei biologischen Arten und Populationen geführt."

Laut Roter Liste der Weltnaturschutzunion sind rund 37.500 Tier- und Pflanzenarten vom Aussterben bedroht. Etwa eine Million Tier- und Pflanzenarten werden im Laufe der nächsten Jahrzehnte vom Aussterben bedroht sein, wenn der Mensch seine Lebensweise nicht gravierend ändert, so der Weltbiodiversitätsrat in seinem 2019 erschienenen Bericht. Das liegt nicht in der alleinigen Verantwortung der Landwirte, eine Mitverantwortung kommt der Branche aber sehr wohl zu.

Moore und Klimaprobleme

Das Umweltbundesamt beziffert den Anteil der Treibhausgas-Emissionen, die durch die Landwirtschaft unter Einbeziehung aller indirekt mit ihr im Zusammenhang stehenden Emissionen verursacht werden auf 13 Prozent. In den vergangenen Jahren haben sich die landwirtschaftlichen Treibhausemissionen kaum verringert. Auch der Agrarsektor wird seinen Beitrag zu einer klimagerechteren Wirtschaft leisten müssen.

Ein besonders sensibles Thema ist in diesem Zusammenhang die landwirtschaftliche Nutzung trockengelegter Moore. Trockengelegte Feuchtgebiete führen zu hohen CO_2-Emissionen, ihr Anteil liegt bei etwa 7,5 Prozent der gesamten deutschen Treibhausgasemissionen. Von den ca. 1,8 Millionen Hektar Mooren und moorähnlichen Flächen in Deutschland sind 92 Prozent trockengelegt. Angesichts ambitionierter Klimaziele sollen laut Bundesregierung die Treibhausgase aus ehemaligen Moorflächen jährlich um 5 Millionen Tonnen gesenkt und deshalb neue Anträge zum Torfabbau nicht mehr genehmigt werden. Landwirte und Waldbesitzer sollen Anreize erhalten, ihre Flächen in Moorgebiete zurückzuführen. Unter anderem mit Paludikulturen, der land- und forstwirtschaftlichen Nutzung von nassen Moorflächen, sollen den dort wirtschaftenden landwirtschaftlichen Betrieben, die überwiegend Rinderhaltung betreiben, Perspektiven eröffnet werden. Bei Paludikulturen handelt es sich um Pflanzen, die überwiegend für energetische Zwecke, als Baustoffe oder als Torfersatz dienen. Diese Pläne sind aus klimapolitischer Sicht nachvollziehbar. Die seriösen und ernst gemeinten Zusagen für Unterstützung und Begleitung empfinden die betroffenen Bauern aber nur als begrenzt hilfreich. Die Geschichte der Moorbauern ist mit vielen Emotionen besetzt. „Dem Ersten der Tod, dem Zweiten die Not, dem Dritten das Brot“, das war laut Volksmund die Generationenfolge der Moorbauern.

FAZIT: Kritik an der heutigen Landwirtschaft ist aus umweltpolitischer Sicht berechtigt, da wissenschaftlich fundiert. Die Probleme sind gravierend. Doch bedarf es einer differenzierten Betrachtung. Pauschalverurteilungen haben die Landwirte nicht verdient, sie sind auch nicht zielführend. Mit der Branche müssen die Themen vorbehaltlos aufgearbeitet werden.

TIERWOHL UND ERFOLGREICHE TIERHALTUNG – GEHT DAS?

Veränderte Mensch-Tier-Beziehung

Zum Thema Tierhaltung führt der Bericht der Zukunftskommission Landwirtschaft aus, dass insbesondere in Regionen mit sehr intensiver landwirtschaftlicher Tierhaltung gravierende negative Auswirkungen auf Umwelt und Natur zu verzeichnen sind. Das führt dann auch zu der Empfehlung, die Tierhaltung in Deutschland regional zu entzerren, das heißt, die Konzentration der Viehhaltung in bestimmten Gebieten zu reduzieren und eine gleichmäßigere Verteilung der Viehhaltung in der Fläche anzustreben. Zur Frage des Tierschutzes in der Landwirtschaft verweist die Zukunftskommission auf die Schlussfolgerungen in dem Gutachten des Wissenschaftlichen Beirates für Agrarpolitik (WBAE) des BMEL von 2015. Danach bedarf die Tierhaltung in der Landwirtschaft aus Tierschutzsicht dringender Änderungen.

Das WBAE-Gutachten führte zu einer im Zeitablauf immer heftiger geführten Debatte um die Zukunft der landwirtschaftlichen Nutztierhaltung. Diese Debatte findet in Fachkreisen, in den Medien und inzwischen in der gesamten Gesellschaft statt. Die Autoren betonen in ihrem Gutachten zwar die großen Fortschritte, die bezüglich der Ressourceneffizienz in der Nutztierhaltung erzielt worden seien. Sie weisen aber gleichzeitig darauf hin, dass es erhebliche Defizite vor allem im Bereich Tierschutz, aber auch im Umweltschutz in Verbindung mit der Tierhaltung gebe. Dies habe zusammen mit einer veränderten Einstellung zur Mensch-Tier-Beziehung in unserer Gesellschaft zu einer verringerten Akzeptanz der Nutztierhaltung geführt. Die Wissenschaftler sehen gar einen massiven Vertrauensverlust gegenüber der Art und Weise, wie in der heutigen Landwirtschaft Tiere gehalten werden. Die derzeitigen Haltungsbedingungen der Nutztiere stuft der Wissenschaftliche Beirat als nicht zukunftsfähig ein. Der Beirat hat daher Leitlinien und Empfehlungen für eine „andere Tierhaltung" erarbeitet und einen intensiven Diskurs zwischen Wirtschaft, Zivilgesellschaft und Politik unter Einbeziehung der Wissenschaft angeregt. In seinen Schlussfolgerungen spricht sich der WBAE für eine tiergerechtere und umweltfreundlichere Produktion unter gleichzeitiger Reduktion des Konsums von tierischen Produkten aus. Den Zielkonflikt zwischen Wettbewerbsfähigkeit und Tierschutz halten die Autoren für prinzipiell überwindbar, zum Beispiel durch eine Kombination aus staatlichen Zahlungen, Branchenselbstverpflichtung und der Nutzung von Marktchancen, die sich aus der positiven Grundeinstellung des überwiegenden Teils der Bevölkerung zum Tierschutz ergeben. Dieses Marktpotential ist aus Sicht der Wissenschaftler nicht annähernd ausgeschöpft. Es geht also, so sagt die Wissenschaft, mehr Tierwohl verwirklichen und erfolgreich Tierhaltung betreiben. Ganz so einfach ist es in der Praxis allerdings dann doch nicht.

Konfliktträchtig ist zum Beispiel die von Tierschützern erhobene Forderung, den Schweinen wieder mehr Zugang zur Außenluft zu gewähren. Das führt zu Staub-, Geruchs- und Ammoniakemissionen, die wiederum aus gesundheitspolitischer und klimapolitischer Sicht unerwünscht sind. Tierwohl versus Klima- und Gesundheitsschutz, einfache Lösungen gibt es hier nicht. Dieses Dilemma bedarf aber dringend der Klärung und Entscheidung, um landwirtschaftlichen Betrieben hinsichtlich zukünftiger Investitionen Orientierung zu geben.

Tierwohl hat seinen Preis

Die Situationsbeschreibung der Wissenschaftler zur Nutztierhaltung in Deutschland ist eindeutig. Erhebliche Anteile der Nutztiere werden demzufolge unter Bedingungen gehalten, die mehr oder minder bedeutende Beeinträchtigungen des Tierwohls mit sich bringen. Dazu gehören die insbesondere in Süddeutschland noch verbreitete Anbindehaltung bei Milchkühen, die dem Bedürfnis der Tiere nach Bewegung nicht entspricht, und die Schweinehaltung auf Vollspaltenböden, die ebenfalls nicht artgerecht ist.

Der Beirat hat im Ergebnis seiner Analysen neben einem Katalog an Sofortmaßnahmen mittel- bis langfristige Maßnahmen auf Ebene des Bundes, der Länder, der EU und der Wirtschaft vorgeschlagen. Der Ball wurde der Politik zugespielt. Und hier setzten die Mühen der Ebene ein. Die vom Wissenschaftlichen Beirat entwickelten Leitlinien, unter anderem zum Platzangebot für die Tiere und zur Einrichtung der Ställe, führen bei einer Umsetzung zu Mehrkosten in Deutschland von 3 bis 5 Milliarden Euro jährlich. Bei unterstellter Überwälzung auf die Verbraucherpreise würde daraus eine Erhöhung von 3 bis 6 Prozent resultieren. Angesichts der Preissteigerungen für Nahrungsmittel ab der zweiten Jahreshälfte 2022 sind das allerdings keine Besorgnis auslösenden Größenordnungen. Der wissenschaftliche Beirat weist ferner darauf hin, dass ohne politische Begleitmaßnahmen aufgrund des durch mehr Tierwohl ausgelösten Kostendrucks ein Teil der Produktion in Länder mit geringeren Tierschutzstandards abwandern würde.

Die Branche fürchtet einen Verlust an Wettbewerbsfähigkeit, sollten die Vorschläge des WBAE umgesetzt werden. Die Landwirte bezweifeln, dass die Konsumenten bereit sind, die zusätzlichen Kosten für mehr Tierwohl zu tragen und fordern eine entsprechende finanzielle Unterstützung ein. Nachbarstaaten, wie Dänemark und die Niederlande, schaffen es, höhere Tierwohlstandards zu kennzeichnen und dafür mehr Konsumentengeld abzuschöpfen. Dort funktioniert das allerdings ohne dauerhafte staatliche Begleitfinanzierung, wie sie in Deutschland diskutiert und inzwischen mit sehr begrenzten Haushaltsmitteln vorgesehen ist.

Im zuständigen Bundesministerium für Ernährung und Landwirtschaft wurden bereits seit geraumer Zeit zum Thema Tierwohl Strategien und Konzepte entwickelt. Sie wurden diskutiert, verfeinert, verworfen oder weiterverfolgt. In den vergangenen Legislaturperioden ließ sich dazu zwischen Ministerium und Regierungsfraktionen kein Konsens erzielen. In und zwischen den Parteien hatte man sich bei den Detailfragen verhakt. Zum verständlichen Unmut der Bauern mangelt es nun an klaren Vorgaben und damit Perspektiven. Auch die Formulierungen zu diesem Thema im Koalitionsvertrag der aktuell regierenden Parteien bringen ebenso wenig Klarheit wie das bisherige Agieren der derzeitigen Bundesregierung. Mehrheiten für eine Eins-zu-eins-Umsetzung der mit Kosten von mehreren Milliarden Euro pro Jahr untersetzten Reformvorschläge, die unter Federführung des früheren Landwirtschaftsministers Jochen Borchert erarbeitet wurden, fanden sich bisher jedenfalls nicht. Immerhin hat die Ampel mit dem Tierhaltungskennzeichnungsgesetz und den baurechtlichen Erleichterungen des Stallumbaus für Tierwohlzwecke erste Pflöcke eingeschlagen.

Ungelöste Fragen bei der Tierhaltung

Besonders heftig verlief die Diskussion über die Einführung eines für Landwirte freiwilligen Tierwohlkennzeichens unter staatlicher Regie. Im BMEL wurden dazu schon in der vorletzten Legislaturperiode unter dem damaligen Minister Christian Schmidt fundierte Vorschläge erarbeitet. Dieses Kennzeichen sollte dem Verbraucher Orientierung über das Tierwohlniveau im gesamten Produktionsprozess geben. Damit würde die Möglichkeit eröffnet, Verantwortung durch Einkaufsverhalten zu übernehmen und durch höhere Produktpreise zumindest einen Teil der höheren Produktionskosten zu decken. Eigentlich handelte es sich hier um einen charmanten Ansatz, der weder Produzenten noch Verbraucher überfordert hätte. Inzwischen haben Bundestag und Bundesrat die Einführung eines verpflichtenden Haltungskennzeichens für frisches Schweinefleisch aus hiesiger Produktion beschlossen. Das vorgelegte Konzept stieß allerdings sowohl beim Berufsstand als auch bei Tierschutzorganisationen auf heftige Kritik. Auch die Wissenschaft ist skeptisch. Professor Lars Schrader, Leiter des Instituts für Tierschutz und Tierhaltung Celle, glaubt, dass eine Haltungskennzeichnung das Tierwohl nur begrenzt verbessert. Das bereits 2017 vom damaligen Agrarminister Schmidt vorgestellte und von seiner Nachfolgerin Julia Klöckner weiterentwickelte Tierwohllabel war auch aus Tierschutzsicht umfassender angelegt. Hätte man diesen Vorschlag damals umgesetzt, wären wir beim Thema Tierwohl weiter, und die Bauern hätten mehr Klarheit.

Neben den rechtlichen Fragestellungen stellen sich vielerlei fachliche Fragen in Zusammenhang mit der Bewertung des Tierwohls. Bewerte ich nur das Haltungssystem oder auch das Management der Tierhaltung? Wird also der gesamte Lebensweg des Tieres von der Geburt bis zur Schlachtung bewertet, wie beim freiwilligen Tierwohlkennzeichen geplant, oder lediglich das Haltungssystem während der Mastphase, ohne Einbeziehung des Transportes und der Schlachtung, wie jetzt vorgesehen? Wie geht man mit importierten Tieren um? Viele Mastschweine werden als Ferkel importiert. Wie ordne ich die Ökobetriebe ein? Sind sie in Tierwohlfragen von vorneherein anderen Betrieben überlegen? Der Teufel steckt auch hier im Detail und verhindert einfache Lösungen.

Problem Importe

Die Zukunftskommission Landwirtschaft macht sich den Konsens der Borchert-Kommission zu eigen. Sie empfiehlt, die Vorschläge des Kompetenznetzwerkes unverzüglich und zügig umzusetzen und den Transformationsprozess sowohl hinsichtlich seiner wirtschaftlichen Machbarkeit wie auch im Hinblick auf seine öffentliche Akzeptanz politisch zu flankieren. Den damit verbundenen schwierigen rechtlichen, administrativen und vor allem fiskalpolitischen Fragen widmet sich die Zukunftskommission nicht.

Die Vorschläge der Borchert-Kommission und der Zukunftskommission werfen weitere Probleme auf. Sie blenden die mit dem offenen EU-Binnenmarkt verbunden Szenarien geflissentlich aus. Höhere Standards in Deutschland verhindern keine Billigimporte aus anderen EU-Staaten, wenn ein Teil der deutschen Konsumenten höhere Standards und die damit verbundenen höheren Preise nicht akzeptiert. Höherpreisige Ware ist schon 2022 angesichts der deutlich gestiegenen Inflationsrate schwieriger absetzbar. Hiesige Bemühungen um einen ambitionierten deutschen Sonderweg in der Tierhaltung könnten also in einer EU mit offenen Binnengrenzen sehr schnell durch Importe konterkariert werden. Das gut gemeinte Tierwohlkonzept würde sich so zum Nachteil hiesiger Tierhalter entwickeln.

Veränderte Nachfrage

Ökonomisch erfolgreiche Tierhaltung wird in der Breite zumindest investiver Förderung bedürfen, um die Ställe auf mehr Tierwohl auszurichten. Eine tendenziell steigende Bereitschaft der Konsumenten, für mehr Tierwohl auch mehr zu zahlen, war bisher zu verzeichnen. Steigende Ausgaben für Bioprodukte und zunehmend erfolgreiche Markenfleischprogramme haben das gezeigt. Einzelne Händler haben zudem ambitionierte Tierwohlziele definiert und überholen damit die Politik. Aber in Zeiten sinkender Realeinkommen, wie wir sie nun in 2022/23 vorfinden, sinken offenbar die Bereitschaft und auch die Möglichkeiten etlicher Konsumenten, hochpreisige Lebensmittel zu kaufen. Auch das ist in Strategien zur Weiterentwicklung der tierischen Produktion in Deutschland einzubeziehen. Das zunehmende Interesse der Konsumenten für Nahrungsmittelproduktion und Landwirtschaft bietet dennoch Chancen, die intensiver genutzt werden sollten. Tierische Produktion sollte und kann „sympathischer rübergebracht werden“. Daran muss die Branche verstärkt arbeiten.

Es hat sich was getan

Verschiedene Kritikpunkte an der Tierhaltung wurden in den letzten Jahren abgeräumt. Das grundlose Töten männlicher Küken wurde verboten, ebenso die betäubungslose Ferkelkastrationen, die Haltung von Sauen vor und nach dem Abferkeln in sogenannten Kastenständen läuft in den nächsten Jahren aus. Die wissenschaftlich untermauerte Forderung nach mehr Tierwohl in weiteren Bereichen der landwirtschaftlichen Tierhaltung ist nachvollziehbar und auch berechtigt. Die Erfüllung dieser Forderungen ist aber mit den Perspektiven der Branche in Einklang zu bringen. Förderung und Ordnungsrecht sowie Verlässlichkeit gegenüber den Landwirten können zum Erfolg führen. Eine vermehrte Versorgung mit ausländischen tierischen Produkten, die gegebenenfalls zu niedrigeren Tierwohlstandards produziert wurden, darf nicht die Lösung sein. Wir müssen aber berücksichtigen, dass wir in der EU in einem gemeinsamen Markt wirtschaften. Sonderwege sind also rechtssicher zu gestalten und hinsichtlich möglicher wirtschaftlicher Folgen sorgfältig zu analysieren und zu bewerten. Manchmal hilft auch schon ein besserer Vollzug des geltenden Rechts. Wenn in manchen Bundesländern Tierschutzkontrollen nur alle 30 bis 40 Jahre auf den Höfen stattfinden, in Bayern sogar alle 48 Jahre, wie die Bundesregierung auf eine Anfrage offenlegte, muss man sich über manches Beklagenswerte in deutschen Ställen nicht wundern. Mehr Tierwohl ließe sich schon durch vermehrte Kontrollen mit dem Ziel der konsequenteren Anwendung bestehender Rechtsnormen erzielen. Anlässlich einer zwischen März 2021 und März 2022 in Niedersachsen durchgeführten Schwerpunktkontrolle in

Schweineställen entdeckten die Amtsärzte in mehr als jedem zweiten überprüften Betrieb Verstöße gegen die Tierschutz-Nutztierhaltungsverordnung.

FAZIT: Über Wege zur Realisierung eines höheren Tierwohlniveaus in der Nutztierhaltung wird seit Jahren diskutiert. Gutachten wurden gefertigt, Kommissionen haben Papiere erarbeitet, aber es hapert an der Umsetzung. Die Politik hat sich verhakt. Das liegt auch an den Kosten, die den Steuerzahlern und den Verbrauchern aufgebürdet werden sollen. Für Landwirte ist das mit Unsicherheit und Abwarten verbunden. Vielleicht sollte man zunächst einmal das bestehende Recht konsequenter durchsetzen und in kürzeren Abständen Tierschutzkontrollen auf den Betrieben durchführen. Schon das würde zu mehr Tierwohl in deutschen Ställen führen.

WIE STEHT ES UM DEN GRUNDWASSERSCHUTZ?

Jahrzehntelanger Streit ums Wasser

Kaum ein Thema hat die Agrarszene in den vergangenen Jahren so bewegt, wie die Umsetzung der EU-Nitratrichtlinie, die 1991 zum Schutz des Grundwassers vor Nitrateinträgen erlassen wurde. Erhöhte Nitratgehalte im Grundwasser sind in starkem Ausmaß auf Überdüngung zurückzuführen. Da unser Trinkwasser überwiegend aus dem Grundwasser gewonnen wird, ist es wichtig, Grundwasser zu schützen. Die Nitratrichtlinie fordert die Mitgliedstaaten auf, zielführende Vorschriften zum Schutz des Grundwassers vor Nitrateinträgen zu erlassen. Bei Nichteinhaltung dieser Vorgaben drohen den Mitgliedstaaten Klagen vor dem Europäischen Gerichtshof und gegebenenfalls die Zahlung von Zwangsgeldern. Deutschland hat sich dieser Thematik mit Verspätung und Zurückhaltung angenommen. Die Ursache lag in einer mangelnden Konfliktbereitschaft gegenüber der agrarischen Klientel. Nur so ist zu erklären, dass die Verantwortlichen in Regierung und Parlament erst nach massivem Druck aus Brüssel und der Ankündigung von Strafzahlungen den gegenüber der EU richtigen und unvermeidlichen Weg eingeschlagen haben. Immerhin hat die EU-Kommission Deutschland mit einer Wiederaufnahme des Verfahrens vor dem Europäischen Gerichtshof gedroht, an dessen Ende Strafzahlungen für Deutschland von mehr als 800.000 Euro pro Tag gestanden hätten.

Eine 2012 ausgesprochene Mahnung der EU-Kommission verpuffte im politischen Alltagsbetrieb, nicht ohne Einfluss der Lobby. Man scheute eben dieses konfliktbeladene Thema. Das war politisch kurzsichtig, wie die Reaktion der EU zeigte. Schließlich wurde erst nach der Erhebung einer Klage gegen die Bundesrepublik Deutschland in 2017 – 26 Jahre nach Erlass der EU-Nitratrichtlinie – eine novellierte verschärfte Düngeverordnung verabschiedet. Die dort enthaltenen Vorgaben erschienen der EU-Kommission nach einem in 2018 zulasten Deutschlands ergangenen Urteil wegen Nichtumsetzung der Nitratrichtlinie nicht ausreichend. Deutschland musste nachbessern. Die dann 2019 unterbreiteten Vorschläge waren wiederum nicht ausreichend, um dem Urteil zu entsprechen.

Chance zur Befriedung

2020 trat dann eine neue Düngeverordnung zur Umsetzung der Nitratrichtlinie in Kraft. Sie enthält unter anderem Bewirtschaftungsrestriktionen für die sogenannten „Roten Gebiete", wie zum Beispiel die Reduzierung der Düngung um 20 Prozent. Rote Gebiete sind besonders stark nitratbelastete Regionen. In Deutschland liegt die

Zuständigkeit für die Ausweisung der Roten Gebiete bei den Bundesländern, die auf der Basis einer harmonisierten, also vom Bund per Verwaltungsvorschrift für alle Länder einheitlich festgelegten Methode diese Ausweisung vornehmen. Hinsichtlich der Umsetzung der neuen Maßnahmen meldete die EU-Kommission erneut Bedenken an. Die jetzige Bundesregierung war gewillt, den Streit beizulegen und auf die EU-Forderungen einzugehen. Im Juli 2022 hat der Bundesrat einer zuvor zwischen der Bundesregierung und der Europäischen Kommission ausgehandelten Neuregelung für die Ausweisung der Roten Gebiete zugestimmt. Im Ergebnis führt das zu einer Ausweitung der Rote-Gebiete-Kulisse. Die Länder haben nun einige Jahre Zeit, die neuen Vorschriften umzusetzen. Gleichzeitig wollen Bund und Länder gemeinsam dafür sorgen, dass Landwirte, die nachweislich gewässerschonend wirtschaften, von den strengen Auflagen ausgenommen werden. Damit bietet sich die Chance, einen jahrzehntelangen Streit zu befrieden und endlich die deutschen Versäumnisse in der Düngepolitik zu beheben. Erst im Frühjahr 2023 hat die Europäische Kommission das Vertragsverletzungsverfahren gegen Deutschland in Sachen Nitrat eingestellt. Offenbar haben die inzwischen von Bund und Ländern beschlossenen und eingeleiteten Verschärfungen im Düngerecht mit teilweise gravierenden Konsequenzen für die Betriebe die Brüsseler Administration zufriedengestellt.

Viehhaltung und Sonderkulturen als Problem

Nacharbeiten müssen die Länder auch bei ihren Messstellennetzen. Deren Ergebnisse zu den Nitratgehalten im Grundwasser sind ausschlaggebend für die Ausweisung der Roten Gebiete mit besonderen Bewirtschaftungsbeschränkungen. Von landwirtschaftlicher Seite wird seit vielen Jahren kritisiert, die Messstellen seien nicht repräsentativ, und das Messnetz sei zu dünn. Dieser Vorwurf ist nicht trivial. Eine Landesverwaltung muss den Landwirten schon nachvollziehbar erklären können, warum die von ihnen bewirtschafteten Flächen in Roten Gebieten liegen. Dass Nährstoffüberschüsse aus der Landwirtschaft die Qualität von Oberflächen- und Grundwasser belasten, stellt auch der Abschlussbericht der Zukunftskommission Landwirtschaft fest. Verursacht werden diese Belastungen primär durch eine hohe Tierdichte bezogen auf die landwirtschaftliche Fläche und die daraus folgende Überdüngung landwirtschaftlicher Flächen sowie durch einen intensiven Obst- und Gemüseanbau. So verwundert es nicht, dass der Anteil nitratbelasteter Gebiete an der landwirtschaftlich genutzten Fläche in Nordrhein-Westfalen, Niedersachsen, Schleswig-Holstein und Rheinland-Pfalz besonders hoch ist, also in den intensiven Sonderkultur- und Viehhaltungsregionen. Dort sind anteilig dann auch mehr landwirtschaftliche Betriebe von Einschränkungen betroffen als in anderen Teilen Deutschlands. Aber auch in einigen Ackerbaugebieten finden sich aufgrund intensiver Stickstoffgaben erhöhte Nitratwerte.

In den Roten Gebieten 20 Prozent weniger düngen zu dürfen und verlängerte Sperrfristen einzuhalten, bedeutet für viele Betriebe einschneidende Änderungen in der konzeptionellen Ausrichtung und/oder auch die Notwendigkeit erheblicher Investitionen, zum Beispiel für zusätzlichen Güllelagerraum, um die veränderten Sperrfristen einhalten zu können. Dies führte zu einem erheblichen Unmut bei den Betroffenen, der zudem von Vertretern des Berufsstandes angeheizt wurde. Dort fehlte zunächst die Einsicht, dass die EU-Kommission nach fast dreißig Jahren seit Verabschiedung der EU-Nitratrichtlinie von Deutschland einen Vollzug erwartet. In dieser Angelegenheit gab es bei der EU für die Bundesregierung so gut wie keinen Verhandlungsspielraum und schon gar kein Wohlwollen. Unterstützung fand die EU-Kommission zudem bei Unternehmen der Wasserversorgung und deren Interessenvertretern, die nachdrücklich schärfere Regeln forderten, schon um die Kosten der Grundwasseraufbereitung zu Trinkwasser in Grenzen zu halten.

FAZIT: Der Grundwasserschutz hat in Deutschland Schaden genommen. Die Politik hätte früher und konsequenter handeln müssen. Einmal mehr zeigt sich, verzögertes politisches Handeln geht auf Kosten der Betroffenen, denen man eigentlich helfen wollte. Mit der neuen Verwaltungsvorschrift der Bundesregierung besteht die Chance, das Nitratproblem endlich in den Griff zu bekommen und Planungssicherheit für die Bauern zu schaffen

GEFÄHRDET LANDWIRTSCHAFT DIE ARTENVIELFALT?

Intensive Nutzung ist das Problem

So wie wir heute Landwirtschaft in Deutschland und in Mitteleuropa betreiben, tragen wir zur Reduzierung der Tier- und Pflanzenarten bei. Darauf hat sich auch die Zukunftskommission Landwirtschaft einvernehmlich verständigt. Die Deutsche Akademie der Naturforscher Leopoldina – Nationale Akademie der Wissenschaften – hat festgestellt, dass für etwa 80 Prozent der Abnahme der globalen Biodiversität der Wandel in der Landnutzung und die intensive agrarische Nutzung verantwortlich sind. Ein Beispiel für die Folgen veränderter Lebensräume ist die Reduzierung der Bestände bei Rebhühnern. Wurden in der ersten Hälfte des letzten Jahrhunderts in Deutschland 1,5 Millionen Rebhühner jährlich geschossen, liegt der derzeitige Bestand nur noch bei ca. 50.000 Exemplaren. Das ist nicht das Werk der Jäger, sondern den Veränderungen bei den Lebensräumen und der dadurch fehlenden Deckung zuzuschreiben.

Dabei hat die Biodiversität nicht nur einen Wert an sich, sie erfüllt auch eine Vielzahl von Funktionen zum Beispiel für die Bodenfruchtbarkeit, die Schädlingsregulation, für die Bestäubung der Nutzpflanzen und weiterer Pflanzen. Die Ursachen für den Artenrückgang sind vielfältig, regional unterschiedlich und nicht ausschließlich der Landwirtschaft zuzuschreiben. Unstrittig ist jedoch der wesentliche Beitrag der intensiven landwirtschaftlichen Nutzung. Ebenso negativ wirken die Zerschneidung und Zersiedelung der Landschaft, dadurch werden Lebensräume zerstört, wie auch der Wegfall von Hecken und Saumstrukturen in der Agrarlandschaft. Vernetzte Lebensräume für Flora und Fauna haben sich im Zeitablauf reduziert, große Schläge, also große zusammenhängende Flächen, und verringerte Kulturartenvielfalt tragen ebenfalls zum Artenrückgang bei. Lichtverschmutzung und Schadstoffeinträge tun ein Übriges.

Die Zukunftskommission Landwirtschaft hält in ihrem Abschlussbericht fest, dass die zügige Einleitung von effektiven Maßnahmen erforderlich ist, um den Biodiversitätsverlust in der Agrarlandschaft umgehend zu stoppen. Der landwirtschaftlich verursachte Rückgang der Artenvielfalt sei erheblich und dürfe sich nicht in der bisherigen Weise fortsetzen, es müsse eine Trendumkehr erreicht werden. Die Zukunftskommission schlägt vor, Landwirte für die Erbringung von Biodiversitätsleistungen zu entlohnen.

Die Politik reagiert

Agrar- und Umweltpolitik tragen dieser Zustandsbeschreibung inzwischen stärker Rechnung. Durch vermehrte Auflagen bei den Direktzahlungen für Landwirte und vielfältige Programmangebote auf freiwilliger Basis versuchte und versucht man, mehr Artenvielfalt zu gewährleisten. Viele Landwirte beteiligen sich engagiert an diesen Programmen. Zum Beispiel wird die Anlage von Blühstreifen ebenso gefördert wie die Einhaltung mehrgliedriger Fruchtfolgen oder verringerte Produktionsintensitäten. Diese Linie hat durch die 2021 beschlossene Agrarreform eine weitere Bekräftigung erfahren, allerdings mit unterschiedlichem Echo. Während landwirtschaftliche Vertreter zu Recht beklagen, dass die Einkommenswirkungen der Direktzahlungen zunehmend reduziert werden, halten Umweltpolitiker und Umweltverbände die getroffenen Beschlüsse für unzureichend.

Die EU-Kommission hat 2020 als Teil des Green Deals eigens eine Biodiversitätsstrategie 2030 vorgelegt. Danach sollen 30 Prozent der Meeres -und Landflächen bis 2030 unter Schutz gestellt werden, ein Drittel davon unter strengen Schutz. 2021 hat die Europäische Kommission beschlossen, Deutschland wegen mangelnder Umsetzung der Fauna-Flora-Habitat-(FFH-)Richtlinie vor dem Europäischen Gerichtshof zu verklagen. Deutschland hatte eine bedeutende Anzahl von Gebieten immer noch nicht geschützt, obwohl die Frist für die Vollendung der notwendigen Maßnahmen nach Aussage der Kommission in einigen Fällen schon vor mehr als zehn Jahren abgelaufen war. Die FFH-Richtlinie geht auf das Jahr 1992 zurück. Sie dient der Zielsetzung der Wiederherstellung, Erhaltung und Förderung der biologischen Vielfalt. Die Mitgliedstaaten werden dazu verpflichtet, Lebensräume sowie wildlebende Tiere und Pflanzen zu schützen. Dazu sollen insbesondere zusammenhängende Netze von Schutzgebieten dienen. Für die Ausweisung von Schutzgebieten sind in Deutschland primär die Länder zuständig. Der Ausgang der Klage bleibt abzuwarten. Zumindest ist dieser Vorgang kein Ruhmesblatt deutscher Artenschutzpolitik.

Das niederländische Modell

Besonders klug gehen die Niederländer in ihrer Artenschutzpolitik vor. Dort planen regionale Verbünde aus Landwirtschafts- und Umweltorganisationen mit der lokalen Verwaltung örtliche biodiversitätsfördernde Maßnahmen und setzen sie um. Alte Konfliktlinien zwischen Landwirtschaft und Umwelt lassen sich somit reduzieren. Motivierte Entscheidungsträger vor Ort sind am ehesten in der Lage, zielführende Maßnahmen gemeinsam zu entwickeln und umzusetzen. In Biodiversitätsfragen kommt dem ökologischen Landbau eine besondere Bedeutung zu. Wissenschaftler des Leibniz-Zentrums für Agrarlandschaftsforschung und des bundeseigenen Julius-Kühn-Instituts halten es für wichtig, den Flächenanteil des Ökolandbaus zeitnah auf 25 Prozent zu erhöhen, um Biodiversität und weitere Leistungen für die Umwelt und Gesellschaft zu fördern. Gleichzeitig halten sie es für essentiell, Ansätze zur Ökologisierung des konventionellen Landbaus besser zu nutzen und dauerhaft in die Praxis umzusetzen.

Auch die Rechtswissenschaftlerin Charlotte Kreuter-Kirchhof kommt zu der Schlussfolgerung, dass der Erhalt der Biodiversität nachhaltig mit den Menschen vor Ort gelingt, nicht gegen sie. Als Schlüssel zu einem nachhaltigen Schutz der Biodiversität spricht sie sich für wirksame Beteiligungsrechte der Betroffenen, hinreichende Gestaltungsräume vor Ort sowie einen maßvollen Ausgleich für nachteilige Folgen aus.

FAZIT: Veränderungen in der Wirtschaftsweise mit dem Ziel der Erhaltung bedrohter Arten beeinträchtigen die Wirtschaftlichkeit der betroffenen landwirtschaftlichen Betriebe. Die Zukunftskommission plädiert für eine Entlohnung der Landwirtschaft auch für Biodiversitätsleistungen. Damit sollen Landwirte für ein verstärktes Engagement zugunsten der Artenvielfalt motiviert werden. Lokal angepasste Lösungen erscheinen erfolgversprechender und weniger bürokratisch als bundesweite Programmangebote.

WIE STEHT ES UM DEN SCHUTZ DER INSEKTEN?

Weltweites Problem

Insekten gelten als doppelt so stark gefährdet wie Wirbeltiere. Seit Jahrzehnten ist die Biomasse, die Artenvielfalt und die Häufigkeit von Insekten rückläufig. 44 Prozent aller in Deutschland bekannten Insektenarten, das heißt ca. 14.600 Arten, weisen eine negative Entwicklung auf. Der Rückgang der Insekten ist kein nationales oder europäisches Problem, es handelt sich um ein weltweites Problem. Dabei verläuft die Entwickelung bei einzelnen Arten unterschiedlich. Neben solchen, die im Schwinden begriffen sind, gibt es andere, deren Population zunimmt. Die Ursachen des Insektenschwundes sind dabei vielfältig. Außer dem Klimawandel spielt dabei auch die intensive Landwirtschaft mit dem Einsatz von Dünge- und Pflanzenschutzmitteln eine nicht zu leugnende Rolle. Hinzu kommt, Insekten reagieren besonders sensibel auf den Verlust an Lebensräumen, der vor allem durch große Schläge und Monokulturen verursacht wird. Auch da kommt die Landwirtschaft ins Spiel. Allerdings steht auch außer Frage, dass die heutige Landwirtschaft nicht allein verantwortlich für das Insektensterben ist. Denken wir nur an die fortschreitende Urbanisierung und die sogenannte „Lichtverschmutzung", die für uns die Nacht zum Tage und vielen Insekten den Garaus machen. Im Ergebnis führt das zu der Feststellung, dass Insektenschutz eine gesamtgesellschaftliche Aufgabe ist und nicht nur eine der Landwirtschaft, wenngleich ihr als größter Flächennutzerin eine besondere Verantwortung zukommt.

Lebensräume schützen und vernetzen

Was kann Landwirtschaft tun, um dem Insektensterben Einhalt zu gebieten? Am wichtigsten ist es, Lebensräume zu schützen und zu vernetzen. Wie müssen ferner dafür sorgen, dass wieder mehr unterschiedliche Kulturen angebaut werden. Eine Erweiterung der Fruchtfolgen mit einer stärkeren Vielfalt an Kulturpflanzen und die

Anlage von Gewässerschutzstreifen können dazu beitragen, verbesserte Lebensumstände für Insekten zu schaffen. Dies entspricht auch der Zielsetzung der Europäischen Agrarpolitik. Schließlich wissen wir, dass auch eine Reduzierung des Düngemittel- und Pflanzenschutzmitteleinsatzes dem Insektenschutz dient. Mit 30 Prozent der genutzten Fläche trägt neben der Landwirtschaft auch die Forstwirtschaft Verantwortung für den Insektenschutz. Eine möglichst naturnahe Bewirtschaftung hilft der Insektenpopulation ebenso, wie das Belassen von Totholz im Wald, das wiederum aus Brandschutzgründen heikel ist. Aber auch Städte und Kommunen stehen in der Pflicht, einen Beitrag zur Stabilisierung der Insektenpopulation zu leisten. Geeignete Maßnahmen sind das Vorhalten von Biotopen und eine Reduzierung der Lichtverschmutzung.

Ureigenes Interesse der Bauern

Der politische Zündstoff des Themas Insektenschutz zeigte sich im Herbst 2019 anlässlich der damaligen Verabschiedung des Aktionsprogramms Insektenschutz durch das Bundeskabinett. Die anschließenden und bereits erwähnten Bauerndemonstrationen in Berlin und anderenorts haben viele Beobachter verwundert. Schließlich liegt der Insektenschutz im ureigenen Interesse der Landwirtschaft. Sie ist nämlich ebenso wie die Forstwirtschaft auf die neudeutsch als „Ökosystemleistungen" bezeichneten Vorteile angewiesen, die die Menschen aus Ökosystemen ziehen. Deren integraler Bestandteil sind nun einmal Insekten. Anstatt Bemühungen zu unterstützen, dem nicht zu bestreitenden Insektensterben zu begegnen, fühlten sich Landwirte durch das Aktionsprogramm mit den darin vorgesehenen strengeren Reglementierungen in ihrer Bewirtschaftungsfreiheit eingeengt. Sie fürchteten um den Fortbestand freiwilliger Programme und der darin geregelten Honorierung ihrer Umweltleistungen. Das Bundeslandwirtschaftsministerium hatte diesen Aspekt mit Nachdruck in den Verhandlungen mit dem Bundesumweltministerium vorgebracht. Dabei hat es etliche Vorkehrungen erreichen können, dies zu verhindern. Offenbar war es jedoch nicht gelungen, dies in der Öffentlichkeit und dem Berufsstand gegenüber hinreichend deutlich zu machen.

Zuckerbrot und/oder Peitsche

Hinter den Auseinandersetzungen im Herbst 2019 stand wiederum die Grundsatzfrage, ob der Staat Umweltleistungen der Landwirte anordnet oder sie von ihnen „einkauft". Soll also Umweltschutz im Agrarsektor primär auf freiwilliger Basis erfolgen, und sollen Landwirte, die sie zum Schutz von Flora und Fauna erbringen, im Rahmen von Förderprogrammen entlohnt werden? Oder muss der Staat diese Leistungen einfordern, indem er über das Ordnungsrecht striktere Vorgaben für die Bewirtschaftung macht? Darüber wurden zum Teil erbitterte Auseinandersetzungen zwischen der Agrar- und der Umweltseite geführt. Die Konfliktlinien verliefen zwischen dem Landwirtschafts- und Umweltministerium, zwischen Bauern- und Umweltverbänden, aber auch zwischen Verbänden und Ministerien. Dass sich dabei auch das Agrarressort heftigen Vorwürfen aus den Reihen der Landwirtschaft ausgesetzt sah, gehört zum politischen Geschäft. Dass dabei nicht zuletzt der Bauernverband jedoch mit übertriebenen Folgen des Aktionsprogramms für die Landwirte hantierte und überzogene Zahlen zum Umfang der von Einschränkungen betroffenen Flächen in Umlauf gebracht hat, war unnötig und hat die Kompromissfindung für die Ausgestaltung des Aktionsprogramms erschwert. Dennoch ist es gelungen, ein Insektenschutzpaket zu verabschieden, das beide Elemente angemessen berücksichtigt, Förderprogramme und Ordnungsrecht. Die schließlich 2021 beschlossenen gesetzlichen Regelungen tragen diesen Punkten Rechnung. Sie beziehen sich im Übrigen nicht nur auf die Landwirtschaft, sondern widmen sich desgleichen dem Thema Lichtverschmutzung, eine immer wieder vorgebrachte Forderung aus der Landwirtschaft.

FAZIT: Weltweit sind Insektenpopulationen gefährdet. Die intensive Landnutzung trägt dazu bei. Insektenschutz ist unabdingbar und im ureigensten Interesse der Landwirtschaft. Per Ordnungsrecht oder mit Anreizprogrammen auf freiwilliger Basis muss das Insektensterben gestoppt werden.

9 Wie steht es um unsere Böden?

VERFÜGBARKEIT UND GESUNDHEIT

Grundlage Boden

Auch der Zustand unserer Böden gibt Anlass zur Sorge. Dabei ist der Boden, natürlich neben dem Menschen, mit seinen verschiedenen Typen das wichtigste Produktionsmittel zur Erzeugung von Nahrungsmitteln. Erfolgreiche und nachhaltige Landwirtschaft erfordert einen guten Bodenzustand. Der Boden ist die Grundlage unserer Nahrungsmittelproduktion, er wird in zunehmendem Maße auch für den Anbau von Energiepflanzen und Rohstoffen für industrielle Verwendungen genutzt. Etwa 2.000 Quadratmeter Ackerfläche stehen jedem Menschen auf dieser Welt zur Verfügung. Es werden allerdings täglich weniger aufgrund des ungebremsten Bevölkerungswachstums, durch Umweltverschmutzungen, durch den Klimawandel und durch die zunehmende Versiegelung. 56 Hektar pro Tag werden allein in Deutschland der Landwirtschaft entzogen und außerlandwirtschaftlich für Siedlung, Verkehr, Industrie sowie Infrastruktur genutzt, weltweit sind es pro Tag 300 Quadratkilometer.

Boden in Gefahr

Bodenforscher sprechen davon, dass die Böden in der größten Krise seit Jahrzehnten stecken. Weltweit sind 20 bis 40 Prozent aller Landflächen geschädigt, so der „Global Land Outlook" der Vereinten Nationen. Wir brauchen mehr vorsorgliche Maßnahmen zum Schutz unserer Böden. Bodenbiodiversität, Bodenverdichtung, Humusgehalt und Erosion sind die wesentlichen Problemfelder. Jährlich gehen in Deutschland 1,4 bis 3,2 Tonnen pro Hektar fruchtbarer Ackerboden durch Erosion verloren. Das mindert die Ertragsfähigkeit der Böden. Dabei sind wir ein Gunststandort, unsere Böden sind zum Teil sehr fruchtbar. Wind und Wassererosionen sind auf immer größere Flächenstrukturen, fehlenden Erosionsschutz und zunehmende Extremwetterlagen zurückzuführen. Starkregenereignisse und anhaltende Trockenperioden treten im Zuge des Klimawandels häufiger auf. Nur gesunde Böden werden mit diesen Wetterextremen fertig. Ein gesunder Boden ist der größte terrestrische Kohlenstoffspeicher unseres Planeten, dem Boden kommt also beim Thema Klimawandel eine besondere Bedeutung zu.

Unter einem Quadratmeter gesundem Boden finden sich ca. 15 Tonnen an Bodenlebewesen, in 1,5 Kilogramm Boden stecken ca. 8 Milliarden Lebewesen, so viele, wie es Menschen auf der Erde gibt, eine ungeheure nicht sichtbare Artenvielfalt. Die Zukunftskommission Landwirtschaft betont in ihrem Abschlussbericht, dass sich Pflanzenschutzmittel und zu hohe Nährstoffgehalte negativ auf die Bodenbiodiversität bis hin zum Verschwinden von Mikroorganismen auswirken können. Also auch aus Gründen des Bodenschutzes sollten Pflanzenschutzmitteleinsatz und Düngung maßvoll und gezielt erfolgen.

Immer größere und schwerere Maschinen führen zu Bodenverdichtungen. Ein voll beladener Mähdrescher wiegt mit 36 Tonnen das Achtfache des Vorgängermodells von vor sechzig Jahren. Die Bodenverdichtungen haben in den letzten Jahrzehnten zugenommen. Sie sind insbesondere im Unterboden zum Teil irreversibel. Lebensräume für Regenwürmer und Kleinstlebewesen werden dadurch beeinträchtigt. Die Wasseraufnahmefähigkeit der Böden nimmt ab, Niederschlagswasser bleibt auf den Feldern stehen, Wurzeln können den Boden nicht mehr durchdringen und die Humusbildung reduziert sich durch verminderte Aktivitäten der Kleinstlebewesen. In der Folge steigt die Gefahr, dass Boden durch Wind und Wasser abgetragen wird. Eine stärkere Nutzung angepasster, gegebenenfalls selbstfahrender Technik kann zukünftige Schäden ebenso vermeiden helfen wie eine besondere Sensorik, die den Landwirten Entscheidungshilfe zur Befahrbarkeit der Böden bietet. Technischer Fortschritt kann somit helfen, Gefahren für unsere Böden zu reduzieren. Bodengesundheit muss stärker beachtet werden.

Ziele

Rechtliche Regelungen zum Schutz des Bodens gibt es auf nationaler Ebene mit dem Bundes- Bodenschutzgesetz. Auf EU-Ebene hat die Brüsseler Kommission 2021 als Bestandteil des Green Deal eine neue Bodenstrategie für 2030 veröffentlicht. Bis dahin wird eine deutliche Verringerung der Nährstoffverluste sowie des Pflanzenschutzmitteleinsatzes angestrebt. Bis 2050 soll ein gesunder chemischer, physikalischer und biologischer Bodenzustand erreicht sein. Das ist auch angesichts der Welternährungslage dringend erforderlich.

FAZIT: Gesunde Böden sind Voraussetzung für hohe Erträge. Der Zustand unserer Böden gibt Anlass zur Sorge. Auch wir in Deutschland müssen versuchen, Bodengefährdungen zu begegnen. Die EU strebt einen in jeder Hinsicht gesunden Bodenzustand bis 2050 an.

WEM GEHÖRT DER BODEN?

Im Verborgenen

Wer meint, dass der Eigentümer eines Grundstücks im Grundbuch steht, hat grundsätzlich Recht. Transparenz existiert hier bezüglich der natürlichen Personen, wenn also Max Mustermann oder Erika

Mustermann oder die Erbengemeinschaft Meier Eigentümer landwirtschaftlicher Grundstücke sind. Die Zuordnung erfolgt nach Flurstücken, was eine Gesamtschau erschwert. Keine Transparenz besteht allerdings, wenn juristische Personen Flächeneigentümer sind. Denn es steht nicht im Grundbuch, wer die Mitglieder einer Genossenschaft oder einer GmbH sind. Dabei handelt es sich in der Regel um die flächenstarken Betriebe. Das bedeutet, in diesen Fällen liegt die personelle Verteilung der landwirtschaftlichen Flächen im Verborgenen.

Das Thünen-Institut hat in einer Zufallsstichprobe von 59, allerdings nicht repräsentativen Gemeinden in Deutschland, davon 20 in den ostdeutschen Bundesländern, die Eigentumsstrukturen untersucht. Die Ergebnisse zeigen sehr unterschiedliche Eigentumsverhältnisse zwischen den Gemeinden. Der Anteil der Flächen, die in den Händen natürlicher Personen sind, schwankt zwischen 14 und 71 Prozent. Im Durchschnitt sind es 49 Prozent. Diese Arbeit des Thünen-Instituts hilft bei der Weiterentwicklung der Methodik der Erfassung der Eigentumsflächen. Freilich bleibt die besonders interessante Frage, welche Eigentumsstrukturen die juristischen Personen haben, auch hier unbeantwortet. Wir müssen feststellen, dass die Grundbücher zwar zuverlässig Auskunft geben über die Eigentumsverhältnisse bis hin zu Kleinstparzellen. Wer aber hinter einem komplizierten Holding-Geflecht mit mehreren Tausend Hektar steckt, wissen wir leider nicht. Für eine zielgerichtete und effiziente Ausgestaltung politischer Maßnahmen wären genauere Informationen zum Bodeneigentum wichtig, ja eigentlich notwendig.

Stumpfes Schwert Grundstücksverkehrsgesetz

In den bisherigen Ausführungen ist deutlich geworden, dass in der Landwirtschaft die finanziellen Bäume nicht in den Himmel wachsen. Dennoch investieren viele Vermögende und sehr Vermögende in landwirtschaftliche Flächen und landwirtschaftliche Betriebe. Warum tun sie das, und wie geht das? Schließlich räumt doch das

Grundstücksverkehrsgesetz zum Schutz vor kaufwilligen Nichtlandwirten den landwirtschaftlichen Betrieben ein Kaufprivileg ein. Ein aktiver Landwirt hat gewissermaßen ein Vorkaufsrecht gegenüber Nichtlandwirten. Das ist auch in Ordnung.

Landwirtschaftliche Grundstücksgeschäfte sind nach dem Grundstücksverkehrsgesetz genehmigungspflichtig. Behörden prüfen bei der Veräußerung landwirtschaftlicher Flächen die Kaufverträge. Will ein Nichtlandwirt Flächen erwerben, erfragt die zuständige Behörde, in der Regel Landkreise oder Landwirtschaftsämter, ob ein Landwirt bereit ist, zu dem vereinbarten Kaufpreis in den Vertrag einzusteigen. Findet sich ein Landwirt, so hat der Nichtlandwirt das Nachsehen. Der Gesetzgeber hat es gut gemeint mit der Schutzklausel. Allerdings wird das für die Verhältnisse in der alten Bundesrepublik gemachte Gesetz den heutigen Gegebenheiten und Gepflogenheiten insbesondere auf den Bodenmärkten in den neuen Bundesländern nicht gerecht. Das im Grundstücksverkehrsgesetz verankerte Vorkaufsrecht ist inzwischen in vielen Regionen ein Papiertiger. Politiker sprechen gerne von der erwünschten breiten Streuung des landwirtschaftlichen Grundbesitzes. Die derzeitigen rechtlichen Regelungen bewirken jedoch das Gegenteil.

Umgehung über Anteilskäufe

Die zuvor angesprochenen vermögenden Nichtlandwirte investieren vorwiegend in den neuen Bundesländern. Sie nutzen bewusst eine Lücke des Grundstücksverkehrsgesetzes aus, indem sie Anteile an juristischen Personen erwerben, also Anteile an Betrieben, die in der Rechtsform einer Genossenschaft, einer GmbH oder einer Aktiengesellschaft wirtschaften. Anteilsverkäufe bis zu 90 Prozent an diesen Gesellschaften müssen weder angezeigt noch genehmigt werden, obwohl sie zum Teil über beträchtliches Flächeneigentum verfügen. Bekannt sind Fälle, in denen juristische Personen eigens gegründet werden, gerne auch als Briefkastenfirmen, nur um Flächenverkäufe am Grundstücksverkehrsgesetz vorbei zu tätigen.

Manche Immobilienmakler haben mehr Großbetriebe als typische Bauernhöfe im Angebot. Auch das sagt uns etwas über die Stabilität und Kontinuität der Landwirtschaft in verschiedenen Regionen.

Experten schätzen, dass mit den sogenannten Anteilsverkäufen pro Fall im Durchschnitt etwa 250 Hektar den Eigentümer wechseln, das Vierfache der Durchschnittsbetriebsgröße in Deutschland. Doch nicht nur Investoren nutzen dieses Modell, auch Sparkassen und Genossenschaftsbanken agieren auf dem Bodenmarkt, um Flächeneigentum zu erwerben, in Einzelfällen sogar, um Betriebe zu bewirtschaften. „Bauernland in Bankenhand" das ist eigentlich keine gute Idee für die Zukunft der Branche. Die drittgrößte Sparkasse in Niedersachsen, die Sparkasse Hildesheim Goslar Peine (HGP) hat eigens eine hundertprozentige Tochtergesellschaft gegründet, die SAG Agrargesellschaft mbh & Co KG. Der Gesellschaftszweck ist die Führung eines landwirtschaftlichen Betriebes, ferner der Erwerb und die Verwaltung von landwirtschaftlichem Grundbesitz sowie die Beteiligung an Unternehmen mit gleichem oder ähnlichem Unternehmensgegenstand. Aktivitäten dieser Gesellschaft werden nicht nur aus Niedersachsen, sondern auch aus Sachsen-Anhalt berichtet.

Folgendes macht den Anteilskauf noch besonders attraktiv: Wenn bis zu 90 Prozent der Anteile an einer juristischen Person erworben werden, wird keine Grunderwerbssteuer erhoben. Bei den in den neuen Bundesländern üblichen Betriebsgrößen und Steuersätzen werden so mit jedem Anteilskauf etwa 380.000 Euro Grunderwerbssteuer vermieden. Eine Wettbewerbsverzerrung zugunsten der Investoren, zulasten der bäuerlichen landwirtschaftlichen Betriebe, die je nach Bundesland auf ihre Bodenkäufe Grunderwerbssteuer in Höhe von 3,5 bis 6,5 Prozent des Kaufpreises entrichten müssen.

Der flächenmäßige Umfang des normalen Flächenverkaufs unter Einschaltung der Grundstücksverkehrsausschüsse und Durchlaufen des Genehmigungsverfahrens beträgt in Deutschland 2,2 Hektar. Das alles führt zu folgender bitterer Erkenntnis: Der Staat kümmert sich um die kleinen Geschäfte, die sind oberhalb einer länderspezifischen Bagatellgrenze genehmigungspflichtig. Die umfänglichen, agrarstrukturell bedeutsamen und finanziell interessanten Flächenkäufe bleiben hingegen unter dem staatlichen Radar. Der gesetzlich festgeschriebene Vorrang aktiver Landwirte erweist sich damit als weitgehend unwirksam. Das gut gemeinte Grundstücksverkehrsgesetz läuft hier ins Leere, Flächenverknappung und Preisauftrieb sind die Folge. Und – dem Staat entgehen beträchtliche Summen an Grunderwerbssteuern.

Landwirte als Leidtragende

Der durch externe Investoren mitverursachte Preisauftrieb erschwert aktiven Landwirten den Flächenerwerb. Daraus resultieren erhebliche Wettbewerbsverzerrungen zulasten der „normalen" landwirtschaftlichen Betriebe, insbesondere auch zulasten von Junglandwirten und Existenzgründern. Das spiegelt sich auch in den Zahlen zur flächenmäßigen Entwicklung der landwirtschaftlichen Betriebe wider. Von 2007 bis 2017 hat die durchschnittliche Fläche der landwirtschaftlichen Betriebe um 16 Prozent zugenommen, die überregionalen Holdings, die sich überwiegend durch Anteilskäufe erweitern, haben ihre Flächen um 41 Prozent ausdehnen können.

Das Auftreten dieser Konkurrenten um Acker und Grünland wirkt sich unmittelbar auf die Bodenpreise aus. Von 2005 bis 2019 sind die Preise je Hektar für landwirtschaftliche Flächen in Deutschland um rund 200 Prozent auf etwa 26.000 Euro gestiegen, im Westen auf 40.000 Euro, im Osten auf 16.000 Euro. Der regionale Einfluss außerlandwirtschaftlicher Investoren auf die Bodenpreisentwicklung, insbesondere in den neuen Bundesländern, ist eindeutig.

Aus den in der Landwirtschaft erzielbaren Gewinnen sind diese Preise in der Regel nicht zu rechtfertigen. Der Bodenpreis hängt von einer Vielzahl von Faktoren ab. Neben der Bodenqualität und den Niederschlagsverhältnissen hat auch die Viehdichte Einfluss auf die Bodenpreise, die in den Veredelungsregionen durchaus schon

Größenordnungen von über 100.000 Euro je Hektar überschreiten. Das liegt daran, dass viehhaltende Betriebe Ausbringungsflächen für Gülle nachweisen müssen.

Interesse von Investoren

Warum engagieren sich nun Familien ohne jeden familiären oder wirtschaftlichen Bezug zur Landwirtschaft in dieser Branche? Bezüglich der Möglichkeiten, hohe Gewinne zu erwirtschaften oder hohe Kapitalrenditen zu erzielen, rangiert die Landwirtschaft hinter den meisten Branchen unserer Volkswirtschaft. Aber in Zeiten volatiler Kapitalmärkte, zunehmender Globalisierung, rasanter gesellschaftlicher und wirtschaftlicher Umwälzungen, zum Beispiel durch die Digitalisierung, raten Bankberater vermögenden Kunden zur Diversifizierung ihrer Anlagen. Und offenbar hören vermögende Kunden auf ihre Banken. Für ein Engagement in Landwirtschaft spricht zunächst die Aussicht, Vermögenswerte zu erhalten. Zwar gab es in der jüngeren Geschichte auch Phasen rückläufiger Bodenpreise, jedoch gehen sie tendenziell stetig nach oben. Boden ist nicht vermehrbar. Die landwirtschaftliche Fläche in Deutschland sinkt kontinuierlich. Seit 1992 wurden in Deutschland 1,35 Millionen Hektar anderen Nutzungen wie beispielsweise dem Wohnungsbau oder infrastrukturellen Zwecken zugeführt. Also spricht die erwartete Wertsteigerung für den Kauf landwirtschaftlicher Flächen. Zudem kann bei guter Wirtschaftsweise auch in der Landwirtschaft eine Rendite erzielt werden, die zumindest das bisher bankenübliche Zinsniveau überschreitet. Die derzeitige Ausgestaltung der EU-Direktzahlungen, die zwar eine geringfügige Besserstellung für die ersten Hektare beinhaltet, aber auch für den letzten Hektar gewährt werden, bietet einen weiteren Anreiz, Landwirtschaft in großen Einheiten zu betreiben. Möglicherweise ist aber folgender Punkt der wichtigste: Land- und forstwirtschaftliche Flächen werden im Erbfall zur Ermittlung der Erbschaftssteuer nicht mit Verkehrswerten veranschlagt, sondern mit deutlich niedrigeren Werten. Für diese

Regelung gibt es gute Gründe, soll sie doch dem Erhalt bäuerlicher Existenzen dienen und durch Erbschaftssteuerzahlungen bedingte Betriebsaufgaben vermeiden. Allerdings hat der Gesetzgeber diese Regelungen mit Sicherheit nicht erlassen, um vermögenden außerlandwirtschaftlichen Investoren einen Weg zur Reduzierung der Steuern für ihre Erben zu eröffnen.

Die Investoren

Die Liste der inzwischen im Agrarsektor engagierten Familien ist lang und prominent. In einer Antwort der Bundesregierung aus der vergangenen Legislaturperiode auf eine Kleine Anfrage der Fraktion BÜNDNIS 90/DIE GRÜNEN finden sich zahlreiche Beispiele. Besondere Aufmerksamkeit fand unlängst der Deal eines früheren führenden Funktionärs des Deutschen Bauernverbandes mit der Lukas-Stiftung. Die Lukas-Stiftung hält 19,5 Prozent der Anteile an Aldi Nord. Im August 2020 erwarb die Lukas-Stiftung über Boscor-Tochtergesellschaften einen Großteil der Anteile an einer Agrargesellschaft mit dem Funktionär als Hauptgesellschafter.

Die Boscor-Gruppe kommt aus der Tradition der Eigenbewirtschaftung land- und forstwirtschaftlicher Betriebe und verweist auf ihrer Homepage auf die 700-jährige Geschichte der Geschäftsführerfamilien Reitzenstein und Rotenhan als Land- und Forstwirte. In dem genannten Beispiel hat also ein führender ehemaliger Agrarfunktionär Anteile an seinem Betrieb an einen führenden Lebensmittelhändler verkauft, vertreten durch die Lukas-Stiftung. Unternehmen mit Bezug zu den Familienstiftungen von Aldi erhielten 2019 Agrarzahlungen in Höhe von etwa 3 Millionen Euro. Zur Erinnerung: Der Landwirt, der über die Durchschnittsfläche eines Hofes in Deutschland verfügt, erhält ca. 23.000 Euro.

Von besonderem Interesse ist wegen ihrer Historie und Komplexität auch die DAH-Gruppe. Zur DAH-Gruppe zählen 36 Unternehmen mit Agrarbezug, der DAH Energie GmbH sind 31 Unternehmen mit Agrarbezug zuzuordnen. Sie erhielten 2019 etwa

5,5 Millionen Euro an Agrarzahlungen. Die DAH-Gruppe zählt zur Stiftung eines Bauunternehmers. Die DAH ging aus der insolventen KTG Agrar SE und der ebenfalls insolventen KTG Energie AG hervor. Größe schützt im Agrarbereich also auch nicht unbedingt vor Insolvenz, denn diese Gruppe bewirtschaftete in den neuen Bundesländern ca. 30.000 Hektar und weitere ca. 10.000 Hektar im Baltikum. Aus diesem Flächenpool bediente sich auch die Münchner Rückversicherung, die ein umfängliches Flächenpaket aus der Hinterlassenschaft der KTG Agrar erwarb. Die hier angeführten Beispiele lassen sich beliebig erweitern. Sie werfen ein Licht auf die in Teilen der Landwirtschaft inzwischen existierenden Strukturen. Die Landwirtschaft wird somit nicht mehr nur durch das Gesicht der Bauern Meier, Müller, Schmidt und ihren jeweiligen Familien vertreten. Stattdessen werden in einem immer größeren Umfang Flächen durch Gesellschaften bewirtschaftet, deren Inhaber in den zugehörigen Dörfern häufig nicht einmal bekannt sind. Imagefördernd für die Landwirtschaft bei Verbrauchern und Steuerzahlern ist das nicht. Familien aus der Bauwirtschaft, der Möbelindustrie, des Brillenhandels, der Abfallwirtschaft, der Pharmazie, ja auch Betreiber von Senioreneinrichtungen widmen sich inzwischen der Landwirtschaft und erhalten durch die Bewirtschaftung von Großbetrieben wesentlich höhere Direktzahlungen als die herkömmliche Bauernfamilie, die ausschließlich von den Erträgen ihres Hofes leben muss.

FAZIT: Schlupflöcher im Bodenrecht, steuerliche Einsparmöglichkeiten und das System der Direktzahlungen machen es für Vermögende attraktiv, sich landwirtschaftlich zu engagieren. Das verändert die Strukturen in der Landwirtschaft und die gesellschaftlichen Verhältnisse im ländlichen Raum.

Die Folgen der Investorenlandwirtschaft

Aus den derzeitigen bodenrechtlichen Regelungen ergeben sich Wettbewerbsnachteile für Familienbetriebe, die wegen in der Regel begrenzter finanzieller Ressourcen nur kleinere Flächen kaufen können und darauf brav Grunderwerbssteuer zahlen müssen. Ohnehin haben Investorenbetriebe, die über außerlandwirtschaftliches Kapital im Hintergrund verfügen, eine deutlich bessere Ausgangsposition auf den Bodenmärkten, sei es bei Kauf oder Pacht, als die landwirtschaftlichen Betriebe, die nicht über dieses Polster verfügen. Doch was bedeutet es für die Dörfer, für den ländlichen Raum, wenn statt örtlich verankerter Familien Investorenbetriebe oder Agrarholdings die Flächen übernehmen? Diese Betriebe verfügen in der Regel über Zentralen, gerne auch in den kleinen Städten auf dem Lande. Von dort aus wird die Landwirtschaft in mehreren Dörfern gesteuert, in denen häufig nur noch Briefkästen an landwirtschaftliche Unternehmen erinnern. Die Maschinen werden an wechselnden Orten eingesetzt. Statt der Familienarbeitskräfte arbeiten Lohnarbeitskräfte, häufig ohne regionalen Bezug, auf den Feldern.

Bauernfamilien, die in vielen Dörfern das Gemeinschaftsleben wesentlich mitgestalten, im Gemeinderat, im Kirchenrat, in den Vereinen, gibt es dort nicht mehr. Angestellte Manager von Investoren engagieren sich in der Regel nicht in dieser Weise, sie haben nicht den Bezug zu den Dörfern und zum Leben im Dorf wie alteingesessene Bauernfamilien. Externe Investoren und Agrarholdings leisten somit einen Beitrag zur Verödung des ländlichen Raumes. Sie erschweren es zudem, die Akzeptanz für die Landwirtschaft in der übrigen Gesellschaft zu stärken. Die heutige hochtechnisierte Landwirtschaft findet ohnehin nur schwer Akzeptanz beim Städter. Konzernstrukturen auf dem Acker und im Stall sind noch weniger vermittelbar. Auch der regionale Fiskus verliert durch die Investorenlandwirtschaft; mit Anteilskäufen umgeht man nicht nur die Grunderwerbssteuer, sondern die auf diesen Flächen erwirtschafteten Gewinne werden meistens nicht vor Ort versteuert. Die Eigentümer dieser Betriebe pflegen ihren Wohnsitz in der Regel nicht in der Altmark oder in der Uckermark zu nehmen. All das ist bitter, insbesondere für die Finanzminister der neuen Länder, denen Einnahmen entgehen, wodurch die politischen Gestaltungsmöglichkeiten eingeschränkt werden.

Politisches Versagen

Nun möchte man glauben, dass Politiker und Verbandsfunktionäre, die gerne von der Stärkung der kleinen und mittleren Betriebe sprechen, alles tun, um die agrarpolitischen Weichen so zu stellen, dass bäuerliche Strukturen gestärkt und die Wettbewerbsverhältnisse zwischen Investoren und Familienbetrieben ins Lot gebracht werden. Ein möglicher Anknüpfungspunkt wären neben bodenrechtlichen Regelungen die mehrfach erwähnten Brüsseler Direktzahlungen. Deren Geschichte reicht zurück bis in die 1990er Jahre. Eine stärkere Differenzierung nach der Größe der Betriebe war zu dieser Zeit kein intensiv diskutiertes Thema, wollte man doch den Betrieben in Ostdeutschland nach der Wiedervereinigung den Übergang in das neue System nicht noch zusätzlich erschweren. Wissenschaftliche Studien beschäftigten sich inzwischen vermehrt mit Kostenstrukturen in Abhängigkeit von der Größe der Betriebe sowie mit dem fortschreitenden Umfang der Investorenlandwirtschaft. Die Kosten- und Marktvorteile der Großbetriebe gegenüber kleineren Betrieben sind hinlänglich bekannt. Dennoch ließen sich auch bei den jüngsten Verhandlungen zwischen Bund und Ländern moderate Degressionsmodelle zur Verteilung der Direktzahlungen, wie von der damaligen Ministerin Julia Klöckner vorgeschlagen, nicht durchsetzen. Davon wären vielleicht 1 bis 2 Prozent der Betriebe in Deutschland betroffen. Unabhängig von der politischen Farbe agierten die Agrarminister, auch die mit dem Parteibuch der Grünen, als Interessenvertreter der flächenstarken Betriebe. Damit entsprachen sie den Wünschen insbesondere der östlichen Landesverbände des Deutschen Bauernverbandes. Eine Degression der Direktzahlungen und ein Verbleib der nicht ausgereichten Mittel in den jeweiligen Ländern hätte die Wettbewerbsverhältnisse zwischen den Betrieben angeglichen und den Anreiz für Investoren reduziert. Die für Großbetriebe nicht ausgereichten Mittel hätten sinnvoll für Agrarumweltmaßnahmen und zur Verbesserung der Lebensverhältnisse im ländlichen Raum eingesetzt werden können. Gerade in den ostdeutschen Bundesländern herrscht hier dringender Bedarf.

Sehenden Auges

Ähnlich zögerlich verhält sich die Politik beim Thema Bodengesetzgebung. Man hat diese sich seit der Jahrtausendwende abzeichnende Entwicklung laufen lassen oder billigend in Kauf genommen. Zwar gab es schon zur Wendezeit die Befürchtung, dass die Möglichkeit für juristische Personen, Land zu erwerben, zum Einfallstor für außerlandwirtschaftliche Kapitalanleger werden könnte. Doch daran anknüpfende Überlegungen, den Flächenerwerb nur für natürliche Personen zuzulassen, waren verfassungsrechtlich chancenlos.

Die Zuständigkeit für Fragen des Bodenrechts liegt seit der Föderalismusreform 2006 bei den Bundesländern, angesichts der sehr unterschiedlichen Agrarstrukturen in Deutschland eine grundsätzlich vernünftige Entscheidung. Verschiedene Länder haben in ihren Koalitionsvereinbarungen die Bodenfrage thematisiert und angekündigt, rechtliche Änderungen vorzunehmen und derzeitige Wettbewerbsverzerrungen zu beseitigen oder zumindest zu reduzieren. In Sachsen-Anhalt sind bisher zwei Reformversuche gescheitert. In verschiedenen neuen Bundesländern wird an Regelungen gearbeitet. In Bayern hat die Landtagsfraktion der Grünen den Entwurf für ein Bodeneigentumsgesetz vorgelegt.

Wissenschaftler sprechen sich eindeutig für eine künftige behördliche Kontrolle von Anteilserwerben aus, wie Professorin Antje Tölle und Andreas Tietz. Regionale Bauernverbände waren bisher jedoch zusammen mit genossenschaftlichen Organisationen und

Vertretern des Grundbesitzerverbandes mit ihrer Verhinderungsstrategie erfolgreich. Freilich haben sie ihrem Berufsstand damit keinen Gefallen getan, dem ländlichen Raum ohnehin nicht. Geholfen haben sie aber den Investoren, die allerdings mit ihren Betrieben häufig Mitglieder in den genannten Organisationen sind und ihre Interessen auch durch diese vertreten wissen möchten.

Falsche Sicherheit

Im Westen wähnt man sich in falscher Sicherheit. Die dortigen Bauernverbände schauen dem Treiben auf den Bodenmärkten in den neuen Ländern weitgehend teilnahmslos und öffentlich kommentarlos zu, weil sie glauben, es gehe sie nichts an. Offenbar ahnen sie nicht, dass die beschriebenen Entwicklungen mit zeitlicher Verzögerung auch auf sie zukommen. Die Aktivitäten der Sparkasse Hildesheim Goslar Peine auf dem Bodenmarkt haben allerdings den Vizepräsidenten des Niedersächsischen Landvolks motiviert, sich eindeutig gegen den Erwerb landwirtschaftlicher Flächen zur Gewinnmaximierung durch Finanzinstitute auszusprechen. Neben Finanzinstituten sind auch Familien aus nichtlandwirtschaftlichen Branchen zunehmend in den alten Bundesländern auf dem Bodenmarkt aktiv.

Bei dieser Thematik geht es nicht nur um Wettbewerbschancen durch Reduzierung von Wettbewerbsverzerrungen. Vielmehr stehen die Vitalität des ländlichen Raumes und die Akzeptanz der Landwirtschaft in der übrigen Gesellschaft auf dem Spiel. Erkannt hatte das Thema Julia Klöckner, Bundeslandwirtschaftsministerin bis 2021. Unter dem Motto „Ackerland in Bauernhand – Initiative für einen gerechten Bodenmarkt“ startete sie einen eindringlichen Appell an die zuständigen Länder, leider bisher ohne Ergebnis. Allerdings befassen sich die Regierungen beziehungsweise Parlamente in Brandenburg, Sachsen, Sachsen-Anhalt und Thüringen mit der Bodenfrage. Das berechtigt zu Hoffnungen; interessierte Kreise versuchen jedoch, die Verabschiedung neuer gesetzlicher Regelungen zu verhindern. Dabei geht es um viel. Der Eindruck ist: Wer sich gegen Reformen im landwirtschaftlichen Bodenrecht wendet, hat entweder die Thematik nicht verstanden oder verdient an den Umständen, die der Reform bedürfen.

FAZIT: Vermögende Deutsche agieren zunehmend als Investoren auf den Bodenmärkten. Gut gemeinte bodenrechtliche Regelungen aus der alten Bundesrepublik sind nicht für die Verhältnisse in der heutigen Zeit geeignet. Die Politik kann sich nicht zu Reformen durchringen. Leidtragende sind landwirtschaftliche Familien, die mit ihren begrenzten Mitteln gegen außerlandwirtschaftliche Investoren mit erheblichen finanziellen Polstern um Flächen konkurrieren. Schaden nimmt zudem die Vitalität des ländlichen Raumes.

10 Landwirtschaft und ländlicher Raum

SORGT LANDWIRTSCHAFT FÜR DIE VITALITÄT LÄNDLICHER RÄUME?

Welche Bedeutung hat die Landwirtschaft für die Vitalität ländlicher Räume? Um diese komplexe Fragestellung zu beurteilen, reicht es nicht, nur die wirtschaftliche Bedeutung der Landwirtschaft zu betrachten. Die der Landwirtschaft vor- und nachgelagerten Wirtschaftsbereiche sind in eine Gesamtbewertung einzubeziehen. Und es geht auch um den Beitrag, den landwirtschaftliche Familien zu einem gelungenen Gemeinschaftsleben in den Dörfern leisten.

Dörfer brauchen Bauern

Traditionell engagieren sich Mitglieder von Bauernfamilien in ihren Dörfern. Zwar hat sich durch die Abnahme der Zahl der landwirtschaftlichen Betriebe der Einfluss und die da und dort zu beobachtende gesellschaftliche und politische Dominanz landwirtschaftlicher Familien in den Dörfern reduziert, aber ein Dorf ohne landwirtschaftliche Betriebe ist ein ärmeres Dorf. Es verliert dadurch seinen ursprünglichen Charakter, war doch früher die Landwirtschaft die ökonomische Lebensgrundlage der Dorfgemeinschaft.

Tragende Rolle für Beschäftigung und Einkommen

In manchen Regionen kommt auch heute noch der Land- und Ernährungswirtschaft eine Schlüsselrolle im wirtschaftlichen Geschehen zu. Gerade in den neuen Bundesländern finden sich Gebiete, in denen neben dem Agrarsektor und der Forstwirtschaft kaum weitere Wertschöpfung stattfindet. Diese Schlüsselrolle nahm die Landwirtschaft in früheren Zeiten in weiten Teilen des Landes ein. Inzwischen ist ein signifikanter Beitrag der landwirtschaftlichen Urproduktion zum Bruttoinlandsprodukt nur noch auf kleinräumiger Ebene, hauptsächlich in den neuen Bundesländern, zu verzeichnen. Aber die gesamte Wertschöpfungskette der Ernährungswirtschaft hat beschäftigungspolitisch und bezogen auf die Wirtschaftskraft in manchen Regionen nach wie vor eine erhebliche Bedeutung. Die tierische Produktion im Weser-Ems-Gebiet kann hier als Beispiel dienen. Diese Region verdankt ihre wirtschaftliche Prosperität zu einem erheblichen Teil dem Agrar- und Ernährungssektor. Diese Prosperität wurde allerdings unter Inkaufnahme teilweise gravierender Umweltprobleme, wie Grundwasserverunreinigung durch Überdüngung, erkauft.

Dorf im Wandel

Die Lebens- und Arbeitsverhältnisse auf dem Lande haben sich in den letzten Jahrzehnten grundlegend gewandelt mit der Folge einer Veränderung der traditionellen Lebensformen. Wunderbar beschrieben hat das der Niederländer Geert Mak in seinem Buch „Wie Gott verschwand aus Jorwerd, der Untergang des Dorfes in Europa". Am Beispiel eines kleinen friesischen Dorfes im Norden der Niederlande erläutert Mak die Veränderungen im Dorfleben in der zweiten Hälfte des 20. Jahrhunderts. Mak spricht von einer Revolution der Lebens- und Arbeitsverhältnisse, die im Laufe von nur zwei Generationen Lebensformen und Traditionen zum Verschwinden gebracht hat, die Jahrhunderte überdauert hatten. Mit viel Liebe zum Detail, kenntnisreich und mit außerordentlicher Sympathie für das Dorf schildert Mak diese Entwicklungen. Der tiefgreifende Wandel des Dorfes mit der rückläufigen Bedeutung der Landwirtschaft vollzog sich in der zweiten Hälfte des 20. Jahrhunderts fast überall in Europa. Der Historiker Ewald Frie erzählt am Beispiel seiner im Münsterland ansässigen Bauernfamilie über den stillen Abschied vom bäuerlichen Leben, den Wandel der Lebenswelten und Werte.

Durch die Änderung der Lebens- und Arbeitsverhältnisse verschwanden Traditionen, die Heimat vermittelten. Nicht vergessen sollte man aber, dass das Leben auf dem Lande für viele Menschen mit Knochenarbeit verbunden, hart und entbehrungsreich war. Die heutige Lebensweise der Menschen in den Dörfern hat mit der Lebensweise früherer Jahrzehnte, die von Land- und Forstwirtschaft dominiert war, kaum mehr etwas gemein. Prägten früher Land- und Forstwirtschaft mit dem dazugehörigen Handwerk das dörfliche Leben, so gibt es inzwischen mehr und mehr Dörfer ohne einen landwirtschaftlichen Betriebssitz. Besonders in Ostdeutschland sind in manchen Regionen bäuerliche Strukturen nicht mehr vorhanden, insbesondere dort, wo außerlandwirtschaftliche Investoren die wirtschaftlichen Zügel in der Hand haben. Der strukturelle Wandel hinterlässt Spuren im Erscheinungsbild der Dörfer. Hofgebäude werden anderen Nutzungen zugeführt oder verfallen, die Flächen werden von Landwirten aus anderen Dörfern bewirtschaftet.

Bleibende Spuren

Der massive Rückgang der Zahl der landwirtschaftlichen Betriebe hat bleibende Spuren in der Wirtschaftsstruktur, den Beschäftigungsverhältnissen und im Erscheinungsbild des ländlichen Raumes hinterlassen. Lebten früher außer dem Pastor und dem Lehrer, die manchmal, da mäßig entlohnt, auch noch Landwirtschaft betrieben, fast alle Dorfbewohner von und mit der Landwirtschaft, sind die Bauern inzwischen in nahezu allen Dörfern zur Randgruppe geworden. Der einzige ökonomische Bezug zur Landwirtschaft besteht für manche Dorfbewohner noch in den Pachtzahlungen der Landwirte. Die Bewirtschaftung der Flächen durch die Vorfahren kommt auf diese Weise immer wieder in gute Erinnerung, hoffentlich!

Den ländlichen Raum gibt es nicht

Die Schrumpfung der Landwirtschaft und die Freisetzung von Arbeitskräften gehen nicht automatisch einher mit einem Niedergang ländlicher Regionen. Oft ist es gelungen, neue, außerlandwirtschaftliche Arbeitsplätze zu schaffen. Menschen mit landwirtschaftlicher Herkunft wurden und werden auf dem ländlichen Arbeitsmarkt geschätzt, werden ihnen doch Fleiß, Geschick und Leistungsbereitschaft zugeschrieben.

Nicht überall ist die Entwicklung gut gelaufen. Der Begriff der „strukturschwachen ländlichen Räume" zeigt das. Fehlende Arbeitsplätze werden dort von einem stetigen Rückgang der Bevölkerung begleitet. Dass es oftmals die Jungen und Kreativen waren, die dem Dorf den Rücken gekehrt haben, hat den Abwärtstrend mancherorts verstärkt. Schulen wurden geschlossen, Kindergärten dichtgemacht, Pfarrstellen nicht neu besetzt. Den Dorfladen gibt es schon lange nicht mehr, der Bäcker kommt zwei Mal die Woche mit seinem Verkaufswagen. Die vielbeschriebene Dorfkneipe, falls sie noch existiert, hat ihre besten Zeiten hinter sich, die Feuerwehr, der Sportverein, der Gesangverein – sie alle klagen über Nachwuchsmangel.

Gemeinderäte und Bürgermeister wurden Opfer von Kommunalreformen, die vorwiegend zentrale Räte kennen. Der dadurch bedingte Verlust an politischen Mandaten liegt in Deutschland im sechsstelligen Bereich. Kommunalpolitik war früher ein Reservoir für die Mitgliederwerbung der Parteien und eine gute Schule für aufstrebende Politiker. Konrad Adenauer formulierte das 1948 so: „Die Kommunalpolitik ist eine Schule auch für die große Politik." Der ländliche Raum wird in Teilen zu Recht von Wissenschaft und Politik als Problemraum gesehen. Allerdings kann nicht oft genug betont werden, *den* ländlichen Raum gibt es nicht. Von Region zu Region, von Gemeinde zu Gemeinde, von Dorf zu Dorf – es gibt gravierende Unterschiede. Seine Vielfalt ist eben auch eine wesentliche Stärke des ländlichen Raumes.

Corona als Chance

Regierungen setzen Kommissionen ein, legen Förderprogramme auf und veranstalten gerne, genauso wie Wissenschaftler, Tagungen und Kongresse zu Fragen, die den ländlichen Raum betreffen. Aber Einkommensdisparitäten bleiben, der Bevölkerungsschwund hält an, der Ruf der ländlichen Räume als rückständige Regionen mit einer Bevölkerung, der es an Offenheit und Aufgeschlossenheit mangelt, bleibt. Kann Corona dem ländlichen Raum helfen? Ob Corona zu einer Renaissance des Landlebens führt, wie manche meinen, bleibt abzuwarten. Mit künftig verbesserter digitaler Versorgung und vermehrtem Homeoffice sind die Chancen für diese Renaissance gegeben. Offenbar haben Lockdown und Homeoffice dazu geführt, dass das Leben auf dem Lande verstärkt wertgeschätzt wird und Menschen die Enge der Städte verlassen. Es mehren sich in jüngster Zeit Berichte von steigenden Einwohnerzahlen in etlichen ländlichen Regionen. Statistiker beobachten inzwischen eine auffällig breite neue Stadtflucht. Eine Verstetigung dieses Trends wird sicherlich auch von der Versorgung mit schnellem Internet abhängen und von anhaltend geringeren Kosten für das Wohnen auf dem Lande, sei es für Mieter oder Eigentümer. Niedrigere Wohnkosten könnten vor allem junge Familien verstärkt ins Dorf locken. Wenn allerdings der Kindergarten vor Ort fehlt, die Schule nicht in erreichbarer Nähe und die Anbindung an das öffentliche Verkehrsnetz nicht zu erwarten ist, dann ist der ländliche Raum nicht attraktiv. Diesen Defiziten muss abgeholfen werden. Wenn sich dazu die Einsicht gesellt, das 5G „an jeder Milchkanne" unverzichtbar ist, könnte es was werden, mit der Wiedergeburt des Dorfes. Zumindest gibt es Hoffnung.

GLEICHWERTIGE LEBENSVERHÄLTNISSE IN STADT UND LAND?

Im politischen Jargon hat sich der Begriff von den „gleichwertigen Lebensverhältnissen" in Stadt und Land, die anzustreben sind, eingebürgert, wohl wissend, dass in ländlichen Regionen der Weg zum nächsten Kino oder Opernhaus oder zur nächsten Klinik immer weiter sein wird als in urbanen Zentren. Dafür bieten die Dörfer ein Leben in und mit der Natur und geringere Kosten für Wohnraum als in den Städten. Gleichwertige Lebensverhältnisse herzustellen ist ein immer wieder betontes, aber weithin unbestimmtes politisches Leitbild. Es ist und bleibt natürlich schwierig, gleichwertige Lebensverhältnisse zu messen. Aber wenn die Menschen zumindest das Gefühl haben, die Lebensverhältnisse seien gleichwertig, trägt das zum gesellschaftlichen Zusammenhalt und damit zur Stabilität unseres Gemeinwesens bei. Sogenannte „abgehängte Regionen" haben ein Imageproblem und sind Nährboden für Unzufriedenheit in der Bevölkerung. Das wiederum kann zur politischen Radikalisierung führen, wie wir am Wahlverhalten in Teilen Deutschlands sehen. Gleichwertige Lebensverhältnisse sind also ein wichtiges und berechtigtes politisches Ziel, auch um dem Wunsch nach Gerechtigkeit in der Bevölkerung Rechnung zu tragen.

Gesundes Landleben

Der Sportmediziner Freerk Baumann plädiert mit bedenkenswerten Argumenten für das Leben auf dem Lande. Landluft führe zu verbesserter Schlafqualität und vermindere Herz-Kreislauf-Erkrankungen. Kinder, die auf dem Land aufwachsen, seien aufmerksamer und kreativer, sie verfügen über ein besseres Immunsystem und litten weniger unter Allergien. „Auf dem Lande lebt es sich einfach gesünder", lautet das Fazit des Mediziners. Diesen Feststellungen kann man nur eine weite Verbreitung wünschen, wenn das Thema gleichwertige Lebensverhältnisse diskutiert wird.

Defizite

Die frühere Bundesregierung hat 2018 eine Kommission „Gleichwertige Lebensverhältnisse" eingesetzt. Unter Beteiligung verschiedener Bundesressorts, der Länder und der kommunalen Spitzenverbände hat diese Kommission Handlungsempfehlungen mit Blick auf unterschiedliche regionale Entwicklungen und den demografischen Wandel erarbeitet. Im Ergebnis wird eine aktivere Struktur- und Regionalpolitik gefordert.

Als Ziele der Politik für gleichwertige Lebensverhältnisse werden unter anderem genannt, Ressourcen und faire Teilhabechancen für alle in Deutschland lebenden Menschen gerechter zu verteilen, Disparitäten zu verringern und deren Verfestigung zu verhindern sowie strukturschwache Regionen zu stärken. In einer 2021 veröffentlichten Zwischenbilanz werden die bisherigen Maßnahmen zur Schaffung gleichwertiger Lebensverhältnisse aufgelistet und beschrieben sowie Zukunftsperspektiven entwickelt. Vor allem mit einem neuen gesamtdeutschen Fördersystem sollen strukturschwache Regionen gezielt unterstützt werden. Die jetzige Bundesregierung setzt die Arbeiten an diesem Projekt fort.

Es ist vorgesehen, in diesem gesamtdeutschen Fördersystem mehr als zwanzig, überwiegend bereits existierende Programme unter einem konzeptionellen Dach zu bündeln. Diese Programme zielen primär auf eine Stärkung der Wirtschaftskraft und der Infrastruktur im ländlichen Raum ab. Der objektiven Identifikation bestehender Defizite kommt in diesem Zusammenhang eine besondere Bedeutung zu.

Der Deutschlandatlas, erstellt vom Johann Heinrich von Thünen-Institut, Bundesforschungsinstitut für Ländliche Räume, Wald und Fischerei sowie vom Bundesinstitut für Bau-, Stadt- und Raumforschung, liefert dazu eine umfängliche Materialsammlung. Verschiedene Indikatoren geben Auskunft über die Lebensverhältnisse auf regionaler Ebene. Dazu zählen unter anderem Angaben zur Bevölkerungsentwicklung. Neben Geburten- und Sterberaten sind vor allem die Zu- und Abwanderungszahlen von Interesse, die Wesentliches über die Attraktivität einer Region aussagen. Steuereinnahmen und Angaben zur kommunalen Verschuldung geben Hinweise über die Wirtschaftskraft und die kommunale Leistungsfähigkeit einer Region. Daten zur Situation auf dem Arbeitsmarkt und zur wirtschaftlichen Situation ergänzen das Bild, genauso wie Angaben zur Breitbandversorgung, zur Erreichbarkeit mit öffentlichen Verkehrsmitteln, zur Gesundheitsversorgung, zum Bildungsbereich und zur Sicherheitssituation. Im Vorwort zum Deutschlandatlas betonen drei Bundesminister (Landwirtschaft, Familien und Inneres), dass eine Kehrtwende zu einer aktiven Strukturpolitik vollzogen werden muss, wenn wir verhindern wollen, dass Regionen abgehängt werden. Soziale und technische Infrastrukturen und Daseinsvorsorge müssen den Menschen überall in Deutschland gute Lebensperspektiven und Chancen auf echte Teilhabe eröffnen, heißt es dort. Wir müssen einen besonderen Schwerpunkt auf die ländlichen Räume legen, so die Schlussfolgerung aus dem Datenmaterial des informativen Deutschlandatlas. Dem ist nichts hinzuzufügen.

Problemgebiete nicht nur im Osten

Regionen mit schlechten Versorgungsstrukturen und einer dünnen Besiedlungsdichte finden sich vor allem in den ostdeutschen Bundesländern. Hinzu kommt die Überalterung der dortigen Bevölkerung. Ein wichtiger Indikator der wirtschaftlichen Stärke einer Region ist die Steuereinnahmekraft. Die Steuereinnahmen bilden die Grundlage für kommunale Gestaltungsmöglichkeiten. Während die jährlichen Steuereinnahmen in wirtschaftsstarken Regionen über 1.200 Euro je Einwohner betragen, liegen sie in vielen Gemeinden Ostdeutschlands, aber auch in Rheinland-Pfalz sowie in einigen Gemeinden in Bayern und im Norden Niedersachsens unter

600 Euro. Das Bruttoinlandsprodukt je Erwerbstätigen als Maß für die Produktivität und damit für die wirtschaftliche Leistungsfähigkeit weist in Deutschland deutliche regionale Unterschiede auf. Obwohl wir einen beachtlichen Aufholprozess zu verzeichnen haben, gibt es auch hier nach wie vor ein beträchtliches Ost-West-Gefälle. Ähnliches zeigt sich auf den Arbeitsmärkten. Trotz einer Annäherung ist die durchschnittliche Arbeitslosenquote in den neuen Bundesländern, und dort vor allem in ländlichen Regionen, höher als in Westdeutschland. Die höhere Arbeitslosenquote trägt neben dem West-Ost-Lohngefälle dazu bei, dass das verfügbare Einkommen der privaten Haushalte in Ostdeutschland deutlich niedriger ist als in den alten Bundesländern. Allerdings befinden sich auch einige Städte in Nordrhein-Westfalen sowie einige ländliche nordwestdeutsche Gebiete bezüglich des verfügbaren Einkommens auf dem Niveau Ostdeutschlands. Ebenso ist der Anteil der Empfänger von sozialen Mindestsicherungsleistungen in Ostdeutschland durchschnittlich höher als in Westdeutschland. Hinsichtlich der Breitbandversorgung existiert ebenfalls ein Gefälle zuungunsten ländlicher Regionen, insbesondere im Vergleich zu ostdeutschen ländlichen Regionen. Das gesamte Zahlenwerk dokumentiert, dass wir in Deutschland von gleichwertigen Lebensverhältnissen weit entfernt sind. Vor allem ländliche Räume und insbesondere ländliche Räume in Ostdeutschland hinken hinterher. Ein Vorteil ländlicher Räume soll allerdings nicht unerwähnt bleiben. Von Kriminalität sind Städte stärker betroffen als ländliche Regionen. Allerdings gibt es hier deutliche Unterschiede zwischen Nord- und Süddeutschland. In vielen süddeutschen Regionen ist die Häufigkeit von Straftaten nur halb so hoch wie im Bundesdurchschnitt.

Perspektiven

Es bedarf verstärkter politischer Anstrengungen, um Problemregionen, und hier vor allem ländlichen Regionen im Osten, den wirtschaftlichen Anschluss zu ermöglichen. Nur so lassen sich weitere

Abwanderungen verhindern, die zu einer nochmaligen Ausdünnung der Infrastruktur und damit zu einer Fortsetzung der Abwärtsspirale führen. Politik sollte den Mut aufbringen, das gesamte deutsche Fördersystem einer Evaluierung und Neuorientierung zu unterziehen. Begrenzte staatliche Fördermittel sollten auf ländliche und städtische Problemregionen mit gravierenden wirtschaftlichen, infrastrukturellen und sozialen Problemen konzentriert werden.

Aber es gibt auch hoffnungsvolle Trends. Corona hat offenbar zu einer verstärkten Wertschätzung des ländlichen Lebens geführt. Ebenso kehren angesichts der verbesserten Arbeitsmarktsituation in Ostdeutschland zunehmend Menschen in ihre Heimat zurück, die sie wegen mangelnder Perspektiven in den letzten Jahrzehnten verlassen haben. Vielerorts wirkt besonderes Engagement von Menschen vor Ort erfolgreich der Verödung entgegen. „Jung kauft Alt", ist ein Programm, das den Erwerb von Bestandsgebäuden in Dorfmitten fördert. Kluge Kommunalpolitik und bürgerschaftliches Engagement vermögen viel zur Attraktivität der Dörfer beizutragen. Kreative Menschen sind der wichtigste Faktor zur Gestaltung des Lebensumfeldes. Politik muss diese Kreativität unterstützen. Dann mag man auch Landlust empfinden. Das Lifestylemagazin „Landlust", das inzwischen diverse Nachahmer gefunden hat, zählt mit einer Auflage von knapp einer Million zu den auflagestärksten Zeitschriften. Das Interesse für das Leben auf dem Lande ist da. Es bedarf einer konzertierten Aktion zugunsten gleichwertiger Lebensbedingungen in Deutschland. Wir müssen unsere Gesellschaft wieder stärker zusammenführen. Dabei kann Landwirtschaft als Nahrungsmittelversorger eine besondere Rolle einnehmen. Allerdings gilt dieses nicht für alle Formen der Landwirtschaft. Einer Analyse des Thünen-Instituts zufolge verstärkt die Herausbildung von Agri-Holdings die wachsende Distanz zwischen den Agrarunternehmen und der ländlichen Bevölkerung.

FAZIT: Den ländlichen Raum gibt es nicht. Er ist sehr vielfältig hinsichtlich Wirtschaftskraft und Attraktivität. Verschiedene Indikatoren zeigen, dass es abgehängte Regionen in allen Teilen Deutschlands gibt, vor allem in Ostdeutschland. Staatliche Förderung muss sich stärker auf Problemregionen konzentrieren, dazu zählen auch Städte. Wir müssen also viel genauer hinschauen, welche Regionen unterstützt werden sollen.

11 Eine bessere Agrarpolitik

FUNDIERTE KRITIK UND VERÄNDERTE RAHMENBEDINGUNGEN

Schlechte Noten

Die bisherige Agrarpolitik im Bund und in der EU wird nicht gut benotet. Sie hat unzufriedene Bauern, ein gestörtes Verhältnis zwischen Landwirtschaft und Gesellschaft, Schäden an der Natur sowie hohe Belastungen des Steuerzahlers hinterlassen. Drastisch fällt folgende Bewertung aus: „In den vergangenen 20 Jahren hat die EU etwa eine Billion Euro Steuergeld in den Agrarsektor gepumpt. Wofür? Der massive Strukturwandel und die ebenso massiven Umweltschäden wurden nicht aufgehalten. Kleine Höfe geben auf, und die Verschmutzung von Grundwasser, die Abnahme von Artenvielfalt und Bodenqualität gehen weiter", so Thilo Bode, Gründer und Direktor von Foodwatch International. Kritik in vergleichbarer Weise übt regelmäßig der Europäische Rechnungshof. Auch die Gutachten des Wissenschaftlichen Beirates beim BMEL zeigen immer wieder die Mängel und Reformnotwendigkeiten in der Agrarpolitik auf. Ähnlich fällt im Ergebnis die Bewertung der Zukunftskommission Landwirtschaft mit Zustimmung der Vertreter des landwirtschaftlichen Berufsstandes aus.

Der Agrarwissenschaftler Friedhelm Taube fordert: „Ohne Denk-Tabus alles auf den Prüfstand in der Agrarpolitik." Dabei plädiert er für eine Reduktion der Produktion und des Konsums von Lebensmitteln tierischer Herkunft, den Ausstieg aus der Biogaserzeugung auf Basis pflanzlicher Energieträger vom Acker und für einen Ausbau der Hybridlandwirtschaftssysteme, also der intelligenten Verknüpfung von Elementen des ökologischen und konventionellen Landbaus.

Angesichts dieser vielfältigen und in erheblichen Teilen berechtigten Kritik ergibt sich die Notwendigkeit, und damit die Aufforderung an die Agrarpolitiker, es besser zu machen als in der Vergangenheit. Dabei heißt Agrarpolitik zu verändern, auch aus Fehlern zu lernen. In Gesprächen mit Landwirten wird häufig deutlich, dass sie sich ausgeliefert fühlen – ausgeliefert der Politik, den Medien, den Vorwürfen insbesondere von Umweltverbänden. Sie sind verunsichert. Wenn Agrarpolitik besser werden soll, muss aus Politikunsicherheit Politiksicherheit werden.

Mehr Ehrlichkeit

Wir brauchen mehr Ehrlichkeit, wenn an den Tischen diskutiert wird, wie es mit der Landwirtschaft in Deutschland und Europa weitergehen soll. Dazu gehört insbesondere eine offene und ehrliche Kommunikation mit den Betroffenen, den Landwirten. Politiker kann man nur zur Ehrlichkeit gegenüber den Bauern ermahnen. Sie erhalten wie Funktionäre auf Bauernversammlungen häufig Beifall, wenn sie das vortragen, was viele Bauern gerne hören möchten. Schimpfen auf Umweltverbände und -politiker, Schimpfen auf Wissenschaftler, Beamtenschelte und harte Kritik an der EU. Wer solche Reden hält, wird von Teilen der Bauernschaft als jemand wahrgenommen, der die Bauern versteht. Nur helfen solche Reden nicht weiter. Sagen, was ist, und erläutern, was möglich ist, das macht Agrarpolitik ehrlicher und glaubwürdiger. Dann ist auch das Risiko von Enttäuschungen und Missverständnissen bei den Betroffenen geringer.

Die Kommunikation mit den Bauern darf keine Illusionen wecken, auch nicht seitens der Politik, sondern sollte realitätsbezogen erfolgen, um daraus Perspektiven entwickeln. Das gilt besonders in einer Zeit durch Corona und Krieg veränderter Rahmenbedingungen.

Zur Ehrlichkeit gehört auch, dass Politik nicht alle vom Berufsstand an sie herangetragenen Wünsche erfüllen kann. Überzogene Forderungen führen leicht zu falschen Erwartungen und schließlich zu Enttäuschungen. „Bauern reinen Wein einschenken", kommentierte Martin Rücker an die Bundesregierung gerichtet im Sommer 2022 in Zusammenhang mit der Zukunft der Tierhaltung in Deutschland.

Wir brauchen eine unvoreingenommene Gesprächskultur, um auf allen Ebenen und zwischen allen Beteiligten ohne Hemmungen aufeinander zugehen zu können Dazu gehört der intensive Dialog der zuständigen Politiker mit den Wirtschaftsbeteiligten, den Umwelt- und Tierschutzverbänden sowie Verbraucherorganisationen. Beispiele aus der Vergangenheit zeigen, dass Annäherungen möglich sind. Die Diskussionskultur der Zukunftskommission Landwirtschaft und der Borchert-Kommission mit Teilnehmern sehr unterschiedlicher Interessenlagen kann da als Vorbild dienen. Die Arbeit dieser Kommissionen hat dazu geführt, dass Organisationen verschiedenster Prägung zu einvernehmlichen Standpunkten gelangt sind. Mögen diese Standpunkte auch unterschiedlich und in erheblichen Teilen kritisch bewertet werden.

Und: Politik sollte wissenschaftsbasierter handeln. Schon frühzeitig und wiederholt haben Wissenschaftler auf den Handlungsbedarf bei Umwelt- und Tierwohlthemen hingewiesen und Vorschläge zur Lösung der Probleme vorgelegt. Wir mussten erleben, dass am Ende drastische Eingriffe etwa in der Düngepolitik notwendig wurden, nachdem rechtzeitige Maßnahmen immer wieder hinausgezögert worden waren.

Fortschritte

Einiges hat sich in der Vergangenheit schon bewegt, der Berufsstand ist in seiner Art zu kommunizieren offener geworden, das ist offenbar auch eine Generationenfrage. Die inzwischen entwickelte Kommunikationskultur zwischen konventionell und ökologisch wirtschaftenden Landwirten kann hier als Beispiel dienen. Wurden früher Ökolandwirte von den konventionell wirtschaftenden Kollegen häufig als Outsider angesehen, so hat man sich hier aufeinander zubewegt. Der Bauernverband hat sich bemüht, auch durch die Einrichtung spezieller Arbeitsgruppen, diese in sich sehr heterogene Gruppe zu integrieren. Das ist weitgehend gelungen, man hat also erfolgreich Wege aus der Konfrontation gefunden.

Aber in der Kommunikation der Landwirte untereinander ist in weiteren Punkten noch mehr Klarheit und Ehrlichkeit erforderlich. *Den* Landwirt gibt es nicht. Insofern gibt es auch unterschiedliche Interessen der Landwirte untereinander. Der Soziologe Rolf G. Heinze spricht zu Recht von der sozioökonomischen und kulturellen Zersplitterung der Landwirtschaft. Das sollte man akzeptieren und offen damit umgehen.

Unterschiedliche Interessen

Unterschiedliche Interessen gibt es auch innerhalb der Wertschöpfungskette vom landwirtschaftlichen Betrieb bis zur Ladentheke. Auch darüber muss offener diskutiert werden. Hat zum Beispiel die seit den 1990er Jahren bis etwa 2018 erfolgte erhebliche Ausdehnung der Produktion in der Schweine- und Geflügelhaltung allen Schweine- und Geflügelproduzenten genutzt? Oder waren in erster Linie wenige Großproduzenten sowie der vor- und nachgelagerte Bereich, also die Verkäufer von Produktionsmitteln und die Käufer und Weiterverarbeiter der auf den Betrieben erzeugten Produkte, Nutznießer dieser Produktionsexpansion? Hat diese Ausdehnung der Produktion die Marktposition der Landwirte nicht möglicherweise geschwächt?

Gerne wird davon gesprochen, dass alle in einem Boot sitzen. Die häufig betonte Interessenidentität aller am Produktionsprozess Beteiligten ist bei näherer Betrachtung nicht haltbar. Das empfinden auch die Bauern so, sonst würden sie nicht vor Molkereien und Auslieferungslagern des Handels demonstrieren. Der Handel neigt nach wie vor dazu, seine Lieferanten vor vollendete Tatsachen zu stellen. Das Bemühen der Politik, die Stellung der Landwirtschaft in der Wertschöpfungskette zu verbessern, hat handfeste Gründe.

Es gibt auch unterschiedliche Interessenlagen zwischen den Regionen. Das betrifft zum Beispiel die Kriterien für die Gewährung von Fördermitteln für die landwirtschaftlichen Betriebe. Länderminister können erhebliches Talent zum Feilschen entwickeln, wenn es um die Verteilung von Finanzmitteln geht. Bayern prangert zum Beispiel in regelmäßigen Abständen die Förderung der ostdeutschen Großbetriebe an, um mehr Mittel für seine kleineren Betriebe zu erhalten. Ohnehin gibt es sehr unterschiedliche Auffassungen, welche Betriebe in welchem Umfang staatliche Förderung in Anspruch nehmen können und sollen. Derzeit wird eine intensive Diskussion über Förderobergrenzen im Stallbau geführt. Der Bauernverband wünscht sich im Gegensatz zum Vorschlag des Bundesministers eine staatliche Investitionsförderung auch für größere Bestände. Hier geht es unter anderem um die Grundsatzfrage, ob Großbetriebe ebenfalls der staatlichen Unterstützung bedürfen. Es geht dabei allerdings auch darum, die Wettbewerbsverhältnisse zwischen den Regionen zu beeinflussen.

Motivation zur Veränderung

Die landwirtschaftliche Branche braucht klare und über eine Legislaturperiode hinaus geltende Rahmenbedingungen und damit Perspektiven. Die Betriebe warten darauf. Politik und Berufsstand müssen sich stärker auf das Handeln konzentrieren und dabei die Basis mitnehmen. Unter anderem die Existenz von „Land schafft Verbindung“ dokumentiert, dass dieses bisher offenbar nur begrenzt gelungen ist.

Landwirte sollten auch nicht mit einer Rhetorik beschrieben werden, die ihr bisheriges Tun völlig infrage stellt. Das haben sie nicht verdient, und es demotiviert die Menschen auf den Höfen. Sie spüren ohnehin, dass sie nicht alle an sie herangetragenen Forderungen und Wünsche der Gesellschaft von heute auf morgen erfüllen können. Sie benötigen dabei vielfältige, nicht nur materielle Unterstützung. Politik und Berufsstand sind hier in der Verantwortung. Alle Beteiligten müssen mit Überzeugungskraft und Motivation notwendige Veränderungen in der Landwirtschaft realisieren.

WIE WIRD LANDWIRTSCHAFT UMWELT- UND TIERWOHLGERECHTER?

Ordnungsrecht darf kein Tabu sein

Ein sorgfältigerer Umgang mit der Natur, ob auf dem Feld oder im Stall, ist erforderlich. Daran führt aufgrund der Erkenntnislage kein Weg vorbei. Das sehen in zunehmendem Maße auch Landwirte und ihre Vertreter so. Allerdings ist die Einsicht, dass der Schutz der Natur gerade für die Landwirtschaft wichtig ist, um beispielsweise Erosionen zu vermindern und Böden vor Austrocknung zu schützen und zu regenerieren, noch nicht flächendeckend verbreitet, um es vorsichtig zu formulieren.

Die Politik kann und wird sich den gesellschaftlichen Forderungen jedoch nicht verschließen. Umweltwirkungen der landwirtschaftlichen Produktion lassen sich logischerweise nicht auf null reduzieren. Aber eine umweltgerechtere Wirtschaftsweise ist für die gesellschaftliche Akzeptanz und zur Schonung der Naturgüter unerlässlich. Zur Erhaltung der Artenvielfalt, der Verbesserung der Bodenqualität und der Reduzierung der Grund- und Oberflächenwasserbelastungen wird ein Mix aus Anreizprogrammen und Ordnungsrecht beitragen können und müssen. Ohne präzise Vorschriften und Kontrollen bezüglich ihrer Einhaltung wird es auch nicht gehen.

Es wird in den nächsten Jahren eine wichtige Aufgabe der Politik sein, umweltpolitische Notwendigkeiten zu kommunizieren und umzusetzen und dabei die Branche zielgerichtet zu unterstützen.

Förderdickicht

Bereits jetzt gibt es eine ungeheure Programmvielfalt, um Landwirte zu einer umwelt- und tierwohlgerechteren Wirtschaftsweise zu veranlassen. Aus den Auflagen bei Ausreichung der Direktzahlungen in Verbindung mit den Förderprogrammen zugunsten einer umweltgerechteren Landwirtschaft hat sich inzwischen ein für Landwirte und Verwaltung kaum noch durchschaubares Förderdickicht entwickelt. Hinzu kommt, wie auch der Europäische Rechnungshof feststellt: Die vielfältigen Maßnahmen hatten bisher keinen durchschlagenden Erfolg. Worin liegt die Ursache für diesen Missstand, und was muss geändert werden?

Was ist zu tun?

Über die Durchführung von Agrarumweltprogrammen sollte dezentral von Vertretern der Agrar- und Umweltseite entschieden werden, wie es in den Niederlanden zur Zufriedenheit der Beteiligten und mit respektablen Resultaten zugunsten der Umwelt funktioniert. Das ist für den Erfolg umweltpolitischer Maßnahmen zielführender als die Entscheidung allein in die Hände des Landwirts zu legen, der die Durchführung umweltpolitischer Maßnahmen häufig stärker an betriebswirtschaftlichen Kriterien als an umweltpolitischen Notwendigkeiten ausrichtet. Statt Deutschland insgesamt, bei gewissen länderspezifischen Differenzierungen, mit immer komplexeren Förderprogrammen in der Fläche zu überziehen, sollte nach dem niederländischen Vorbild im Zusammenwirken von Agrar- und Umweltvertretern entschieden werden, was vor Ort zum Erhalt bestimmter Tier- und Pflanzenarten und zur Schonung der Natur erforderlich ist. Die als notwendig identifizierten Maßnahmen werden dann mit EU-Mitteln und nationalen Geldern finanziert. Ein

Vorgehen nach dem Vorbild der Niederlande kann zum weiteren Abbau von Konflikten zwischen Agrar- und Umweltseite beitragen und zielgerichtetes und erfolgreiches Handeln ermöglichen. Warum soll das, was bei unseren Nachbarn funktioniert, nicht auch bei uns funktionieren? Die Agrarministerkonferenz hat erfreulicherweise beschlossen, dass bis 2025 kooperative Ansätze nach niederländischem Vorbild im Hinblick auf eine Anwendung in Deutschland geprüft werden sollen.

Zudem wird es ohne Ordnungsrecht nicht funktionieren. Das haben wir bei der Umsetzung der Nitratrichtlinie gesehen. Es war immer ein Mix aus Ordnungsrecht und Anreizprogrammen, der zur Durchsetzung umweltpolitischer Ziele beitrug. Aber das Ergebnis der überwiegend auf der Basis von Anreizprogrammen durchgeführten Agrarumweltpolitik ist nicht zufriedenstellend. Das ist auch ein Ergebnis der Strategie, schwerpunktmäßig mit Anreizprogrammen erwünschtes Verhalten herbeizuführen. Ohne Ordnungsrecht, also Geboten und Verboten, wird es nicht gehen.

Mit Anreizprogrammen, Ordnungsrecht und mithilfe technischer Fortschritte kann unsere Landwirtschaft wieder umweltgerechter werden.

Schonung der Umwelt: Schlüssel Züchtung und Technik

Unterstützend auf dem Weg zu einem umweltgerechteren Wirtschaften wirkt auch die moderne Technik. Roboter ermöglichen es, den Bedürfnissen der Pflanzen entsprechend, Düngemittel und Pflanzenschutzmittel einzusetzen. Sensoren, die mit Lichtreflexion arbeiten, helfen schon heute bei der bedarfsgerechten Ausbringung von Stickstoffdüngern. Drohnen, die den Zustand der Pflanzen aus der Luft beurteilen, tragen zur Optimierung von Maßnahmen auf dem Feld bei. Optimierung heißt hier, den Einsatz von Dünge- und Pflanzenschutzmitteln zu reduzieren. Für weniger „Chemie" mit neuen Methoden plädieren die Professoren Frank Ordon und Peter Zwerger vom Julius-Kühn-Institut in Quedlinburg.

Drohnen können Larven von Schlupfwespen über Maisfeldern abwerfen, damit sie Schädlinge vernichten. Selbstfahrende Roboter können selbständig Saatgut und Dünger ausbringen und den Boden bearbeiten. Ein Unkrautroboter kann zwischen Nutzpflanzen und nicht erwünschten Pflanzen unterscheiden, die er in den Boden drückt, so dass ausschließlich Nutzpflanzen weiterwachsen. Künftige Technik kann auch bedeuten, dass es ökonomisch nicht nachteilig sein muss, wenn Felder wieder kleiner werden, denn der Roboter beansprucht weniger Platz als heutige Großtechnik. Auch damit ließen sich ökologische Zielsetzungen besser realisieren. Kleinere Flächen mit mehr Feldrändern führen so zu mehr Artenvielfalt.

Neue Züchtungsmethoden

Raus aus den Gräben müssen wir auch hinsichtlich der Bewertung neuer Züchtungsmethoden. Kann unsere Landwirtschaft mit Hilfe dieser Methoden umweltgerechter wirtschaften? Insbesondere angesichts der klimatischen Veränderungen und der breiten Diskussion über nachteilige Wirkungen von Düngemitteln und Pflanzenschutzmitteln brauchen wir Sorten, die krankheitsresistenter, nährstoffeffizienter und vor allem trockenheitstoleranter sind. Neue Züchtungsmethoden liefern diese Eigenschaften schneller als die herkömmliche Pflanzenzucht. Deshalb sollte die Diskussion offen geführt werden. Kann die neue Methode der Genschere CRISPR/Cas, bei der gezielt ins Erbgut eingegriffen wird, ohne artfremdes Erbgut hinzuzufügen, bei der Lösung anstehender züchterischer Fragen hilfreich sein? Oder rechtfertigen etwaige Risiken den Einsatz nicht? Selbst der ehemalige langjährige Chef des Forschungsinstituts für biologischen Landbau und einer der Pioniere des Ökoanbaus, Professor Urs Niggli, urteilt, dass grundsätzliche Verbote für eine so potente Züchtungsmethode nicht adäquat sind. Dem ist auch angesichts der Welternährungslage nur zuzustimmen.

Wie kommen wir zu mehr Tierwohl?

Die Analyse ist seit langem klar, in deutschen Ställen müssen wir mehr für das Tierwohl tun. Verschiedene Maßnahmen wurden in den vergangenen Jahren zwar auf den Weg gebracht, im Dickicht zwischen und innerhalb der Regierungsparteien sowie zwischen Politik und Branchenvertretern blieben weitere Fortschritte stecken.

Die Vorstellung – die sich Wirtschaft und weite Teile der Agrarpolitik zu eigen machten –, den Weg zu mehr Tierwohl mit erheblichen staatlichen Mitteln zu begleiten, hat den Entscheidungsprozess immer wieder verzögert. Nur in Ansätzen zeichnet sich bisher eine Umsetzung ab.

Versuchen sollte man ein paralleles Vorgehen auf verschiedenen Ebenen. Schon aus Wettbewerbsgründen sollten in der Europäischen Union möglichst einheitliche Vorgaben angestrebt und das Tierwohlniveau insgesamt verbessert werden. Dafür sollte sich Deutschland immer wieder stark machen, auch wenn bisher die Vorstellungen der Mitgliedstaaten zu diesem Thema auseinandergehen. Nationale Sonderwege bedürfen der Genehmigung der Wettbewerbshüter der EU. Außerdem können sie sich für hiesige Produzenten nachteilig auswirken, wenn Konsumenten höherpreisige heimische Tierwohlware nicht entsprechend nachfragen und in der EU mit offenen Grenzen ausländische preisgünstigere Ware bevorzugen.

Mit Investitionshilfen, einer drastischen Vereinfachung des Baurechts und staatlichen Zusagen bezüglich der langfristigen Sicherheit getätigter Investitionen könnten Landwirte motiviert werden, mehr in Tierwohl zu investieren. Landwirte brauchen vor allem Planungssicherheit. Die kann es natürlich in einer Welt mit technischen Fortschritten und sich wandelnden Auffassungen nicht in vollem Umfang geben. Aber wenn es um Millioneninvestitionen geht, zum Beispiel beim Bau von Ställen, sollte der Staat bei Einhaltung bestimmter Umwelt- und Tierschutznormen ein Bekenntnis abgeben, dass während der Abschreibungsdauer, also der regulären Nutzungsdauer eines Stalles, keine zusätzlichen Ansprüche definiert werden.

Das ist geboten, um überhaupt Anreize für Investitionen in tierwohlgerechtere und klimagerechtere Ställe zu geben. Im Bau- und Planungsrecht sollte der Staat gegenüber der landwirtschaftlichen Klientel zügig für mehr Klarheit und Entbürokratisierung sorgen.

Die von der Wirtschaft geforderten langjährigen staatlichen Unterstützungszahlungen für Betriebe, die in Tierwohl investieren, haben hingegen neben den fiskalischen Belastungen für den Steuerzahler auch ihre rechtlichen Tücken. So verständlich der Wunsch nach dauerhafter staatlicher Unterstützung ist: Bei den zur Debatte stehenden immensen Größenordnungen von mehreren Milliarden Euro jährlich sind die strengen Wettbewerbshüter der EU hellhörig.

Mehrwert lässt sich erzielen, wenn man sich von der Masse abhebt, zum Beispiel durch mehr Tierwohl. Dem Konsumenten muss dieser Mehrwert erklärt werden, um seine Zahlungsbereitschaft zu steigern. Die erzielbaren Preise sind auch abhängig von den Fähigkeiten des Marketings, Kunden von bestimmten Produkteigenschaften zu überzeugen. Man muss den Konsumenten vermitteln, dass sie für mehr Geld auch etwas Besseres bekommen. Eine entsprechende Kennzeichnung verschafft dem Konsumenten Transparenz und kann ihn motivieren, für ein höheres Tierwohlniveau mehr zu bezahlen.

Schließlich verhilft auch der technische Fortschritt zu mehr Tierwohl in den Ställen. Die Digitalisierung hält inzwischen Einzug in die tierische Produktion. Der vollautomatische Melkroboter zum Beispiel weiß kurz nach dem Beginn des Melkens, ob die Kuh gesund ist oder nicht. Sensoren am Hals der Kuh registrieren das Bewegungs- und Fressverhalten, das ebenfalls Aufschluss über den Gesundheitszustand der Kuh gibt. Früherkennung von Krankheiten führt zu schnellerer Therapie und somit zu mehr Tierwohl.

Recht durchsetzen

Bereits jetzt kann der Staat auf vergleichsweise einfache, aber nicht unbedingt populäre Weise mehr für Tierwohl und Umweltschutz tun. Es ist Aufgabe des Staates, geltendes Recht konsequenter ausführen. Wenn, wie es in einigen Bundesländern gängige Praxis ist, alle dreißig bis vierzig Jahre Tierschutzkontrollen in den Ställen stattfinden, sind Missstände unausweichlich. Wenn in Regionen mit bereits deutlich überhöhtem Viehbesatz weiterhin Baugenehmigungen für Stall- und Kapazitätserweiterungen ausgesprochen werden, darf man nicht von zunehmenden Umweltproblemen überrascht sein. Daraus folgt: Geltendes Recht muss durchgesetzt, die Einhaltung strikter kontrolliert werden. Wir werden nicht ohne weitere ordnungspolitische Maßnahmen auskommen, wenn wir mehr Tierwohl und Umweltschutz in der Landwirtschaft wollen. Das schafft Klarheit und ermöglicht konsequenten Vollzug. Man muss den Landwirten ehrlich sagen, dass auf diese Weise ein Beitrag geleistet werden kann, Landwirtschaft und Gesellschaft zu versöhnen.

WIE VERSÖHNEN WIR LANDWIRTSCHAFT UND GESELLSCHAFT?

Immer an den Konsumenten denken

„Ethik für die Landwirtschaft. Das philosophische Bauernjahr" ist der Titel eines 2020 erschienenen Buches des Philosophen Christian Dürnberger, der sich unter anderem mit dem angespannten Verhältnis zwischen Agrarproduktion und Gesellschaft auseinandersetzt. Dieses angespannte Verhältnis in Verbindung mit einer in Teilen immer kritischer und unversöhnlicher werdenden Diskussion in der Gesellschaft über Landwirtschaft und Ernährungsfragen lässt viele Landwirte mutlos werden. Dabei gibt es inzwischen viele kreative Ansätze, wie sich Landwirtschaft und Gesellschaft näherkommen können.

30.000 bis 40.000 landwirtschaftliche Betriebe betreiben eine Direktvermarktung. Sie haben also den unmittelbaren Kontakt zum Kunden, so kommen sich Landwirtschaft und Gesellschaft näher.

Neue Wege zum Verständnis und zur Versöhnung von Landwirtschaft und Gesellschaft beschreiten die Anhänger der bereits beschriebenen Solidarischen Landwirtschaft. Sie gibt den Konsumenten Einblick in die Produktionsprozesse und in die Ökonomie landwirtschaftlicher Betriebe, den Produzenten erschließen sich Finanzierungsquellen und gesicherte Absatzkanäle.

„Du bist der Chef" ist eine weitere Variante der Konsumentenmitbestimmung und der Vertiefung des Produzenten-Verbraucher-Dialogs. Konsumenten entscheiden über Qualität, Regionalität, Tierwohl, Verpackung und den Preis. Vorbild ist eine französische Initiative, die 2016 mit Milch erfolgreich startete und inzwischen auf andere Produkte ausgedehnt wurde.

Kreative Köpfe versuchen also, zum besseren Verständnis zwischen Produzenten und Konsumenten beizutragen und Landwirten die Möglichkeit zu geben, höhere Preise für ihre Produkte zu erzielen. Die geschilderten Beispiele zeigen, was möglich ist, aber Patentlösungen für die gesamte Branche sind es nicht.

Die Landwirtschaft insgesamt wird über die stärkere Berücksichtigung der Tierwohl- und Umweltbelange verlorenes Vertrauen wiedergewinnen müssen. Dazu gehört auch eine stärkere Berücksichtigung dieser Aspekte in der landwirtschaftlichen Aus- und Fortbildung. Imagekampagnen und Tage des offenen Hofes sind Bestandteile einer zielgerichteten und qualifizierten Öffentlichkeitsarbeit, die schon von zahlreichen Landwirten betrieben wird. Am wichtigsten ist wohl, dass alle Landwirte verinnerlichen, dass sie mit ihrer täglichen Arbeit mitverantwortlich sind für das Image ihres Berufsstandes.

Welche Landwirtschaft will die Gesellschaft?

Im Jahr 2020 kommunizierte der bayerische Ministerpräsident Markus Söder in einer Twitter-Botschaft, der bayerische Weg in der Landwirtschaft solle ein Vorbild für ganz Deutschland sein. Mit gut 30 Hektar im Durchschnitt der Betriebe bewirtschaften die bayerischen Bauern weniger als die Hälfte der Fläche des deutschen Durchschnittsbauern. Über 60 Prozent der dortigen Betriebe sind Nebenerwerbsbetriebe. Der Protest aus Ostdeutschland und aus der Wissenschaft gegen dieses Vorbild meldete sich unverzüglich. Der hallische Agrarökonom Alfons Balmann kommentierte, dass Bayern überwiegend museale und unrentable Hobby- und Nebenerwerbsbetriebe habe. Dieses harte Urteil mag aus agrarökonomischer Sicht einen Wahrheitskern haben. Aber Dörfer in Bayern machen, auch wegen der dortigen Landwirtschaft, einen vitaleren Eindruck als Dörfer in vielen anderen Teilen Deutschlands. Wo landwirtschaftliche Holdingstrukturen verbreitet sind und keine Bauernfamilie mehr anzutreffen ist, dort sinkt die Lebensqualität in den Dörfern.

Welche Landwirtschaft will nun die Gesellschaft? Sicherlich eine Landwirtschaft die umwelt- und tierwohlgerecht wirtschaftet. Und darüber hinaus?

Breiten Raum nimmt im Papier der Zukunftskommission Landwirtschaft der Wunsch nach einer Erhöhung der Zahl der landwirtschaftlichen Betriebe ein. Nach aller Erfahrung ist das nicht realistisch. Hier kommt aber der Wunsch der Gesellschaft nach einer Landwirtschaft in überschaubaren Größenordnungen zum Ausdruck. Überschaubare Größenordnungen, umweltgerechtere Wirtschaftsweise und mehr Tierwohl in den Ställen, so könnte man die in vielen Umfragen dokumentierten Vorstellungen zum Agrarsektor zusammenfassen. Wenn die Branche mehr Wertschätzung und damit mehr gesellschaftliche Akzeptanz will, kann sie sich diesen Wünschen nicht verschließen. Branche und Agrarpolitik sollten sich auf diesen Weg begeben und die erzielten Ergebnisse klug kommunizieren.

Und wir brauchen eine Agrarpolitik, die auch Nichtlandwirte verstehen. Eine Voraussetzung ist, dass diese Agrarpolitik möglichst frei von Widersprüchen ist. Wenn Regelungen zu den Direktzahlungen, zum Bodenrecht und zu den vielfältigen Förderungen für Max und Erika Mustermann plausibel und nachvollziehbar sind, dann wächst auch wieder Vertrauen zur Landwirtschaft. Heute sind viele Regelungen für Insider nur schwer und für Außenstehende gar nicht verständlich.

WANN SIND UNSERE BAUERN ZUFRIEDEN?

Mehr Akzeptanz

Landwirte sind aus vielerlei Gründen nicht zufrieden. Es liegt nicht nur am Einkommen, sondern, wie bereits dargelegt, auch an der Anerkennung ihrer Arbeit durch die Gesellschaft. Hinzu kommt die latente Unzufriedenheit mit der Politik. Das Verhältnis zur Politik ist von Enttäuschungen und Missverständnissen geprägt.

Gesellschaft muss mehr über Landwirtschaft lernen, und Landwirtschaft muss sich gegenüber der Gesellschaft stärker öffnen. Viele Wünsche und Forderungen, die an die Landwirtschaft herangetragen werden, haben eine wissenschaftlich fundierte Begründung. Denken wir nur an die Mitverantwortung der Branche für die Nitratbelastung des Grundwassers oder das Artensterben. Das muss man mit den Landwirten immer wieder offen diskutieren.

Unbestritten stehen auch die landwirtschaftlichen Interessenvertreter in der Verantwortung, für eine ehrliche Informationspolitik in Richtung ihrer Basis zu sorgen.

Wissenschaftliche Erkenntnisse lassen sich nicht durch Lobbyarbeit entkräften, sondern es müssen gemeinsam mit der Politik Wege zur adäquaten Problemlösung gefunden werden. Das ist eine wesentliche Voraussetzung, dass Landwirtschaft wieder mehr Akzeptanz und Wertschätzung in der Gesellschaft erfährt. Das ist dann auch der Weg zu mehr Zufriedenheit.

Weniger Bürokratie

Weniger Bürokratie – das ist der Wunsch nicht nur der Landwirte, sondern weiter Bevölkerungsgruppen. Müssen wir in unserer zugegebenermaßen immer komplexer werdenden Gesellschaft immer mehr Bürokratie hinnehmen? 2022 plagte der Staat Grundbesitzer, auch Landwirte, mit vorbereitenden Arbeiten zur Umsetzung der Grundsteuerreform. Ginge es nicht einfacher, mit mehr Service seitens des Staates, der ja über die abgefragten Daten weitgehend verfügt? Ohnehin ist unser Steuerrecht ein Beispiel für überbordende Bürokratie. Die Einkommensteuererklärung wird wohl nie auf einen Bierdeckel passen, aber die zahlreichen Sonder- und Ausnahmetatbestände für vielerlei Dinge des täglichen Lebens lassen sich auch von Max und Erika Mustermann nur noch mit fachkundiger Hilfe bewältigen. Das Steuerrecht sieht desgleichen für landwirtschaftliche Betriebe zahlreiche Ausnahmeregeln vor, sicherlich in guter Absicht konzipiert, aber mit dem Ergebnis, dass es für Bauern besonders kompliziert geworden ist. Andere Staaten erheben ebenfalls Steuern, aber mit zumutbarem Aufwand für die Bürger.

Auch im Baurecht kann ein Blick in benachbarte Staaten Anregungen geben, wie es einfacher geht. Die Liste der Beispiele ließe sich mühelos erweitern.

Ebenso sind die Aufzeichnungs- und Berichtspflichten im Zeitablauf für den landwirtschaftlichen Betrieb immer vielfältiger geworden. Das gilt insbesondere für tierhaltende Betriebe. Hinzu kommt ein inzwischen fast unüberschaubares Förderangebot. Hier muss dann der Grundsatz gelten: Wer gefördert wird, wird auch kontrolliert. Das ist man dem Steuerzahler schuldig. Aber wenn wir so weitermachen, bleibt immer weniger Zeit für produktive Tätigkeiten. Das gilt nicht nur für den Agrarsektor. Der Staat muss sein Regulierungs- und Förderdickicht straffen und sein agrarpolitisches Handeln so ausgestalten, dass es für Betroffene und Konsumenten besser verständlich ist.

Die Größenfrage – Verteilungsgerechtigkeit

Wie beschrieben werden Landwirte in Deutschland mit rund 6 Milliarden Euro jährlich allein aus den EU-Kassen unterstützt. Diese

EU-Direktzahlungen werden zunehmend, auch wissenschaftlichen Empfehlungen folgend, an Umweltleistungen gebunden. Das erhöht den bürokratischen Aufwand einschließlich zusätzlicher Kontrollen und reduziert die Einkommenswirkungen der Direktzahlungen. Die Fachpresse widmet sich der Thematik bereits unter der Überschrift „Lohnt sich künftig der Antrag noch?". Flächenarme Betriebe überlegen in zunehmendem Umfang, auf eine Antragstellung und damit Direktzahlungen zu verzichten, um den Bürokratieaufwand zu reduzieren und Kontrollen zu entgehen. Das wäre ein verheerendes agrarpolitisches Ergebnis.

Zu den Verteilungswirkungen der Direktzahlungen legte der Wissenschaftliche Beirat für Agrarpolitik, Ernährung und gesundheitlichen Verbraucherschutz beim BMEL in seinem 2018 veröffentlichten Gutachten dar, dass die Direktzahlungen verteilungspolitisch nicht zu rechtfertigen seien, da keine Ausrichtung an betrieblichen oder persönlichen Bedürfnissen der Landwirtschaftsbetriebe erfolge. Tatsächlich verfügen zahlreiche Inhaber von Großbetrieben, insbesondere Investoren aus Industrie und Handel, über lukrative außerlandwirtschaftliche Standbeine. Sie sind also weniger oder gar nicht auf Direktzahlungen angewiesen. Das unterscheidet sie von den meisten landwirtschaftlichen Familienbetrieben, dort resultieren ca. 50 Prozent der Gewinne aus den Direktzahlungen. Mehr Verteilungsgerechtigkeit, wie seitens der Wissenschaft gefordert, würde die Direktzahlungen weniger angreifbar und für die Gesellschaft nachvollziehbarer machen.

Zunehmend werden Überlegungen diskutiert, statt der flächenbezogenen Direktzahlungen Umweltleistungen landwirtschaftlicher Unternehmen betriebsindividuell zu ermitteln und zu honorieren. Das wäre mit noch mehr Bürokratie verbunden, mit der Gefahr vermehrter Rechtsstreitigkeiten zwischen Verwaltung und landwirtschaftlichen Betrieben.

Bodenmarkt ordnen

Zur Erinnerung: Das Bodenrecht sieht einen Vorrang aktiver Landwirte beim Flächenkauf vor. Sogenannte Anteilskäufe von Betrieben, die als juristische Personen bewirtschaftet werden, unterliegen nicht dem Bodenrecht. Investoren können so, ohne Kontrolle der Behörden, Flächenanteile erwerben; die gesetzlich verankerte Vorrangstellung aktiver Landwirte wird dadurch unterlaufen. Viele Landwirte sehen das Thema Anteilskäufe mit großer Skepsis. Sie fürchten zu Recht die finanziell potente außerlandwirtschaftliche Konkurrenz.

Die Agrarpolitik ist hier gefordert. Sie muss die Wettbewerbsverhältnisse auf dem Bodenmarkt ordnen und nicht nur den Kauf von kleinen Flächen der staatlichen Kontrolle zugunsten der Landwirte unterziehen, sondern ebenso Anteilskäufe einem Genehmigungsverfahren unterwerfen. Auch die Zukunftskommission Landwirtschaft mahnt zum Thema Bodenmarkt Handlungsbedarf an.

Selbstbewusstsein durch Systemrelevanz

Zu guter Letzt sollten die Bauern sich vergegenwärtigen, dass ihnen von höchster politischer Stelle Systemrelevanz zugesprochen wird. Ihre Rolle als Nahrungsmittelproduzent hat durch die jüngsten Entwicklungen in der Welt eine neue Bedeutung erfahren. Wann wurde in den Medien so viel über die Bedeutung der Nahrungsmittelproduktion berichtet? Landwirte sind Nahrungsmittelproduzenten. Das ist ihre Hauptaufgabe, und das sollte ihr Image bestimmen. Das macht auch ihre Systemrelevanz aus. Die zunehmende Nutzung agrarischer Rohstoffe für energetische und industrielle Zwecke ist in einer Welt mit einer wachsenden Zahl an Hungernden schwer vermittelbar. Zudem hat Bioenergie den Preiswettbewerb gegen Solarenergie und Windenergie verloren. Insofern muss die Branche ihre weitere Profilierung in der Nahrungsmittelproduktion suchen. Das kann ihr auch gelingen, und daraus kann sie Selbstbewusstsein und gesellschaftliche Anerkennung schöpfen.

MEHR GELD VOM STAAT?

Die Borchert-Kommission und die Zukunftskommission Landwirtschaft kommen zu dem Ergebnis, dass es zusätzlich jährlich mehrerer Milliarden Euro bedarf, um gesellschaftlich erwünschte Ziele zu erreichen. Offenbar war der Konsens in diesen Kommissionen auch nur möglich, indem man diesen Finanzbedarf definierte. Angesichts des bei seriöser Finanzpolitik limitierten finanziellen Leistungsvermögens des Staates sind die Chancen begrenzt, für die diskutierten gigantischen Summen politische Mehrheiten zu finden. Das erklärt auch die bisherige Zurückhaltung in politisch unterschiedlich zu verorteten Bundesregierungen, die Ergebnisse der Kommissionen zügig umzusetzen.

Hinzu kommt Folgendes: Inzwischen haben Corona, steigende Inflationsraten und verteidigungspolitische Notwendigkeiten zu einer enormen Expansion der Staatsausgaben geführt. Der aktive Staat hat unter anderem die Aufgabe, Bürger vor sozialen Notlagen zu bewahren und wirtschaftliche Verwerfungen zu reduzieren. Bleibt da noch Geld für zusätzliche Maßnahmen zugunsten der Landwirtschaft in den Größenordnungen wie sie die Kommissionen vorgeschlagen haben?

Ohnehin besteht die Neigung in der Branche, viel Ideenreichtum zu entwickeln, wie mit staatlicher finanzieller Hilfe Probleme gelöst werden sollen. Dazu zähle ich auch die Idee vom Gesellschaftsvertrag, über den seit Jahren gesprochen wird, der sich aber nicht einmal in Konturen abzeichnet. Was die Gesellschaft im Hinblick auf landwirtschaftliche Produkte und Nahrungsmittel will, entscheidet sie letztlich beim Einkauf.

Bei Wetterextremen lobbyieren Versicherer und fordern staatliche Unterstützung für Mehrgefahrenversicherungen, bei Marktschwankungen werden mehr oder minder kostspielige staatliche Eingriffe verschiedenster Art vorgeschlagen. Letztlich werden so Hoffnungen geweckt, die sich nur in den wenigsten Fällen umsetzen lassen. Auch die Aussicht, aus Landwirten Klimawirte zu machen, die mit CO_2-Speicherung Geld verdienen, ist noch weit von der Praxisreife entfernt. Verunsichert bleibt dann der Bauer auf seiner Scholle zurück.

Programme durchforsten und gezielter fördern

Angesichts der bei seriöser Finanzpolitik begrenzten Spielräume zur stärkeren Unterstützung des Agrarsektors sollten die Akteure sich darauf konzentrieren, vorhandenes Geld zielgerichteter zu verteilen. Sind alle Förderprogramme notwendig, sind sie zielgerichtet, oder gibt es überwiegend Mitnahmeeffekte? Muss die Verteilung der Direktzahlungen so bleiben? Politik darf sich nicht reformunfähig machen, indem Einschnitte in bestehende Leistungen als unzumutbar angesehen werden. Auch Agrarpolitik kann nicht bedeuten, dass keiner weniger Geld erhält, aber viele zusätzliche staatliche Zuwendungen erhalten. Zielführenderer Einsatz vorhandener Mittel und intelligentere Abschöpfung der Zahlungsbereitschaft der Konsumenten – das sollte der primäre Ansatz sein.

Mehr staatliches Geld bedeutet für die Landwirte, dass sie noch stärker in Abhängigkeit vom Staat geraten. Ist das im Sinne der landwirtschaftlichen Klientel? Eher nein. Viele Bauern, vielleicht sogar die meisten, wünschen sich auskömmliche Preise für ihre Produkte und damit Rahmenbedingungen, die dieses ermöglichen. Dabei ist zu berücksichtigen, dass wir in einer globalisierten Welt leben und in einer EU mit offenen Binnenmärkten. Aber dennoch, die Erzeugerpreise für landwirtschaftliche Produkte unterscheiden sich in der EU nicht unerheblich. Woran liegt das, und welche Reserven haben wir diesbezüglich in Deutschland? Hier ist Marktforschung gefragt.

Ohne Einkommensstützung?

Der bereits erwähnte Schweizer Agrarwissenschaftler Professor Urs Niggli hat eine visionäre Perspektive formuliert: „Die Landwirtschaft wird in Zukunft Methoden praktizieren, die die Naturgüter

Boden, Wasser, Luft und biologische Vielfalt zwar intensiv nutzen, aber nicht verbrauchen. Dazu nutzt sie das Erfahrungswissen von Generationen und den Erfindergeist der High-tech-Generation." Weiterhin erklärte er: „Die Landwirtschaft produziert das wichtigste tägliche Gut jedes Menschen. Nach meinem Verständnis von Wirtschaft braucht es dafür keine staatliche Einkommensstützung."

Aus Sicht der öffentlichen Haushalte ist das eine verlockende Langfristperspektive. Kurz- und mittelfristig werden wir aber wohl keine Landwirtschaft in Deutschland und Mitteleuropa sehen, die ohne Einkommensstützung auskommt. Die Kernfrage ist, inwieweit die Wertschöpfungskette selbst in der Lage ist, verbesserte Perspektiven für die Branche zu entwickeln, oder ob dies vornehmlich den politischen Entscheidungsträgern überlassen wird. Es geht dabei um Risiken, wie sie immer mit Veränderungen einhergehen. Es geht um die Verteilung von Kosten und Nutzen. Die Art der Konsensfindung in der Zukunftskommission Landwirtschaft könnte ein Auftakt für weitere Ansätze zur Entwicklung von Lösungsansätzen in der Branche sein. Allerdings sollte man davon Abstand nehmen, primär auf Lösungen zulasten Dritter, hier der Steuerzahler, zu setzen. Darunter leidet die Glaubwürdigkeit derartiger Bemühungen.

GUTES TUN UND DARÜBER REDEN

Der große Verdienst der Arbeit der Zukunftskommission Landwirtschaft ist die Überwindung von Gräben zwischen Agrar- und Umweltseite. Das war vorher kaum denkbar. Ein Weitergehen auf diesem Weg der Kommunikationskultur wäre wünschenswert und zielführend. Es darf kein Zurück zu bisherigen Positionen geben. Im Ergebnis könnte daraus auch eine weitere Annäherung zwischen konventioneller Landwirtschaft und Ökolandbau erfolgen. In Verbindung mit neuen Züchtungstechnologien sollte sich daraus eine zukunftsfähige Landwirtschaft entwickeln mit einer Minimierung negativer Umweltwirkungen und damit einer breiten gesellschaftlichen Akzeptanz.

Für die gesellschaftliche Akzeptanz können Landwirte neben ihrer beruflichen Arbeit auch selbst mehr tun. In den Gemeinderäten, den Kreistagen, Landtagen und im Bundestag sind Abgeordnete mit land- oder forstwirtschaftlicher Vorbildung inzwischen zu Raritäten geworden. Es wird über Landwirtschaft gesprochen und kontrovers diskutiert, aber es fehlen kompetente landwirtschaftliche Gesprächspartner, die mitdiskutieren. Auch in der Agrarministerkonferenz bilden Minister und Senatoren mit fachlicher Vorbildung inzwischen eine Minorität. Nun unterliegen Politiker vielfältiger, oft auch ungerechtfertigter Kritik. Dazu ein Zitat des Journalisten Heribert Prantl: „Politiker sind nicht die Hausschweine der Demokratie. Solange sich aus dem Lager der vielen Kritiker nicht gute Leute bereitfinden, in die Politik zu gehen, ist das Land auf die angewiesen, die es hat. Man sollte nicht so tun, als seien sie überflüssig bis schädlich." Mehr Landwirte müssen sich engagiert politisch betätigen. Wenn sie nicht mitmachen, können sie nicht mitbestimmen, dann wird ohne ihre Beteiligung über sie entschieden.

Weg vom Sattmacher

Vom Sattmacher zum Verantwortlichen für eine nachhaltige und gesunde Ernährung, auf diesen Weg begeben sich mehr und mehr Landwirte in Deutschland. Diese nachhaltigere Produktion muss kommuniziert und beworben werden. Konsumenten müssen vom Mehrwert dieser Produkte überzeugt werden. Dann können sie auch hochpreisiger verkauft werden. Und diese höheren Preise müssen vom Handel dann, zumindest zum Teil, an die Landwirte weitergegeben werden.

Unser Ernährungsverhalten gehört ebenfalls auf den Prüfstand. Fehlernährung verursacht menschliches Leid und volkswirtschaftliche Kosten. Ernährungsbildung muss für die gesamte Bevölkerung einen höheren Stellenwert erhalten. Konsumenten müssen den gesundheitlichen Wert der Nahrungsmittel leichter erkennen können. Nutri-Score ist ein gelungener Anfang. In der Ernährung dürfte zukünftig der Trend zum „Plant Based Food“, zum pflanzenbasierten Essen, unumkehrbar sein. Das erhöhte Gesundheitsbewusstsein der Bevölkerung folgt diesem Trend. Darauf muss sich Landwirtschaft einstellen. Der Warenkorb der von uns konsumierten Lebensmittel verändert sich, möglicherweise in Zukunft sogar beschleunigt. Menschen werden sich anders ernähren, aber zum Trost der Branche sei Folgendes gesagt. Über 80 Millionen Konsumenten in einem sehr wohlhabenden Staat bilden einen gesicherten Markt für heimische Agrarprodukte. Regionalität hat bei Lebensmitteln einen hohen Stellenwert.

Besinnung auf die Ursprünge

Der Blick in die Zukunft ist uns verwehrt. Mit dem Überfall Russlands auf die Ukraine hatte kaum jemand gerechnet. Dieses Ereignis beeinflusst unser Leben in vielfältiger Weise, unter anderem durch erhebliche Preissteigerungen für Energie und Lebensmittel. Eine Kriegsfolge ist die Zunahme des Hungers in der Welt. Deshalb ist der Stellenwert der Nahrungsmittelproduktion gestiegen. Zur Vermeidung von Hungeraufständen und weiter zunehmenden Flüchtlingsbewegungen ist die Verwendung agrarischer Rohstoffe global neu zu justieren. Wollen und können wir es uns leisten, agrarische Rohstoffe in zunehmendem Umfang für energetische und industrielle Zwecke zu nutzen und sie dadurch zu verknappen? Diese Frage stellt sich umso dringender angesichts der für die Landwirtschaft immer spürbarer werdenden Folgen des Klimawandels. Auch in Mitteleuropa sind klimabedingte Ernteeinbußen und Missernten zunehmend zu beklagen.

Unsere landwirtschaftlichen Betriebe stehen in einem globalen Wettbewerb, und sie sind eingebunden im europäischen Binnenmarkt. Der Agrarsektor hat enorme Produktivitätsfortschritte erzielt. Dieses war möglich durch eine zunehmende Arbeitsteilung, technische Fortschritte und eine verstärkt unternehmerisch geführte Landwirtschaft, der manche Kritiker unterstellen, dabei sei das Bäuerliche auf der Strecke geblieben. Diese Kritik ist in Teilen nachvollziehbar. Es herrscht der Eindruck, die industrielle habe sich gegenüber der bäuerlichen nachhaltigen Wirtschaftsweise durchgesetzt. Das ist ebenfalls in Teilen richtig. Auch deshalb sind agrarpolitische Korrekturen unumgänglich. Was zu tun ist, wurde beschrieben. Veränderungen müssen mit der Basis, den Landwirten, auf den Weg gebracht werden.

Es gibt viele positive Beispiele in unserer Landwirtschaft. Betriebe, die ihren Weg gefunden haben, die ökonomisch erfolgreich sind und mit hohen ökologischen und Tierwohlstandards arbeiten. Viele junge Landwirte und Betriebsnachfolger, die so wirtschaften, machen Hoffnung. Sie sind die Zukunft der Branche. Sie sind verantwortlich für unser täglich Brot und damit systemrelevant.

Abkürzungsverzeichnis

ABCD	Archer Daniels Midland, Bunge, Cargill, Louis Dreyfus Company
AbL	Arbeitsgemeinschaft bäuerliche Landwirtschaft
AfD	Alternative für Deutschland
AMK	Agrarministerkonferenz
BKK	Interessensvertretung der Betriebskrankenkassen
BMEL	Bundesministerium für Ernährung und Landwirtschaft
BÖLW	Bund Ökologische Lebensmittelwirtschaft
BUND	Bund für Umwelt und Naturschutz
CDU	Christlich Demokratische Union
CSU	Christlich Soziale Union
DBFZ	Deutsches Biomasseforschungszentrum
DBV	Deutscher Bauernverband
DDR	Deutsche Demokratische Republik
DGE	Deutsche Gesellschaft für Ernährung
DLG	Deutsche Landwirtschafts-Gesellschaft
DRV	Deutscher Raiffeisenverband
DZ	Deutsche Zentralgenossenschaft
EEG	Erneuerbare-Energien-Gesetz
EFSA	Europäische Behörde für Lebensmittelsicherheit
EU	Europäische Union
FDP	Freie Demokratische Partei
FFH	Fauna-Flora-Habitat
FML	Forum Moderne Landwirtschaft
FNR	Fachagentur Nachwachsende Rohstoffe
GAK	Gemeinschaftsaufgabe „Verbesserung der Agrarstruktur und des Küstenschutzes“
GAP	Gemeinsame Agrarpolitik der EU
GbR	Gesellschaft bürgerlichen Rechts
GmbH	Gesellschaft mit beschränkter Haftung
GVO	Genetisch veränderte Organismen

LPG	landwirtschaftliche Produktionsgenossenschaft
LsV	Land schafft Verbindung
NGO	Non-Governmental Organisation (dt.: Nichtregierungsorganisation)
SED	Sozialistische Einheitspartei Deutschland
SPD	Sozialdemokratische Partei Deutschlands
USA	United States of America (dt.: Vereinigte Staaten von Amerika)
VdgB	Vereinigung der gegenseitigen Bauernhilfe
VEG	volkseigenes Gut
VW	Volkswagen
WBAE	Wissenschaftlicher Beirat für Agrarpolitik, Ernährung und gesundheitlichen Verbraucherschutz
WWF	World Wide Fund For Nature
ZKL	Zukunftskommission Landwirtschaft

Quellen und Literatur

Quellen

Agra Europe: EU-Kommission will nicht an Farm-to-Fork-Strategie rütteln, 11/2022

Agra Europe: Umweltorganisationen drängen auf Umsetzung der Farm-to-Fork-Strategie, 11/2022

Agra Europe: Interview mit Präsident Rukwied, 2/2023

BMEL (Hg.): Agrarexporte verstehen – Fakten und Hintergründe, Berlin 2018

BMEL (Hg.): Landwirtschaft verstehen – Fakten und Hintergründe, Berlin 2018

BMEL (Hg.): Ackerbaustrategie 2035 – Perspektiven für einen produktiven und vielfältigen Pflanzenbau. Diskussionspapier, Berlin 2019

BMEL (Hg.): Nutztierstrategie – Zukunftsfähige Tierhaltung in Deutschland, Berlin 2019

BMEL (Hg.): Ernährungsreport, verschiedene Jahrgänge

BMEL (Hg.): Information zur Direktvermarktung, 24. August 2020

BMEL (Hg.): Ackerland in Bauernhand – Initiative für einen gerechten Bodenmarkt, 10.05.2021

BMEL (Hg.): Testbetriebsergebnisse, verschiedene Jahrgänge

BMF (Hg.): 28. Subventionsbericht des Bundes – 2019–2022, Berlin 2021

Bundesministerium des Inneren für Bau und Heimat (Hg.): Unser Plan für Deutschland – Gleichwertige Lebensverhältnisse überall, Berlin 2019

Bundesregierung (Hg.): Agrarpolitischer Bericht der Bundesregierung 2019, Berlin 2019

Bundesregierung (Hg.): Zwischenbilanz zur Umsetzung der Maßnahmen der Politik für gleichwertige Lebensverhältnisse in der 19. Legislaturperiode, Berlin 2021

Deutsche Gesellschaft für Ernährung (Hg.): Ernährungsbericht, verschiedene Ausgaben

Deutscher Bauernverband (Hg.): Landwirtschaft und Lebensmittelhandel – Eckpunkte für die zukünftige Zusammenarbeit, 9. Dezember 2020

Deutscher Bauernverband (Hg.): Bericht und Vorschläge zur Versorgungssicherung, Berlin 2022

Deutscher Bauernverband (Hg.): Situationsbericht, verschiedene Jahrgänge

Deutscher Bundestag: Agrarstrukturwandel, landwirtschaftlicher Bodenmarkt und flächenunabhängige Agrarzahlungen. Antwort auf die Kleine Anfrage der Fraktion BÜNDNIS 90/DIE GRÜNEN. Drucksache 19/23172, 8. Oktober 2020

Deutscher Bundestag (Hg.): Konzentration im Lebensmitteleinzelhandel (LE), Wissenschaftliche Dienste, 2020

Deutscher Bundestag: Stand der EU-Vertragsverletzungsverfahren. Antwort auf die Kleine Anfrage der Fraktion BÜNDNIS 90/DIE GRÜNEN. Drucksache 19/28630, 19. April 2021

Deutscher Bundestag: Tierschutzkontrollen in der Landwirtschaft. Antwort auf die Kleine Anfrage der Fraktion BÜNDNIS 90/DIE GRÜNEN, Drucksache 19/3467, 18. Juli 2018

Deutscher Bundestag/Wissenschaftliche Dienste: Studien zu externen Kosten der Landwirtschaft seit 2006. Dokumentation (WD 5 - 3000 - 062/16), 2016

DLG-Mitteilungen, 2020–2022

Europäische Kommission (Hg.): Der europäische Grüne Deal (Mitteilung), Brüssel, 11. Dezember 2019

Europäische Kommission (Hg.): Naturschutz: Kommission beschließt, Deutschland vor dem EuGH wegen mangelhafter Umsetzung der Habitat-Richtlinie zu verklagen (Pressemitteilung), Brüssel, 18. Februar 2021

Europäischer Gerichtshof (Hg.): Urteil vom 21. Juni 2018, C-543/16, Rn. 168, 174 f. – Kommission/Deutschland

Europäischer Rechnungshof (Hg.): Gemeinsame Agrarpolitik und Klima. Sonderbericht 16/2021

FAOSTAT – Statistische Daten der Food and Agriculture Organization, verschiedene Ausgaben

Foodwatch-Report: Agrarpolitik in der Konsensfalle, 11/2021

Forum Moderne Landwirtschaft: Civey Umfrage, Berlin 2/2022

Koalitionsvertrag 2021–2025 zwischen SPD, BÜNDNIS 90/DIE GRÜNEN und FDP

Kommission der Europäischen Gemeinschaften: Nachhaltigkeitskriterien Nachwachsende Rohstoffe

Kompetenznetzwerk Nutztierhaltung: Empfehlungen des Kompetenznetzwerkes Nutztierhaltung. Bundesministerium für Ernährung und Landwirtschaft (Hg.). Berlin 2020

Kompetenznetzwerk Nutztierhaltung: Empfehlungen des Kompetenznetzwerkes Nutztierhaltung, Rechtsgutachten zu den Empfehlungen

Landwirtschaftskammer Niedersachsen: Jahresbericht 2021

Machbarkeitsstudie zur Umsetzung der Empfehlungen des Kompetenznetzwerks Nutztierhaltung, 2021

Milchindustrieverband (Hg.): Fakten Milch (Informationsbroschüre), verschiedene Jahrgänge

OECD and Food and Agriculture Organization of the United Nations (Hg.): OECD-FAO Agricultural Outlook, 2011

Robert-Koch-Institut (Hg.): Studie DEGS 1, 2014

Statistisches Bundesamt (Hg.): Fachserie 3

Statistisches Bundesamt (Hg.): Landwirtschaftszählung 2020

Vereinte Nationen (Hg.): Welternährungsprogramm (World Food Programme – WFP)

Vereinte Nationen (Hg.): Convention to Combat Desertification, in: The Global Land Outlook, Bonn 2017

Weltbiodiversitätsrat (IPBES): Globaler Bericht über Biodiversität und Ökosystemleistungen, 2019

Witzke, Harald von: mündliche Auskunft an den Verfasser zu den externen Kosten, die durch die deutsche Landwirtschaft verursacht werden

Zukunftskommission Landwirtschaft (Hg.): Abschlussbericht, Berlin 2021

Literatur

Agrarsoziale Gesellschaft e. V.: Landwirtschaft in Ostdeutschland – stabile Strukturen oder mitten im Umbruch? (Schriftenreihe für ländliche Sozialfragen, 137), Göttingen 2001

Art. Deutscher Raiffeisenverband, in: Wikipedia, Bearbeitungsstand: 6. Januar 2023. URL: https://de.wikipedia.org/w/index.php?title=Deutscher_Raiffeisenverband&oldid=229560639 (10.08.2023)

Art. Gemeinsame Agrarpolitik, in: Wikipedia, Bearbeitungsstand: 17. Mai 2023. URL: https://de.wikipedia.org/w/index.php?title=Gemeinsame_Agrarpolitik&oldid=233807259 (02.08.2023)

Art. Nachwachsender Rohstoff, in: Wikipedia, Bearbeitungsstand: 23.06.2023. URL: https://de.wikipedia.org/w/index.php?title=Nachwachsender_Rohstoff&oldid=234865704 (02.08.2023)

Art. Vegetarismus, in: Wikipedia, Bearbeitungsstand: 28. Juli 2023. URL: https://de.wikipedia.org/w/index.php?title=Vegetarismus&oldid=235884510 (02.08.2023)

Bätzing, Werner: Das Landleben, 2. Aufl., München 2020

Baumann, Freerk: Und jetzt aufs Land. Wie die Natur unsere Gesundheit fördert, Köln 2021

Bayerisches Staatsministerium für Ernährung, Landwirtschaft und Forsten: Verhinderung von Großbeständen in der tierischen Veredelung, München 1986

Bewirtschaftung: Wie viel Verkehr verträgt Ihr Boden?, DLG-Mitteilungen, Sonderheft 2022

BÖLW (Hg.): Wie ist die Ökologische Landwirtschaft entstanden?, 2011

Dannenberg, Alexandra u. a.: Milliarden für die Tierindustrie – Wie der Staat öffentliche Gelder in eine zerstörerische Branche leitet, hg. vom Bündnis „Gemeinsam gegen die Tierindustrie", Berlin 2021

Dauber, Jens: Was bringt der Anbau von Energiepflanzen?, Thünen-Institut, Braunschweig 2021

Deutscher Bauernverband (Hg.): Die tierische Veredlung für den bäuerlichen Familienbetrieb sichern, Bonn 1987

Deblitz, Claus u. a.: Politikfolgenabschätzung zu den Empfehlungen des Kompetenznetzwerks Nutztierhaltung Thünen (Working Paper, 173), Braunschweig 2021

Dürnberger, Christian: Ethik für die Landwirtschaft: Das philosophische Bauernjahr, Eigenverlag, o. O. 2020

DZ BANK: Deutsche Landwirtschaft unter Druck, 2020

Edmund Rehwinkel-Stiftung der Landwirtschaftlichen Rentenbank (Hg.): Die künftige Rolle des Lebensmitteleinzelhandels in der Wertschöpfungskette – Chancen, Perspektiven, Risiken (Schriftenreihe der Rentenbank, 36), Frankfurt am Main 2020

Feindt, Peter H. u. a.: Ein neuer Gesellschaftsvertrag für eine nachhaltige Landwirtschaft – Wege zu einer integrativen Politik für den Agrarsektor, Berlin/Heidelberg 2019

Frie, Ewald: Ein Hof und elf Geschwister, 11. Aufl., München 2023

Forsa Politik- und Sozialforschung GmbH (Hg.): Zukünftige Ausrichtung der deutschen und europäischen Agrarpolitik – Eine Befragung von Landwirten in Deutschland, Berlin 2019

Gersdorff, Dagmar von: Julia Mann, die Mutter von Heinrich und Thomas Mann, 2. Aufl., Berlin 2020

Gewisola: Agrar- und Ernährungswirtschaft zwischen Ressourceneffizienz und gesellschaftlichen Erwartungen (Schriften der Gewisola, 53), Münster 2018

Hahn, Christian D.: Die grüne Großmacht: Das Ärgernis mit den Bauern, Stuttgart-Degerloch 1962

Hennenberg, Klaus/Fritsche, Uwe: Bioenergie und Biodiversität: Konflikte und Herausforderungen Konflikte und Herausforderungen, https://www.oeko.de/oekodoc/849/2008-288-de.pdf (22.08.2023)

Henning, Christan u. a. (Hg.): Visionen für eine Agrar- und Ernährungspolitik nach 2020 (Schriften der Gesellschaft für Wirtschafts- und Sozialwissenschaften des Landbaues e. V., 54), Kiel 2019

Kahlenborn, Walter u. a.: Klimawirkungs- und Risikoanalyse für Deutschland. Im Auftrag des Umweltbundesamtes (Kurzfassung) (Climate Change, 26/2021), 2021

Kant, Immanuel: Zum ewigen Frieden, Königsberg 1796

Klima und Boden – Neue Ideen und Konzepte, DLG-Mitteilungen, Sonderheft 2021

Kommunikation: Wertgeschätzt – aber wie?, DLG-Mitteilungen, Sonderheft 2020

Kuhlenkamp, Freya: Welchen Einfluss hat Arbeit in der Landwirtschaft auf die ideelle Wertschöpfung eines Betriebes? (Masterarbeit, Agrarwissenschaften), Universität Kiel 2021

Laschewski, Lutz/Tietz, A.: Auswirkungen überregional aktiver Investoren in der Landwirtschaft auf ländliche Räume, hg. vom Thünen Institut (Report 80), Braunschweig 2020

Leopoldina (Hg.): Globale Biodiversität in der Krise – Was können Deutschland und die EU dagegen tun? Diskussion Nr. 24, Halle 2020

Löwenstein, Felix zu: Es ist genug da. Für alle, München 2015

Mak, Geert: Wie Gott verschwand aus Jorwerd – Der Untergang des Dorfes in Europa, übers. aus dem Niederländischen von Isabelle Keghel, München 2014

Mazière, Thomas de: Regieren. Innenansichten der Politik, Freiburg im Breisgau 2019

Möller, Horst u. a.: Agrarpolitik im 20. Jahrhundert. Das Bundesministerium für Ernährung und Landwirtschaft und seine Vorgänger, Berlin/Boston 2020

Nelles, Michael u. a.: Bioenergie: EEG-Novelle und Zukunftsperspektiven. Deutsches Biomasseforschungszentrum (Hg.). Manuskript d. Bundesfachausschusses Umwelt und Landwirtschaft der CDU, 30.09.2020

Nieberg, Hiltrud u. a.: Landwirtschaftliche Betriebe unter ökonomischem Druck, hg. vom Thünen-Institut für Betriebswirtschaft, Manuskript, 12.02.2021

Niegsch, Claus/Stappel, Michael: Deutsche Landwirtschaft unter Druck. Eine Research-Publikation der DZ BANK AG, 2020, https://docplayer.org/178798133-Branchenanalysen-deutsche-landwirtschaft-unter-druck.html (22.08.2023)

Niggli, Urs: Alle satt? Ernährung sichern für 10 Mrd. Menschen, Salzburg 2021

Nischwitz, Guido: Verflechtungen und Interessen des Deutschen Bauernverbandes, hg. vom Institut Arbeit und Wirtschaft, Bremen 2019

o. A.: Boden und Biodiversität. Fakten, www.boden.lemken.com (24.08.2023)

Pies, Ingo u. a.: Diskursblockaden in der Debatte um grüne Gentechnik – Analysen und Reformempfehlungen aus ordonomischer Sicht, Symposium der Edmund-Rehwinkel-Stiftung, 09.06.2021

Sächsischer Landtag: Landwirtschaft von morgen. Anhörung im Ausschuss für Energie, Klimaschutz, Umwelt und Landwirtschaft, 14.04.2022, https://www.landtag.sachsen.de/de/aktuelles/ausschusssitzungen/landwirtschaft-von-morgen-24464.cshtml (23.08.2023)

Sanders, Jürn/Heß, Jürgen (Hg.): Die Leistungen des Ökolandbaus für Umwelt und Gesellschaft (Thünen Report, 65), 2., überarb. und erg. Aufl., Braunschweig 2019

Schöne, Jens: Die Landwirtschaft der DDR 1945–1990, hg. von der Landeszentrale für politische Bildung Thüringen, Erfurt 2015

Settele, Josef: Die Triple-Krise: Artensterben, Klimawandel, Pandemien, Hamburg 2020

Spiller, Achim: Was erwartet die Gesellschaft von der Landwirtschaft?, unveröff. Vortragsmanuskript, 2020

Tietz, Andreas u. a.: Untersuchung der Eigentumsstrukturen von Landwirtschaftsflächen in Deutschland, hg. vom Thünen Institut (Report 85), Braunschweig 2021

Virchow, Rudolf: Über Nahrungs- und Genussmittel, Berlin 1868

Wissenschaftlicher Beirat Agrarpolitik beim BMEL (Hg.): Wege zu einer gesellschaftlich akzeptierten Nutztierhaltung (Gutachten), Berlin 2015, https://www.bmel.de/SharedDocs/Downloads/DE/_Ministerium/Beiraete/agrarpolitik/GutachtenNutztierhaltung.pdf?__blob=publicationFile&v=2 (22.08.2023)

World Health Organization (Hg.): About the Health Behaviour in School-aged Children (Studie), https://www.who.int/europe/initiatives/health-behaviour-in-school-aged-children-(hbsc)-study (22.08.2023)

WWF Deutschland (Hg.): Das große Wegschmeißen. Vom Acker bis zum Verbraucher: Ausmaß und Umwelteffekte der Lebensmittelverschwendung in Deutschland. Studie, Berlin 2015

WWF Deutschland (Hg.): Fleisch frisst Land. Studie, 4. unveränd. Ausgabe vom September 2011, Berlin 2014

Zeitungs-/Zeitschriftenartikel

Ahne, Petra: Aufs Land, in: Frankfurter Allgemeine Zeitung, 29.06.2022

Ahne, Petra/Lothringer, C.: Die revolutionäre Kraft der Kartoffel, in: Frankfurter Allgemeine Zeitung, 27.04.2023

Balmann, Alfons: Kann die Politik es richten?, in: DLG-Mitteilungen 10/2021

Balser, Markus u. a.: Wie Lobbyisten bestimmen, was wir essen, in: Süddeutsche Zeitung, 15.09.2017

Bartz, Tim/Hesse, Martin: Die Profiteure vom Genfer See, in: Der Spiegel, 14/2022

Bauchmüller, Michael: Bauernkrieg, in: Süddeutsche Zeitung, 10.06.2021

Beasley, David: Interview mit Christian Schubert, in: Frankfurter Allgemeine Zeitung, 15.03.2022

Beasley, David/Maas, Heiko/Müller, Gerd: Eine Welt ohne Hunger bis 2030, in: Frankfurter Allgemeine Zeitung, 10.12.2020

Behme, Dagmar: Essen ist immer noch wichtiger als Tanken, in: Agrarzeitung, 29.04.2022

Bethge, Philip/Kiel, Viola: Das bessere Fleisch, in: Der Spiegel, 27/2021

Bingener, Reinhard: Wie weiter mit der Fleischwirtschaft?, in: Frankfurter Allgemeine Zeitung, 25.06.2020

Blazekovic, Jessica von: Alles Bullerbü in Bayern?, in: Frankfurter Allgemeine Zeitung, 29.07.2020

Blazekovic, Jessica von: Bauer sucht Zukunft, in: Frankfurter Allgemeine Zeitung, 20.07.2022

Blazekovic, Jessica von: Der Hunger nimmt wieder zu, in: Frankfurter Allgemeine Zeitung, 24.08.2020

Brammert-Schröder, Imke: Milch nach Verbraucherwunsch, in: Land & Forst 42/2020

Brosthaus, Gerburgis: Aldi: Ab 2030 Außenklima und Auslauf, in: Wochenblatt für Landwirtschaft und Landleben, 26/2021

Bünder, Helmut: Hohe Bußgelder gegen Pflanzenschutz – Kartell, in: Frankfurter Allgemeine Zeitung, 14. Januar 2020

Burgard-Arp, Nora/Visser, D.: Milliardenumsatz trotz Esoterik, in: Rheiderland Zeitung, 23. November 2021

Busse, Tanja: Umstrittene Doppelrolle, in: Süddeutsche Zeitung, 25. August 2020

Busse, Tanja/Grefe, Christiane: Aufstand der Trecker, in: Die Zeit, 14. Januar 2021

Cramon-Taubadel, Stephan von: Ein „atmendes" Biokraftstoff-Mandat, in: Land und Forst, 24/2022

Cramon-Taubadel, Stephan von: Russische Invasion – Auswirkungen auf Getreidemärkte und Ernährungssicherheit, in: Agra Europe, Heft 11/22 (Sonderbeilage), 14.03.2022

Deter, Alfons: Das sagen Politiker und Verbände zur Zukunftskommission Landwirtschaft, in: Top agrar online, 6. Juli 2021

Diemand, Stefanie: Goliath gegen Goliath, in: Frankfurter Allgemeine Zeitung, 20.10.2022

Diemand, Stefanie: Von der süßen Versuchung zum süßen Gift, in: Frankfurter Allgemeine Zeitung, 26.04.2021

Diemand, Stefanie: Wie gut kann billig sein?, in: Frankfurter Allgemeine Zeitung, 03.02.2020

Diemand, Stefanie u. a.: Doppelt so viele Vegetarier, in: Frankfurter Allgemeine Zeitung, 20.05.2021

Dohme, Carl/Wedemeyer, Harald: Pflanzenschutzmittelkartell – Was ist mit dem Schaden?, in: Land & Forst, 49/2020

Drescher, Klaus: Es gibt ihn nicht. Was ist ein gerechter Milchpreis?, in: Bauernzeitung 33/21

Ehrenstein, Claudia: Sieben Wahrheiten über Bauern, in: Welt am Sonntag, 08.03.2020
Fischer, Benjamin: Regional – und gut?, in: Frankfurter Allgemeine Zeitung, 24.10.2020
Frey, Andreas: Das vergessene Universum, in: Frankfurter Allgemeine Sonntagszeitung, 24.01.2021
Freytag, Bernd/Jansen, Jonas: Kartellamt drückt beide Augen zu, in: Frankfurter Allgemeine Zeitung, 07.09.2022
Gassmann, Michael: Mehr als sieben Siegel, in: Welt am Sonntag, 28.03.2021
Gassmann, Michael: Tierwohl oder Klimaschutz: die Öko-Szene gerät in ein Dilemma, in: Weltplus, 11.07.2021
Gelinsky, Katja: Lemke will Biosprit abschaffen, in: Frankfurter Allgemeine Zeitung, 20.01.2023
Gelinsky, Katja/Löhr, Julia: Das Getreide soll auf den Teller, in: Frankfurter Allgemeine Zeitung, 18.05.2022
Göttler, Dominik: Bayern will mehr Bio, in: Münchner Merkur, 22.04.2021
Grefe, Christiane: Der große Etikettenschwindel, in: Die Zeit, 24.06.2021
Grefe, Christiane/Habekuß, Fritz: Geht das nicht grüner?, in: Die Zeit, 26.11.2020
Grolle, Johann: Die dritte Krise, in: Der Spiegel, 22/2022
Grossarth, Jan: Mehr als Rohstoffappetit, in: DLG-Newsletter 43/2021
Guratzsch, Dankwart: Rückkehr ins Idyll, in: Die Welt, 08.12.2020
Gussone, Peter/Kolb, Katharina: Anspruch nicht vernebeln lassen, in: Bauernzeitung, 33/2021
Hauner, Hans: Höchstens 30 kg Fleisch pro Jahr, in: Passauer Neue Presse, 21.08.2021
Heinze, Rolf: Bauernproteste: Seismografen für Transformationsprobleme, in: Aus Politik und Zeitgeschichte (APuZ), 15–17/2022
Höhne, Steffen: Genossen auf dem Feld, in: Mitteldeutsche Zeitung, 18.06.2020
Holler, Torsten: Die Digitalisierung des Wochenmarktes, in: Frankfurter Allgemeine Zeitung, 28.04.2021
Hüster, Wiebke: Ab durch welche Hecke?, in: Frankfurter Allgemeine Zeitung, 19.03.2021
Hüster, Wiebke: Das Geld liegt auf dem Acker, in: Frankfurter Allgemeine Zeitung, 08.07.2021

Junge, Svea: Fleischlos glücklich, in: Frankfurter Allgemeine Zeitung, 28.10.2021

Junge, Svea: Ist Bio wirklich besser?, in: Frankfurter Allgemeine Zeitung, 29.05.2021

Junge, Svea: Wachsen oder weichen – so geht es den Landwirten, in: Frankfurter Allgemeine Zeitung, 04.02.2020

Junge, Svea/Kopplin, Ilka: Teile der Welt werden hungern, in: Frankfurter Allgemeine Zeitung, 02.07.2022

Jungehülsing, Jobst: Vorkaufsrecht ist ein Papiertiger, in: Ökologie und Landbau, 2/2021

Kafsack, Hendrik: Agrarpolitik von vorgestern, in: Frankfurter Allgemeine Zeitung, 23.06.2021

Kafsack, Hendrik u. a.: Schärfere Regeln für die mediterrane Küche, in: Frankfurter Allgemeine Zeitung, 05.03.2022

Kastner, Thomas u. a.: Global agricultural trade and land system sustainability: Implications for ecosystem carbon storage, biodiversity, and human nutrition, in: One Earth, Bd. 4/Heft 10, 2021, S. 1425–1443

Keller, Thomas/Or, Dani: Farm vehicles approaching weights of sauropods exceed safe mechanical limits for soil functioning, in: PNAS, 16.05.2022, https://doi.org/10.1073/pnas.2117699119

Koch, Tim: Verzehr sinkt seit Jahren, in: Bauernzeitung 50/2022

Koester, Ulrich/Schmitz, Michael: Zukunftskommission Landwirtschaft – Agrarökonomen Koester und Schmitz kritisieren Abschlussbericht, in: Agra Europe, 19. Oktober 2021

Kokenbrink, Anne: Das Hähnchen aus dem Bioreaktor, in: Frankfurter Allgemeine Zeitung, 23.06.2023

Krafft, Elisabeth: Milch ohne Kuh, in: Focus, 15/2021

Kreuter-Kirchhof, Charlotte: Wie sich Natur in der EU schützen lässt, in: Frankfurter Allgemeine Zeitung, 12.07.2023

Kreye, Andrian: Unser kläglich Brot, in: Süddeutsche Zeitung, 23.032022

Kühl, Rainer: Ein Zehntel weniger, in: Bauernzeitung 30/2021

Kunze, Anne: Die Bio-Lüge, in: Die Zeit, 47/2021

Künzel, Thomas: Wem gehört die Landwirtschaft?, in: DLG-Mitteilungen, 9/2021

Kwasniewski, Nicolai: Staat unterstützt Tierwirtschaft mit 13 Milliarden Euro – Jahr für Jahr, in: Der Spiegel, 04.03.2021

Lambrecht, Oda: Nimmt der Bauernverband die Kritik der Gesellschaft ernst?, in: top agrar 2/2019

Lehmann, Norbert: Kritik an festgefahrener Agrarpolitik, in: Land & Forst, 37/2022

Li, Mengyu u. a.: Global food-miles account for nearly 20 % of total food-system emissions, in: Nature Food 3/2022

Liebrich, Silvia: Weniger Fleisch, mehr Vielfalt, in: Süddeutsche Zeitung, 19. August 2021

Liebrich, Silvia: Wie viele Schweine sind genug?, in: Süddeutsche Zeitung, 23.03.2022

Löhr, Julia: Bundestag sucht Bauer, in: Frankfurter Allgemeine Zeitung, 05.10.2021

Löhr, Julia: Die Wirtschaftspatrioten, in: Frankfurter Allgemeine Zeitung, 13.05.2020

Löhr, Julia: Land ohne Wirt, in: Frankfurter Allgemeine Zeitung, 03.11.2020

Löhr, Julia: Loblied auf die Landwirte, in: Frankfurter Allgemeine Zeitung, 14.04.2020

Löhr, Julia: Tank oder Teller: Wohin mit der Ernte?, in: Frankfurter Allgemeine Zeitung, 30.04.2022

Luck, Jana: Hinaus auf Land, in: Der Spiegel, 14/2022

Macke, Albrecht: Lohnt sich künftig der Antrag noch?, in: DLG-Mitteilungen, 9/2022

Matera, Elena: Schmerzhafte Verluste, in: Berliner Zeitung, 25.05.2021

Maurin, Jost: Agrarsubventionen für Bonzen statt Bauern, in: Die Tageszeitung, 15.10.2020

Maurin, Jost: Bio ist gut, Kontrolle ist besser, in: Die Tageszeitung, 04.12.2021

Maurin, Jost: Im Land der Großagrarier, in: Die Tageszeitung, 04.06.2021

Mazière, Thomas de: Interview mit der Welt am Sonntag, 27.06.2021

Mühlhausen, Christian: Täter, Opfer oder Retter fürs Klima?, in: Land & Forst 48/2020

Müller-Cyran, Pia: Mit Unsicherheit umgehen, in: DLG-Mitteilungen 2/2021

Niggli, Urs: Wir können nicht in der Bioblase vor uns her träumen, in: Frankfurter Allgemeine Zeitung, 09. 02.2022

Nüsslein-Volhard, Christiane: Grüne Genschere, in: Frankfurter Allgemeine Zeitung, 29.12.2021

Nüsslein-Volhard, Christiane: Wovor haben wir Angst?, in: Der Spiegel, 52/2022
o. A.: Bodenmarkt – Investoren im Zwielicht, in: DLG-Mitteilungen, 10/2020
o. A.: Borchert-Plan faktisch abgehakt, in: Bauernzeitung, 50/2022
o. A.: Gehts jetzt mit vereinten Kräften aufwärts? Joachim Rukwied im Interview, in: BW agrar, 4/2021
o. A.: Gierige Lebensmittelindustrie, in: Volksstimme, 25.04.2023
o. A.: Jetzt aktiv das positive Image stärken, in: Bauernzeitung, 16/2023
o. A.: Millionen Tonnen Brot im Müll, in: Volksstimme, 29.04.2022
o. A.: Schlachtsektor. Eine Branche im Umbruch, in: DLG-Mitteilungen, 9/2020
o. A.: Vorrang auf dem Bodenmarkt für Landwirte, in: Land & Forst, 34/2022
o. A.: Zukunft. Mit Unsicherheit umgehen, in: DLG-Mitteilungen, Februar 2021
Ordon, Frank/Zwerger, P.: Weniger „Chemie“ mit neuen Methoden, in: DLG-Mitteilungen 9/2022
Paetow, Hubertus: Warum ich das Ergebnis begrüße, in: DLG-Mitteilungen 8/2021
Paul, Reimar: Kaum Kontrollen, in: Die Tageszeitung, 15.05.2021
Philipsborn, Peter von: Gesunde Ernährung darf keine Geldfrage sein, in: Frankfurter Rundschau, 4. Mai 2021
Piper, Nikolaus: Mit Essen spielt man doch, in: Süddeutsche Zeitung, 18.05.2022
Prantl, Heribert: Die Macht und ihr Preis, in: Süddeutsche Zeitung, 11.02.2013
Quinckhardt, Katrin: Psychische Gesundheit: Landwirte am Limit, in: Top agrar online, 06. 08.2022
Redlich, Sarah: Ursachen des Insektenschwundes, in: DLG-Mitteilungen, 12/2021
Rehberg, Carina: Ungesunde Ernährung lässt Gehirn schrumpfen, 29.04.2021 (aktualisiert 13.07.2023), www.zentrum-der-gesundheit.de (20.08.2023)
Reiber, Serafin: Brot statt Benzin, in: Der Spiegel, 21/2022
Reiber, Serafin: Verpatzte Chance, in: Der Spiegel 11/2022
Rücker, Martin: Bauern reinen Wein einschenken, in: Die Welt, 30.08.2022
Rukwied, Joachim: Bauern fordern Bonus für Produktion in Deutschland, in: Frankfurter Allgemeine Zeitung, 24.06.2021

Rukwied, Joachim: Rukwied verteidigt moderaten Kurs gegenüber Özdemir, in: Agra Europe, 14/2022

Rukwied, Joachim: Strengere Düngeregeln fachlicher Unsinn, in: Rheiderland Zeitung, 01.04.2020

Rutt, Katrin: Artenschutz auf Holländisch, in: DLG-Mitteilungen 5/2022

Schlie, Ulrich: Das Bauerntum war eine Grundlage des nationalsozialistischen Staates, in: Neue Züricher Zeitung, 03.08.2020

Schmale, Oliver: Der Erfolg der Küchen wird weitergehen, in: Frankfurter Allgemeine Zeitung, 06.12.2021

Schmidtke, Knut: Die Erträge müssen steigen, in: Land & Forst, 13/2022

Schmidtmann, Alina/Liste, Patrick: Milch: Im Dschungel der Tierwohl-Regeln, in: Wochenblatt für Landwirtschaft und Landleben 10/2021

Schrader, Lars: Bringt ein Label mehr Tierwohl?, in: DLG-Mitteilungen 11/2022

Schröder-Jürss, Amonte: Gute Siegel, schlechte Siegel, in: Die Tageszeitung, 27.02.2021

Schubert, Christian: Nahrungsmittel nicht um jeden Preis, in: Frankfurter Allgemeine Zeitung, 19.05.2022

Schwägerl, Christian: Nach dem Schock von Krefeld, in: Frankfurter Allgemeine Zeitung, 26.10.2022

Selhorst, Christina: Agrarblogger üben Kritik an Ergebnissen der Zukunftskommission Landwirtschaft (Offener Brief), in: Top agrar online, 13.07.2021

Spiller, Achim: Was und wie wir künftig essen werden, in: Land & Forst, 44/2021

Stephan, Ralf: Nach einem Jahr noch immer wenig Kontur, in: Bauernzeitung 52/2022

Strobel y Serra, Jakob: Wer kocht, wird klug, in: Frankfurter Allgemeine Zeitung, 12.02.2021

Strohschneider, Peter: Der Kampf um die Interessen wird härter geführt als anderswo, in: Bauernzeitung 12/2021

Taube, Friedhelm: Ohne Denk-Tabus alles auf den Prüfstand in der Agrarpolitik, in: Agra Europe 12/2022

Thiele, Holger: Sind kostendeckende Milchpreise zielführend?, in: top agrar 3/21

Thieme, Marlehn: Biosprit sofort stoppen, in: Frankfurter Allgemeine Zeitung, 05.05.2022

Tölle, Antje G./Tietz, Andreas: Empirische Evidenz und rechtspolitische Schlussfolgerungen über die agrarstrukturelle Relevanz von Anteilerwerben an Agrarunternehmen, in: Agrar- und Umweltrecht, 7/2022

Tscharntke, Teja: Bio-Paprika aus Plastikplanen-Landschaft, in: Der Spiegel, 33/2021

Visser, Dirk: Bauern wütend über Zukunftskommission, in: Rheiderland Zeitung, 16.07.2022

Visser, Dirk: Laborfleisch als Massenprodukt, in: Rheiderland Zeitung, 11.06.2022

Visser, Dirk: Verstöße in jedem zweiten Stall, in: Rheiderland Zeitung, 04.11.2022

Wagner, Ansgar: Eine Revolte und ihr literarischer Nachhall, in: Bauernzeitung 18/2021 und 19/2021

Wolff, Alfons: Wir wollen keine Almosen vom Staat, in: Frankfurter Allgemeine Zeitung, 06.05.2020

Willenbrock, Harald: Bauernland in Investorenhand, in: Brand eins, 6/2022

Záboji, Niklas: Warum der Klimazoll für Deutschland gefährlich ist, in: FAZ.net, 06.07.2021. https://www.faz.net/aktuell/wirtschaft/klima-nachhaltigkeit/warum-die-co2-grenzabgabe-fuer-deutschland-gefaehrlich-ist-17422815/maerz-2020-17423043.html (10.08.2023)

Internetressourcen

AbL, Arbeitsgemeinschaft bäuerliche Landwirtschaft, https://www.abl-ev.de

Boscor-Gruppe, https://www.boscor.de/

Deutsche Landwirtschafts-Gesellschaft, https://www.dlg.org

Deutscher Raiffeisenverband, https://www.raiffeisen.de

Familienbetriebe Land und Forst e. V., https://www.fablf.de/

Freie Bauern, https://www.freiebauern.de/

Gabler Wirtschaftslexikon, https://wirtschaftslexikon.gabler.de/

IN FORM – Deutschlands Initiative für gesunde Ernährung und mehr Bewegung, https://www.in-form.de/

Zum Autor

Dr. Hermann Onko Aeikens, geb. 1951, entstammt einer Familie, die seit Generationen in Ostfriesland Landwirtschaft betreibt. Er studierte Agrarwissenschaften in Göttingen und Wirtschaftswissenschaften in Berkeley (USA). Promoviert wurde er 1979 an der Universität Göttingen mit einer Arbeit über den europäischen Milchmarkt.

Von 1981 bis 1990 war Aeikens in verschiedenen Funktionen in der niedersächsischen Landesverwaltung in Hannover, Bonn und Brüssel tätig. Nach der deutschen Wiedervereinigung wurde er Abteilungsleiter im Landwirtschaftsministerium in Sachsen-Anhalt. 2002 bis 2009 diente er als Staatssekretär im vereinten Ministerium für Landwirtschaft und Umwelt in Magdeburg, das er von 2009 bis 2016 als Minister leitete. Von 2016 bis Ende 2019 war Aeikens als Staatssekretär im Bundesministerium für Ernährung und Landwirtschaft tätig.